JN320481

西欧低地諸邦
毛織物工業史

技術革新と品質管理の経済史

佐藤弘幸

日本経済評論社

はじめに

　中世のヨーロッパにおいてもっとも重要で、かつ伝統的な織物工業は毛織物工業と亜麻織物工業であった。地中海地方の一部では綿工業や絹織物工業もみられたが、中世の段階ではまだ局地的な工業にとどまっていた。綿工業がトップに躍り出るのは、いうまでもなくイギリスの産業革命を経た19世紀以降のことである。

　毛織物工業はたしかにヨーロッパの各地にみられた。しかし、やがてそれが重要な輸出工業に成長し、国際的な名声を獲得したのは、なぜか西ヨーロッパのいくつかの地域だけであった。大づかみに言えば、イングランド、低地諸邦、フランスの北西部〔ピカルディー、ノルマンディー〕や東部〔シャンパーニュ〕、さらに南部〔ラングドック、プロヴァンス〕、イタリアの北部やトスカーナ地方がそうであった。本書はこの中の低地諸邦に焦点を絞って、中世から近世にかけてのその毛織物工業の動向や歴史的意義を考えてみようとする試みである。その理由は、なんといっても低地諸邦の毛織物工業、なかでもその南部のフランドル地方の毛織物工業が一再ならず圧倒的な優位を誇り、他の地域の毛織物工業にもプラス・マイナスの両面で大きな影響を及ぼしてきたからである。その意味で中世後期以降の西ヨーロッパの毛織物工業はフランドル毛織物工業を軸にして展開してきたと言っても過言ではない。フランドル毛織物工業を抜きにしては、西ヨーロッパの毛織物工業史を語ることはまずむずかしい。

　中世後期以降西ヨーロッパ各地の毛織物工業は熾烈な競争を経験してきた。そこはまさに弱肉強食の世界で、フランドル自体の内部ではもとより、低地諸邦内部でも、さらにはまた全西ヨーロッパ規模においても、食うか食われるかの激烈な競争が展開された。そうした厳しい競合関係の中でフランドルの毛織物工業は次々に新しい技術を開発し、それに合わせて新しい組織・体制を模索し、実現させていった。当然他の地域もこうしたフランドルの動きは無視でき

ず、否応なしにそれへの対応を余儀なくされる。したがってこうした流れにうまく乗ってゆけるかどうかが、それぞれの地域や国の毛織物工業の命運のみならず、政治的、経済的命運をも大きく左右したと言って過言ではない。フランドル毛織物工業それ自体は17世紀以降若干の例外を除いて全体的に低迷を余儀なくされたが、その遺産を受け継いだのが同じ低地諸邦北部のオランダであり、オランダの毛織物工業は17世紀には大躍進した。オランダの都市レイデンは17世紀には西ヨーロッパ最大の毛織物工業都市にのし上がった。さらにそれに踵を接してイギリスの毛織物工業もまたフランドル毛織物工業の豊かな遺産を引き継いで大きく発展し、やがてライヴァルのオランダに立ち向かっていく。そして少し遅れてフランスもオランダの技術を意欲的に摂取して、オランダを追い詰めていく。中世から近世にかけての西ヨーロッパ諸国が見せた経済的隆替の壮大な歴史は、こうした毛織物工業史の動向と密接不可分に深く関わってきたと言っていい。本書はこうした視点から西ヨーロッパ経済史の中に低地諸邦の毛織物工業史を、より具体的にはフランドル毛織物工業史とオランダ毛織物工業史を位置付けてみようとするささやかな試みである。

　ところで本書のタイトルに使っている「低地諸邦」という表記はあまり馴染みがないと思われるので、フランドル毛織物工業史やオランダ毛織物工業史とはどう関わるのか、ここで予め本書で使う固有名詞などの表記について説明しておきたい。

　本書でいう「低地諸邦」とは、オランダ語の Nederlanden、フランス語の les Pays-Bas、英語の the Low Countries を訳したもので、いずれも複数形になっている。現在のベルギー、オランダ、ルクセンブルク3国を合わせた地域〔ベネルクス〕に大体一致するが、中世においてはもう少し広く、フランス最北部の沿岸地方も含まれていた。ほぼ現在のベルギーにあたる低地諸邦南部にはフランドル伯領、ブラーバント侯領、エノー伯領といったいくつかの領邦があり、現在のオランダにあたる低地諸邦北部にはホラント伯領、ゼーラント伯領、その他があり、約17の領邦で「低地諸邦」を構成していた。北部の7領邦がオランダ共和国として独立するのが16世紀末で、ベルギーとルクセンブルク

が独立国家となるのはやっと19世紀のことである。「ベネルクス」という表記を避け、やや馴染みはうすいが、あえて「低地諸邦」を使ったのは、本書が主に中世後期から近世を対象にし、現在のフランスの北部をも扱っているからである。

　この低地諸邦を扱う際に非常にやっかいな問題は地名、人名などの固有名詞をどのように表記するかという点である。現在のベルギーのほぼ中央部を東西に言語境界線が走っていることはよく知られている。その北側がフラームス語〔オランダ語、フラマン語〕圏で、南側がワロン語〔フランス語、ワールス語〕圏である。本書ではわが国での慣用的表記は別として、なるべくそれぞれの言語圏の表記に即して表記していきたい。ワロン語を優先したり、それに統一することはしない。しかしフランドル伯領のように、ほぼ同じような割合で両言語圏に分かれている場合どちらを使うべきか、判断がむずかしい。ワロン語のフランドル（Flandre）と、フラームス語のフラーンデレン（Vlaanderen）をその都度使い分けるのもひとつの方法であるが、煩雑さを避けるために本書では便宜的に「フランドル」に統一する。わが国では「フランドル」の方がよく使われ馴染みがあると考えられるからである（「フランダースの犬」はこの際除外させてもらう）。その他の地名、人名は原則としてそれぞれの言語圏に即して表記する。例えばGentは「ヘント」、Bruggeは「ブルッヘ」とし、「ガン」、「ブリュージュ」とはしない。その隣のブラーバント（Brabant）侯領もフラームス語圏とワロン語圏に分かれているが、本書ではフラームス語圏しか扱わないので、「ブラーバント」という表記に統一し、「ブラバン」にはしない。そこにある都市Antwerpen、Mechelen、Leuvenも「アントウェルペン」、「メヘレン」、「レーヴェン」と表記し、ワロン語の「アンヴェルス」、「マリーヌ」、「ルーヴァン」にはしない。ただし首都Bruxelles、Brusselは元来フラームス語圏にあるが、わが国では「ブリュッセル」がほぼ慣用化されているとみられるので、このワロン語読みに統一する。

　人名についてもほぼこれに準ずるが、歴代のフランドル伯の名前だけは、わが国の西洋史研究ではほとんどがワロン語表記で出てくるので、これも混乱を

避けるために、例外的にワロン語表記に統一する。別にワロン語表記の方が美しいとか、優れていると考えるからではない。言語名についても基本的には「フラームス語（オランダ語）」、「ワロン語（フランス語）」と表記するが、これも煩雑さを避けるためにカッコ内は適宜省略することもある。

　しかし数多く登場する毛織物の名称となるともはやお手上げで、上に挙げた原則に固執すれば煩雑さは避けがたく、かえって混乱を助長しかねない。和訳ができればそれに越したことはないが、それもきわめてむずかしい。したがって原語でそのまま示すか、あえてワロン語なりフラームス語なりの読みに統一して示すしかない。例えば saie（saye, saii, saey, saai）織はワロン語読みでは"セ"もしくは"セイ"となり、フラームス語では"サーイ"となるが、フランドル毛織物工業史を扱う章では「セイ織」に統一した。しかしオランダ毛織物工業史の章ではワロン語表記は必要ないので、「サーイ織」と表記した。このように表記を変える必要がある場合には、その都度その理由を明示するようにした。なるべく混乱や誤解のないよう統一的な表記に配慮したつもりであるが、さりとてどちらか一方の言語だけにまとめたり、しばしばみられるように小国の言語を無視して大国の言語で事足れりとする方針はとらなかった。この点については、複雑で微妙な言語状況にある地域という事情を御賢察のうえ御了解いただきたいと思う。

目　　次

はじめに

第1章　フランドル毛織物工業の複合的構成とその展開…………1

　1．フランドル毛織物工業の複合的構成　1
　　　1）高級品毛織物工業と粗質品毛織物工業　3
　　　2）軽毛織物工業　8
　　　3）新毛織物工業　11
　　　4）新・軽毛織物工業　15
　2．フランドル毛織物工業の展開　19
　　　1）草創期と13世紀の黄金時代　19
　　　2）14世紀前半の転機　28
　　　3）新毛織物工業の出現（14世紀〜15世紀）　33
　　　4）新種の紡毛織物の登場（15世紀後半〜16世紀）　39
　　　5）新・軽毛織物工業の台頭（15世紀後半〜16世紀）　44

第2章　フランドル毛織物工業における都市工業と
　　　　農村工業……………………………………………59

　1．毛織物工業規約と品質管理の問題　59
　　　1）毛織物の品質保証　59
　　　2）手工業ギルド成立以前の都市工業の品質管理　62
　　　3）手工業ギルド成立以降の都市毛織物工業の品質管理　67
　　　4）農村毛織物工業の品質管理
　　　　　　──ホントスホーテの場合──　71
　　　5）農村毛織物工業の品質管理

　　　　　——レイエ川沿いの新毛織物工業の場合——　75
　　　6）農村毛織物工業の品質管理
　　　　　——新種の紡毛織物工業の場合——　79
　2．都市工業と農村工業のせめぎあい　83
　　　1）伯権力による農村工業の禁圧　84
　　　2）伯権力による農村工業の公認　91
　3．フランドル毛織物工業の技術移転
　　　——ブルッヘの事例——　96
　　　1）ブルッヘへの新技術導入の試み　98
　　　2）新技術の導入とギルドの利害　104
　〈付論1〉　フランドル毛織物工業とセイ織工業　110

第3章　レイデン毛織物工業の展開と脱ギルド……………127
　1．レイデンの旧毛織物工業の歩み　128
　　　1）梳毛織物工業の単一的構成と軽毛織物工業の欠如　128
　　　2）都市当局主導の毛織物の品質管理　134
　2．レイデンの新毛織物工業　141
　　　1）新毛織物工業の複合的構成とネーリング制の成立　142
　　　2）レイデン新毛織物工業の展開　150
　3．新毛織物工業のネーリング制　157
　　　1）ネーリング制はギルドか　157
　　　2）ネーリング制の起源　160
　4．ネーリング制の伝播
　　　——フステイン織工業の事例——　164
　〈付論2〉　アムステルダムの貿易統計に見る17世紀の
　　　　　　レイデン毛織物工業　173

第4章　フランドルの遺産を継ぐベルギー、オランダの
　　　　近代毛織物工業 ………………………………………………… 187
　1．ティルブルフ毛織物工業——下請から自立へ——　188
　2．ヴェルヴィエ＝オイペン毛織物工業
　　　——国境を跨いだ工業化——　196
　　1）レイデンとの交流の始まり　197
　　2）ヴェルヴィエ＝オイペン毛織物工業の発展　199
あとがき　209
参考文献目録　213
索　引　249

低 地 諸 邦

北 海

オーステンデ　ダム　スライス
　　　　ヒステル　ブルッヘ
　　　　　　　　　　　　　ヘント
　　　　　　　フランドル
　　　　　　　ディクスマイテ
グラヴリーヌ　ホントスホーテ
カレー
　　　　　　　ランゲマルク
　　　　　　　　　　　　コルトレイク
　　　　　　ポーペリンゲ　イーベル
　　　　　　　　　　　　　メーネン
　　　　　　バイユール　コミーヌ　ウェルヴィク
サン・トメール　アルマンティエール　ニーウケルケ
　　　　　　　　　　　　　　　リール
　　　　　　　　　　　　　　　トゥルネー
　　　　　　　アルトワ
　　　　　　　　　　ドゥエ
　　　　　　　アラス

ハールレム
アムステルダム
デーフェンテル
レイデン
アーメルスフォールト
ホラント
バウダ
デルフト
ライン川
マース川
デン・ボス
ライン川
ベルヘン・オブ・ソーム
ティルブルフ
エイントーフェン
占領州ブラーバント
アントウェルペン
メヘレン
ブラーバント
マース川
ユーリヒ
ブリュッセル
レーヴェン
マーストリヒト
リエージュ
アーヘン
リンブルフ
リニージュ
オイペン
ヴェルヴィエ
モンシャワ
エノー
ナミュール
ナミュール
スタヴロー
ヘルデ川

第1章

フランドル毛織物工業の複合的構成とその展開

1．フランドル毛織物工業の複合的構成

　フランドル毛織物工業は12世紀に輸出工業として確立して以来、16世紀末にいたるまで時代に応じてさまざまな顔を見せてきた。これを毛織物工業の内部構成の変遷としてたどってみると、およそ次の5つの部門が姿を現しているように思われる。すなわち①高級品毛織物工業、②粗質品毛織物工業、③軽毛織物工業、④新毛織物工業、⑤新・軽毛織物工業、の5部門である。ある時点をとってみれば、現実にはこれらのいくつかが組み合わさった複合的構成になっていた。これらは⑤を除いて当時の関係者の認識もしくは意識を史料の中から整理したもので、現代人の目からみればいささか厳密さに欠けるところもある。したがって研究者によっては2部門、もしくは3部門に分けるだけで十分だと言う人もいる。しかしここではフランドル毛織物工業史の多面的な姿とその動向を浮彫にするために、さしあたりこの5つの部門を前提にして話を進めていきたい。大づかみに言えば、12世紀から14世紀半ばまでは①、②、③がほぼ並存し、14世紀半ば前後から②、③に代わって④が台頭し、15世紀末頃から⑤が大きく躍進し、他は低迷するという構図になる。③が⑤に変身して大躍進したと言ってもいい。以下順にこれを概観してみよう。

　毛織物工業が単一の構成ではなく、複合的構成をとるにはそれなりの理由がある。普通1頭の羊から刈り取られた羊毛は全部同じ品質ではなく、体の部位に応じて繊維の長い羊毛と短い羊毛に分けられる。さらにこれらは上質の部分と粗質の部分に大きく分けられる。当然その用途も加工技術も異なり、両者は

同一には扱われない。その結果毛織物製品にも概ね2つのタイプが現われることになる。どの時代にも最低2つ、もしくはそれ以上の部門が並存して見られるのは、このためである。これはヨーロッパのどの地方の毛織物工業でも基本的には同じであったと思われる。

これにさらに羊毛の生産地の事情も加わる。中世のイングランドは最高級の羊毛を産出したことで知られているが、フランドルはそれほど上質の羊毛を生産できなかった。中世も末期になると今度はスペインが上質のメリノ羊毛で他を圧倒していく。したがってどの地方の羊毛を原料として使うかによって、毛織物製品にも違いが出てくることは避けられなかった。これも毛織物工業が複合的構成をとるもうひとつの理由であった。

よく知られているように、毛織物に使われる織糸は基本的には2つの方法で作られた。ひとつは古来の伝統的方法で、梳毛具を使って羊毛を梳いて、つまり梳毛という処理を施してから、紡錘と糸繰り竿で紡いで織糸を作る方法であった。緯糸には弓梳毛という方法もあった。この梳毛処理を施してから作られた織糸を梳毛糸（そもうし）と呼ぶ。中世においては羊毛の品質に関係なく、経糸、緯糸のいずれにも基本的にはこの梳毛糸が使われていた。この梳毛という方法はどちらかといえば繊維の長い羊毛に向いていたといわれている。もうひとつ別の方法は12世紀末以降新たに伝えられた技術で、刷毛具で羊毛を梳いて、つまり刷毛という処理を施してから、紡車で紡ぎ、織糸を作るという方法であった。こうして作られた織糸は紡毛糸（ぼうもうし）と呼ぶ〔刷毛糸とは普通は言わない〕。これは繊維の短い羊毛には向いていた方法といわれている。ただカナダ、トロント大学のマンロによれば、技術的には刷毛処理の方が優れていたにもかかわらず、なぜかその普及は遅々として進まず、あちこちで禁止されていた[1]。他方ロンドン大学のチョーリーは、刷毛処理して紡車で紡いだ糸は弱くて切れやすく、節ができて不均質であったと言う[2]。そのためこの方法が高級品毛織物もしくは本来の毛織物の生産に正式に認められるようになるのはフランドルでは15世紀半ば以降のことであり、したがって中世のフランドルにおいては毛織物は基本的には経糸、緯糸とも梳毛糸で織った梳毛織物（そもうおりもの）であった。のちにもふれるよう

に、安価な粗質の毛織物には緯糸に紡毛糸を混ぜることはあったが、経糸、緯糸とも紡毛糸だけで作る紡毛織物（ぼうもうおりもの）というものは少なくともフランドルでは15世紀半ば過ぎ頃までは見られなかった。中世のフランドルの毛織物工業が概ね5つの部門から構成されていたと言っても、基本的にはこの梳毛織物の範囲内のことであって、その点ではそれほど大きな違いはなかったとも言える。

しかしそうは言っても、当時の生産者はそこに何らかの違いを見出しており、時に応じてより積極的にその違いを強調し、製品の差別化を推し進めていこうとする姿勢も見られる。こういった事情がフランドル毛織物工業史を複雑にし、分かりにくくしていることは否定できないが、ひとまずは史料に残されている当時の生産者の意識や考えになるべく沿う形で、フランドル毛織物工業の内部構成の変遷を追ってみたい。

1）高級品毛織物工業と粗質品毛織物工業

まず最初に「高級品毛織物工業」から見ていくことにしよう。これは当時 grande draperie と呼ばれていた部門のことで、本書ではこのように訳しておく。その理由は、この grande という形容詞はただ単にこの部門の規模が大きいということだけを意味しているのではなく、もっといろいろな意味が込められて多義的に使われているからである。つまり高価な高級品毛織物を生産する、場合によっては王侯貴族や高位聖職者のための奢侈品さえも生産する「本格的な」「都市の」毛織物工業という意味も含まれている。これこそが「本来の」「あるべき」毛織物工業であるという生産者の誇りや自負が感じられる表現と言ってもいい。これと同じ意味でしばしば bonne draperie という言い方がなされたり、もっと分かりやすく draperie fine ou grande[3] と言ったりしていることも、このことを裏付けている。都市の毛織物工業であるから、おそらくギルドを意識して「ギルドの責任で品質に万全を期した」という意味を込めることもあったようである[4]。この表記はどちらかというとワロン語〔フランス語〕圏で多く見られるが、フラームス語〔オランダ語〕圏でもないことはなく、grote draperie として出ている[5]。

この高級品毛織物工業と、次に検討する粗質品毛織物工業は当時から対概念となっていたようなので、毛織物工業の内部構成を明らかにするうえでは、こうした区分は一定の有効性をもっている。ただどこまでが高級品毛織物で、どこからが粗質品毛織物であるか、線引きをするのは簡単ではない。おそらく両者を分ける最大のメルクマールは当時最高級品といわれていたイングランド産羊毛を原料として使っていたか否か、そして都市で作られていたか否か、であったと思われる。イングランド産羊毛がフランドル諸都市の毛織物工業で使われるようになるのは12世紀に入ってまもなくであったから、それ以降このように毛織物工業を差別的に二分する意識は強まっていったと考えられる。

　この高級品毛織物工業部門で作られていた製品はワロン語では grands draps、gros draps、bons draps などと呼ばれ、フラームス語では grote lakens (groote lakene) と呼ばれた。これらはサイズの大小のことではなく、いずれも「高級品毛織物」という意味である。そのうちのいくつかを挙げると、まず最高級品と目されるのがエスカルラート (escarlate) 織〔フラームス語ではスハールラーケン (schaerlaken) 織〕で、えんじ虫の染料 (grana, grain, kermés) で鮮やかな赤に染色してあるのが多かったようであるが、赤以外の色のものあった。イングランド産の最高級の羊毛と高価な染料を使っていたため、きわめて高価な製品であった。この他に縮絨や仕上げに独自の工夫をこらしたというディッケディネ (dickedinne, diquedunnes) 織、さらにイングランドの特定の修道院で生産された羊毛のみを使った draps de sorte (sorte lakene、sorte) 織などがあった。また単に「染色織」とか、染色された色だけが名称になっている製品もあった。これよりもやや品質が劣るものとしてエスタンフォール織 (estanforts)、レイエ織〔縞織物〕(rayés, strijpte lakene) などがあった[6]。エスタンフォール織〔もしくはスタンフォールト織〕は、その名称からイギリスの都市スタンフォードとの関係が指摘されている。レイエ織は予め染色した織糸を組み合わせて織った縞模様の毛織物で、さまざまな変種があった。当然のことながらこれらの高級品はフランドルの重要な輸出品になっており、ヨーロッパ各地でフランドル毛織物工業の名声を高からしめた自慢の製品

であった。したがって grande draperie と言うときの grande には「輸出向けの」とか「外国で高く評価されている」という意味も込められていたであろう。なおこれらフランドルの毛織物は生産地によってその規格がまちまちであるが、標準的な規格は長さが42エル〔オーヌ、約29.5m〕、幅が3.5エル〔約2.5m〕前後のものとされている[7]。また大部分の高級品毛織物には半反の製品（demi-drap, halflaken）も作られていたが、これは厳密に半分ということではなく、長さが約半分ぐらいのもので幅はほとんど変わりがなかった。ファン・アイトフェンによれば、中世においては衣服一式〔コート、上着、帽子、ズボン2本〕を新調するのに約15エル〔約10.5m〕必要としたという[8]。半反の製品はこれに合わせたのかもしれない。

　これらの高級品毛織物は、すでに述べたように、すべて梳毛糸で織られた梳毛織物であった。フランドルでは刷毛処理してから作った紡毛糸の使用は15世紀半ば頃までは少なくとも大都市では禁止されていたから、とくに高級品では梳毛織物以外のものが出回る可能性はまずなかったはずである。チョーリーはこの点を強調している。しかし同時に彼は「〔フランドルのすべての梳毛織物は〕ウステッドのタイプというよりはウルンのタイプである」として、梳毛織物はその本来の特徴を示していなかったとも言う[9]。一体これはどういうことであろうか。

　やや脇道にそれる感があるが、ここでイギリス毛織物工業史において一般的に使われている用語〔概念〕ついて少しふれておきたい。イギリスでは毛織物はウステッド〔梳毛織物〕（worsted）、ウルン〔紡毛織物〕（woollen）、混織物（mixed cloths）と3つに分けるのが普通で、羊毛に梳毛処理を施してから紡いだ梳毛糸（combed yarn）を経糸、緯糸の両方に使って織ったものがウステッド〔梳毛織物〕である。ウステッドは軽く縮絨するだけなので、表面はフェルト状にはならず、仕上げも簡単で、織り上がった製品は織り目が見えるのが普通であった。相対的に薄くて軽い毛織物であった。これに対して羊毛に刷毛処理を施してから紡いだ紡毛糸（carded yarn）を経糸、緯糸に使って織ったものがウルン〔紡毛織物〕である。ウルンは織布後、入念に縮絨、仕上げを

施し、表面が密なフェルト状になっていて、織り目が見えなくなっている。生地としては相対的に厚く、かつ重いものであった。他方、この梳毛糸と紡毛糸をさまざまな方法で混ぜて織った折衷的な製品が混織物である。

　チョーリーによると、フランドルの高級品毛織物は梳毛織物〔つまりウステッド〕でありながら、なぜか梳毛織物の特徴ではなく紡毛織物の特徴を示していたという[10]。そのため英語でこれを手っ取り早くウルン（woollen）と書く人もいる[11]。その代表が先に挙げたマンロで、彼はなぜか一貫してウルンという語にこだわる。技術的にはウステッドなのだから、見た目だけで判断して、それをウルンと呼ぶことは無用な混乱を招くだけで、この混乱が彼の議論をこの先でも非常に分かりにくくしている。ともかく当時のフランドルの高級品毛織物はこのように見た目には折衷的な性質のものであった。

　以上の高級品毛織物工業と対概念になっていると思われるのが粗質品毛織物工業で、これは petite draperie の訳語である。この表記もどちらかと言えばワロン語圏に多いようであるが、フラームス語圏でも cleene（cleyne）draperie という形で出てくる。どちらも「小さい」という意味である。ここで言う petite も、先の grande の場合と同じように、単に毛織物工業の規模が小さいというだけではなく、言外にいくつかの意味が込められている。この部門で作られる petits draps はたしかに長さが20エル前後で、高級品毛織物に比べて短くて小さい製品であったから、そのサイズを表していると言ってもいい。その原料としては地元産の粗質の羊毛を使っていた。アイルランドやスコットランドから輸入された粗質の羊毛を使うこともあったようだが、イングランド産の高級羊毛はまったく使われなかった。その意味でもその製品は粗質の、いわば一般大衆向けの安価な毛織物で、したがってこのように訳しても問題はないように思う。仕上げもごく簡単に済まされたらしい。具体的な製品名としてはドゥック（doucken, doucques）織がよく知られているのみで、他には"doublures"、"eenbluwe"、"coveratura（couverture）"ぐらいのものである[12]。技術的にはこれらも梳毛織物であったことはまちがいないが、場合によっては緯糸には、刷毛処理した紡毛糸も組み合わせて使っていたのではないか、と見

る人もいる[13]。

　この粗質品毛織物工業は早い時期から農村で一貫してずっと見られた毛織物工業であったとされているが[14]、しかし農村だけではなく、高級品毛織物工業を擁していた大都市の内部でもその存在が認められていた。例えばサン・トメールやイーペルでは輸出向け以外の製品を作る毛織物工業として扱われていた[15]。こうして見るとこの petite という形容詞には「農村で農民が作った」とか「田舎くさい」といった、ことさら都市の製品ではないことを差別的に強調しようとする響きがあり、またたとえ都市で作られていたにしても「輸出には向かない」「安物の」製品として見下すニュアンスが感じられる。都市の高級品毛織物工業に携わる生産者は軽蔑的にこの語を使ったとみられるが、他方では農村の生産者は逆に自らの工業活動の存在を積極的に主張し、擁護する表現として、むしろ進んでこの言葉を使っていたのではないかとも思われる。

　この粗質品毛織物工業についてはまだ不明な点が多い。フルリンデンによれば1369～70年のジェノヴァやスペイン、ポルトガルの史料にはイーペルやブリュッセルの粗質品毛織物（petits draps）が現われているというから、もしこれらが輸出品としてそれなりのシェアをもっていたなら、この部門の経済史的意義も自ずから異なってくる。高級品毛織物工業の単なる付け足しと見るわけにはいかなくなる。さらにやっかいなことは、そもそもこれをひとつの毛織物工業部門とは認めず、次に取り上げる「軽毛織物工業」と同一視する研究者もいることである。この点については次の２）で改めて考えてみたい。

　なお本書ではあえて取り上げないが、この高級品毛織物工業と粗質品毛織物工業という区分とは別に、「添油毛織物工業」と「無添油毛織物工業」という区分をする人もいる。「添油毛織物工業」は史料に見える draperie ointe〔フラームス語では gesmoutte draperie〕の訳語である。draperie grasse というのも同じものと思われる[16]。これは梳毛〔ないしは刷毛〕処理に際して、作業をしやすくするために羊毛にバターを塗って、すべりをよくすることから、このように呼ばれる。バターを使う分コストは上がるから、この方法は高級品毛織物に使われたと考えられている。したがってこれは高級品毛織物工業とほぼ同

じ意味で使われている。他方「無添油毛織物工業」の方はdraperie sèche〔フラームス語ではongesmoutte draperie, drooge draperie〕の訳語で、こちらはバターを使わないので「乾いている（sèche, drooge）」という表現になっている。イーペルでgaernine draperie（garene laken）として登場するのもこれと同じものであろう[17]。この方法は安価な粗質品毛織物に使われたと見られ、こちらは粗質品毛織物工業ということになる。イーペルでは添油毛織物と無添油毛織物を同じ作業場で同時に行なうことは禁止されていたので[18]、当時の生産者はそれぞれ別個の部門と意識していたようで、研究者の中にも「高級品毛織物工業」と「粗質品毛織物工業」という区分よりも、こちらの方を重視している人もいる。

　しかし製品によっては、添油されて作られた織糸と無添油の織糸を組み合わせて織っている場合もあり、また粗質品毛織物にも添油された織糸が使われることがあったので[19]、この添油か無添油かで区別する方法もあまり截然としたものではなく、かなりあいまいさを残している。イギリス毛織物工業史ではこうした区分はほとんど見ないように思う。したがって本書ではこの区分をとらないことにした。

2）軽毛織物工業

　軽毛織物とはいかにも耳慣れない言葉であるが、軽油とか軽自動車という言葉もあるから、原語に忠実にこう訳しておきたい。原語はワロン語ではdraperie légère（légière draperie, legiere draperie）、フラームス〔オランダ〕語ではlichte draperieである。いずれも「軽い」という意味で、実際この種の毛織物はかなり軽く作られていたらしい。したがって「軽い」という表記でとくに問題はないと思われる。

　この軽毛織物工業ではさまざまな製品が作られていたが、チョーリーやマンロによればそのうち代表的なものはセイ織（saies, sayes, saeyen）、スタンフォール織（stanforts, estanforts）、ビッフ織（biffes）の3つで、ほかに"roies"、"faudeits"、"afforchiés"、"renforchiés"、"burels"などがあった[20]。いずれも

基本的には梳毛織物であった。このうちもっとも目立っていて、かつ経済的にも重要であったのがセイ織で、そのためのちにはセイ織工業（sayetterie）という語も別個に生まれた[21]。人によっては軽毛織物工業、即セイ織工業だと言う人もいる。ただしセイ織と一般に呼ばれているものにもいくつかの種類があり、また時代によっても組成や製法が変わっているので一般化はむずかしいが、チョーリーやマンロによれば、13世紀のセイ織は経糸にセイ糸（sayette）という細くて丈夫な梳毛糸を使い、緯糸には紡毛糸を使った混織、折衷的製品であった。しかもしっかりと縮絨し、起毛・剪毛の仕上げもしっかりしていたので、表面はフェルト化し紡毛織物〔英語でいうウルン〕に近いものであったという[22]。次のスタンフォール織は、マンロによれば、経糸が丈夫な梳毛糸、緯糸が紡毛糸のやはり混織で、軽くて粗質の製品という[23]。セイ織との違いは何なのかはっきりしない。すでに述べた高級品毛織物の中にもエスタンフォール織というのがあるが、それと違うものなのかよく分からない。3つ目のビッフ織は羊毛を梳毛処理したときに出てくる残毛に"添油"して、これを刷毛し、それから紡いだ糸〔紡毛糸〕を経糸、緯糸に使った製品という[24]。ただしドゥエのbiffe bastardeは経糸が梳毛糸、緯糸が紡毛糸の混織であった。したがって軽毛織物には混織が多いということになる。1頭の羊からとれる羊毛には繊維の長い羊毛と短い羊毛があり、それに応じて基本的には2種類の毛織物が作られると冒頭で述べたが、軽毛織物が梳毛糸と紡毛糸を組み合わせた混織であったということは、わざわざ2種類の毛織物を別個に作る手間を省いた簡便な作り方ということになる。単一の毛織物に羊毛を効率的に使ったと言ってもよさそうである。

　織り方としてはセイ織は基本的には綾織であったのに対して、スタンフォール織やビッフ織は平織で、かつ縞模様がはいっていたともいう[25]。これらはいずれも軽くて安価な製品で、とくにスタンフォール織は安いものであったらしい。このように軽毛織物は安価な製品であったから、当然原料の羊毛も地元産のものやスコットランド、アイルランド、フランス産の安い粗質のものが使われ、イングランド産高級羊毛はまったく使われなかった[26]。

この軽毛織物工業はフランドルの農村に古くから続いていた毛織物製造の伝統を引き継いだもので、都市、農村を問わずいたるところに広く見られ、とりわけ農村は都市の特権に抵触しない工業活動として自由にこれを営んでいたという[27]。そのためホントスホーテ〔オンズコート〕（Hondschoote）やヒステル（Gistel, Ghistelles）のように、農村でありながら独自のセイ織を生産し、12・13世紀には早くも輸出工業として外国にもその名を知られるようになったところもある。また大都市の中にもサン・トメールやアラス、ブルッヘのように、このセイ織をそれぞれ独自に差別化して大規模に生産していたところもある[28]。したがって軽毛織物工業、即農村工業ということでもない。

　注目すべきことはこれらの安価な製品も重要な輸出品になっていたということであり、とくにイタリア、地中海方面ではフランドルや北フランス産のセイ織がもっとも人気があって、そこでは1320年代頃までは輸入織物の半分以上をフランドル産のセイ織が占めていたという[29]。その意味でこの軽毛織物工業部門は経済史的に見ても決して無視できる存在ではなかったが、『フランドル毛織物工業史料集』全4巻を編纂、公刊したことで知られるエスピナとピレンヌによれば、この軽毛織物工業部門の代表格とも言うべきセイ織工業（sayetterie）は中世には本来の毛織物工業とは認められていなかった、という。しかしそれがいかなる理由によるのか何も説明されていない。もしかして紡毛糸を使うことが当時の毛織物製造の常識に反するもので、やむなく黙認はされているが、あるべき姿のものではないと意識されたからであろうか。そのためこの2人は、セイ織工業に関する史料は彼らの編んだ史料集では他の史料と不可分になっている場合を除いて、収録しなかったと言う[30]。またその後ベルギーの史家ファン・ハウテも軽毛織物工業をそのようなものと認識し、エスピナやピレンヌの考えを支持している[31]。しかし重要な輸出工業にまで成長していた部門をこのように扱うことははたして妥当なことなのか、疑問は残る。ただフランドルではなく、その隣のブラーバント侯領のメヘレンについて、トゥルヴェは1446年の規約では軽毛織物工業は市壁の外で、ギルドがタッチしない形で認められたと述べている[32]。いわば日陰者扱いとして黙認されたということで

あろうか。その意味では1）で取り上げた粗質品毛織物工業とかなり似ているとも言える。そのためコールナールやデルヴィル、クローゼルとカロンヌのように、そもそも軽毛織物工業をひとつの部門とは認めず、粗質品毛織物工業の中に含めてしまう人もいるし、また逆に粗質品毛織物工業を軽毛織物工業の中に入れてしまい、合わせて1部門とするスターベルのような人もいる[33]。

この軽毛織物工業部門は14世紀に入るとほどなくして鳴りをひそめるが、15世紀後半になると今度は新・軽毛織物工業として装いも新たに登場し、16世紀フランドルの毛織物工業の花形的存在となる。

3）新毛織物工業

ここまで見てきた3つの毛織物工業部門より少し遅れて14世紀前半に登場するのが新毛織物工業（nieuwe draperie, nouvelle draperie）である。史料の上では1320年代に現われるから、この前後からと考えられる。フランドル北部の3大都市〔イーペル、ヘント、ブルッヘ〕の周辺の農村にまず現われたようで、その中でもとりわけイーペル近郊のレイエ川〔ワロン語ではリス川〕沿い約15キロメートルの区間に点在していた農村に集中して現われ、とくにその地域が新毛織物工業で知られるようになった。そのためやがてそこの製品は「レイエの毛織物（leysche laken）」という名前も付けられるようになった[34]。

製品としてはいろいろなものがあった。もっとも有名なのがベラールト織（bellaerd）やスハールラーケン織（schaerlaken）、"ghemeene zwart"という最高級品で、スハールラーケン織というのは大都市の高級品毛織物工業で作られていたものと同じ名前である。その他に"strijpte half-laken"、"smallijste"、"dickedinne laken"、"rolisten"、"zadblauwe"、"grande moyson"、"petite moyson"、"drap de grand lé"などがあり多彩である。いずれも梳毛織物であったとみられるが、なかには紡毛糸との混織もあったようである。

実はこの新毛織物工業、「新」という形容詞が付いていながら、一体どこが新しかったのかと問われれば意外にはっきりしていないのである。「どこが新しいのか」と疑問を投げかける人もいれば、「新しいというのは正しくない」

と否定する人もいる[35]。というのもこの「新毛織物」は大都市が従来作っていた高級品毛織物を農村がこっそり模倣して作ったもの、もしくはその技術を無断で借用して作ったものとみられているからである[36]。とりわけイーペルの製品や技術が狙い打ちされたらしい。したがって系譜的には同じ技術にもとづくもので、とくに目新しいものはなく、ましてや技術革新と呼べるものはなかったというのである。なぜ農村工業がこの頃になってこうしたことを始めたのか、その理由については次節で取り上げることにして、ここではその「新しさ」についてもう少し考えてみたい。

　多くの人が注目しているのはその製造工程である。つまり準備工程や仕上工程に何らかの工夫をこらしていたのではないかというわけである。大都市の伝統的な高級品毛織物工業では、製品は普通約30の工程を経て完成品になったと考えられている。このうちの約半分、つまり15工程ぐらいは毛織物を作るうえで必要不可欠なものであった。逆に言えば残りの約半分は工夫次第で省略が可能だということになり、そうすれば品質はそれなりに犠牲にされるであろうが、コストの削減につながることは確実である[37]。クローゼルとカロンヌによれば、レイエ川沿いの新毛織物の生産地では15工程をさらに下回るわずか10工程ぐらいにまで簡略化されており、トゥルコワンという農村ではわずか7工程で染色までを済ませたと言う[38]。

　それではレイエ川沿いの新毛織物工業では具体的にどうであったかというと、織布工程に先立つ準備工程や紡糸工程に注目する研究者と、織布工程の後に続く縮絨工程や仕上工程、染色工程に注目する人の2つに分かれる。このうちコールナールをはじめ、クローゼルとカロンヌ、チョーリー、ファン・デル・ウェーは羊毛の準備段階と紡糸工程に何らかの工夫があったのではないかと見ている。とくに紡糸工程に注目し、刷毛処理した羊毛を紡車で紡いで紡毛糸を作り、これを緯糸に使ったのではないかと見る[39]。この方法は大都市の高級品毛織物工業では当時はまだ禁止されていたものであったから、その意味では「新しい」と言えなくもない。ただしチョーリーは、14世紀にイタリアではこのタイプの標準的毛織物は作られていたが、フランドルでは史料上実証されていな

いから、まだ仮説だと断っている。しかしかなり有力な仮説と確信しているように見える[40]。2）ですでにふれたように、農村工業は従来軽毛織物工業に携わってきており、そこでは、紡車を使ったかどうかは別として、セイ織、スタンフォール織、ビッフ織などの軽毛織物には刷毛処理して紡いだ紡毛糸が緯糸に使われていたから、このやり方が農村の新毛織物工業において踏襲されたとしても何ら不思議はない。この見方に対してマンロはかなり否定的で、彼は紡糸工程よりもむしろ織布後の縮絨工程や仕上工程などが簡素化されたり、工夫されたりしたのではないかと見ている。しかし彼も紡毛糸の使用そのものを否定しているわけではなく、新毛織物工業でも最高級品の毛織物ではすでに使われていたと言う。ただしこの点には「新しさ」を見ていない。彼がレイエ川沿いの新毛織物工業を「独創的で典型的（original and "classical"）」と言うとき、安価な羊毛を使ったことや、羊毛の量を減らしたことを挙げるが、それ以外の明確な根拠ははっきり示していない[41]。

　この新毛織物は大都市の高級品毛織物を模倣した製品であったから、従来農村が作っていた軽毛織物よりは概してかなり高級品であった。そのうえイングランド産の高級羊毛にこだわっていた農村も多かったから、価格も相対的に高いものであった。農村の労働コストの低さを考えたとしても、それでもなお高価な製品であった。それにもかかわらずこの新毛織物製品は主に地中海方面の市場にかなり輸出されたことははっきりしており、大都市の従来の高級品毛織物工業には脅威となり、さまざまな軋轢を生み出した。しかしそればかりでなく、逆にその「新しさ」をいち早く取り込もうとした都市工業も現われた。これらの点については次節でもう少しくわしく取り上げる。

　ところがこのレイエ川沿いの新毛織物工業はなぜか15世紀の半ば前後から急に姿を消していく。頼りにしていたイングランド産の上質羊毛がさまざまな理由から次第に入手困難になり、価格も高騰していったことが響いたのではないかと考えられる。それに加えてイギリス産の毛織物もじわじわと進出してきて、脅威になり始めていた。しかしフランドルの新毛織物工業はこれでその命脈が尽きたのではなかった。これを機に新毛織物工業は次の段階に進んだ。今度は

言葉の真の意味で“新”毛織物工業と呼ぶにふさわしい毛織物工業が姿を現わした。その舞台になったのはレイエ川に近い、イーペルの南側のいくつかの農村で、ここでフランドル毛織物工業史において初めて経糸、緯糸とも紡毛糸を使った純然たる紡毛織物〔英語でいうウルン〕が作られるようになった。それまでの新毛織物は純然たる梳毛織物〔英語でいうウステッド〕であった。緯糸だけに紡毛糸を使った混織の場合もあったようであるが、ここへ来て初めて純然たる紡毛織物が登場してきたのである。マンロはフランドルの新毛織物は純然たるウルンだと一貫して主張し、梳毛織物の段階があったことをなぜか伏せようとするが、この段階に至って初めてそのように言えることになるのではないか。これはおそらく当時としては画期的技術革新というよりは、既成概念にとらわれない、意表をついた製法であったのであろう。緯糸に紡毛糸を使うという製法がすでに長い間普及していたからこそ、経糸にも応用してみるということが可能だったのではないか。もちろん経糸用の強い紡毛糸が作られるようになっていたことがその技術的前提となる。したがって刷毛、紡糸の技術的進歩とセットになっていたはずである。その意味では第1段階のレイエ川沿いの新毛織物工業は技術的には過渡的な性格の毛織物工業であったと言っていいのではないか。もちろんこれは先ほど述べたチョーリーらの仮説が実証されればの話である。

　この純然たる紡毛織物を前面に押し出した、いわば第2段階の新毛織物工業にはまだほかにも新しい点があった。それまでのレイエ川沿いの新毛織物工業は、すでに述べたように、高価なイングランド産羊毛にこだわっていたが、今度の新毛織物工業はこの頃ようやくその価値が認められてきたスペイン産のメリノ羊毛を使い始めた。もしかしてスペインのメリノ羊毛が刷毛処理に適していて、紡車を使って経糸用の強い紡毛糸を作ることを可能にしたのかもしれない。あるいはまた刷毛処理した羊毛を紡車で丈夫に、しかも効率よく紡ぐ新たな技術改良があって、メリノ羊毛の利用が可能になったのではないかとも考えられる。またこの新たな新毛織物工業は、それまで多くの都市で禁止されていた縮絨水車をも利用し始めたようである。この2つの点だけをとってみても、

かなりのコスト削減が可能になったとみられる。こうした新しさが受けたのか、この新毛織物工業は15世紀後半から16世紀前半にかけて、注目すべき発展を見せた。ただフランドル全体にはなぜか広がらなかったようである。

このようにフランドルの新毛織物工業には2つの段階があった。第1段階のレイエ川沿いの新毛織物工業はともかくとして、第2段階の新毛織物工業はフランドルの毛織物工業史においては、紛れもなく新しいタイプの毛織物工業であったと言っていい。ただ比較史的に見て興味深いのは、イギリスもほぼ同時に、もしくはもっと早くからこの紡毛糸だけで作る紡毛織物〔ウルン〕を作り始めていたことである。そしてイギリス西部を中心にこの新しい紡毛織物工業は急速に発展したとみられる。このイギリスとフランドルの新しい動きに何か関連性があるのか、たまたま海を挟んだ両側でほぼ同時に同じ動きが別個に進行していたのか、この点は興味深い。イギリスの新しい技術がフランドルに伝えられてきた可能性はもちろん排除できない。なお念のためにひと言付け加えれば、フランドル毛織物工業史でいう「新毛織物工業」はイギリス毛織物工業史で言う「新毛織物工業（New Draperies）」とはまったく別物で、関係がない。

4）新・軽毛織物工業

最後が新・軽毛織物工業である。すでに2）の末尾でふれたように、古くから見られた軽毛織物工業は14世紀に入るとまもなくして急速に不振に陥る。その辺の事情については次節で取り上げることにして、ともかく軽毛織物工業はそれから100年近く鳴りをひそめてしまう。それまで盛んに輸出されていた南欧、地中海方面の市場からその製品はほとんど姿を消してしまうという[46]。もちろんフランドルでその生産がすべて止まってしまったということは考えられず、おそらく国内市場向けには細々と生産は続いていたと思われる。

ところが15世紀も後半にいたると、フランドルの軽毛織物工業は再び蘇り、次の16世紀には一躍フランドルを代表する大毛織物工業にのし上がっていく。とりわけこれはセイ織工業にはっきりと言えることである。ただかつてのス

タンフォール織とビッフ織はなぜか蘇らなかった。とくに注目すべきはホントスホーテのセイ織工業のめざましい発展で、その結果ホントスホーテのセイ織工業は16世紀のフランドル毛織物工業を代表するような存在になっていった。しかもこれが農村工業であったから、農村工業はその強靭な生命力を印象づけることになり、16世紀のフランドルは農村工業の時代であったと見る人が出てきてもおかしくはない。しかし実際はそうではなく、次節の4）でもふれるように、大都市においてもこのセイ織工業はめざましく発展した。総体的には都市の方が優勢であったと言ってもいいかもしれない。ともかく15世紀後半から16世紀にかけて復活したフランドルのセイ織工業は農村工業の古くからの伝統に根ざした毛織物工業で、系譜的にはとくに新しい工業ではなかったと言っていい。

　しかしまったく新しいところがなかったのかと言えば、決してそうではない。軽毛織物工業の中心であったセイ織工業について言えば、いくつかの生産地はこの100年余りの間にいろいろ工夫をこらし、その特長をアピールしていたし、都市によっては同じ軽毛織物工業の枠内で新たな製品を開発したところもある。さらには羊毛に亜麻、綿、絹などを混ぜてまったく新しい製品を開発して売り出したところもある。その意味でこれはかつての軽毛織物工業の単純な復活や蘇生ではなかった。チョーリーやハウエルが先駆的にこれを new light draperies と呼んだのももっともなことで、最近ではファン・デル・ウェーもこの語を使っている[47]。本書でもこれを使わせてもらい、新・軽毛織物工業と訳しておくが、「軽毛織物工業」をそのまま使っている人も多い。当時の史料の中には「新・軽毛織物工業」という表記は残念ながら見当たらない。

　セイ織については〈付論1〉で少しくわしく取り上げるので、ここでは簡単にとどめたいが、すでに2）でもふれたように、従来のセイ織は梳毛織物でありながら縮絨して、その表面がフェルト状になり、起毛・剪毛の仕上げもなされていた。それでいてホントスホーテのセイ織、リールのセイ織、アラスのセイ織というように、生産地によってそれぞれ微妙に独自色を出していた。リールとアラスは大都市であることに留意していただきたい。これに対して15・16

世紀のセイ織もイングランド産の上質羊毛は使わないという点では共通している。いくつか新しい技術の導入はあったが、製法の違いはだんだん小さくなっていったようで、生産地ごとの独自性や個性も目立たなくなっていったと見られる。

さらにこのセイ織の仲間として、いくつかの新製品も登場してきた。オスタード（ostades）織、ラス（rasses）織、シャンジャン（changeants）織、サタン（satins）織、リュッセル（russels 織）、velvets, damasks, mockadoes, corduroys などがそれで、これらはセイ織よりも軽く、かつ薄くて、表面がなめらかで、模様や織り目がはっきり見えるものであった。毛織物でありながら絹織物に見えるように、その代替品を目指して作られたらしい。中には絹織物と同じ名称のものもいくつかあった[48]。これらの製品のあいだにどれほどの違いがあったのか必ずしもはっきりしないが、織糸の作り方や織布にはさまざまな工夫がこらされていたものと思われる。

新製品はこれだけにとどまらなかった。羊毛に亜麻、綿、絹などを混ぜた新しい製品も作られるようになった。カムロ（camelots）織、グログラン（grosgrains, grograins, grogram）織、ブルジェット（bourgettes）織、ブラ〔ブレット〕（bourrats, bouras, bourettes）織、ティルテーヌ〔ティーレンテイン〕（tiretaines, tierentein）織、バラカン（barracans）織、フテーヌ〔フステイン〕（futaines, fustein）織などといった混織物がそれで、これらに関わる部門はやがて一括してブルジェット織工業（bourget(t)erie）と呼ばれるようになった。いずれも紛れもなく新製品であったが、先の絹織物に似せて作られた毛織物製品との差は微妙で、どちらに分類すべきか、その帰属をめぐって争いもあったという[49]。またクラーイベックスによれば、もうひとつベイ（bayes）織という紡毛織物があった。これは経糸にセイ織と同じセイ糸を使い、緯糸には紡毛糸を使った製品で、起毛〔毛羽立て〕をしっかりやったまま、剪毛は施さなかった純毛の製品であった。このベイ織は古くから知られていて必ずしも新製品ということではないが、どこか新しい工夫がなされていたのかどうか、その点はよく分からない。新・軽毛織物の中にまとめてしまってよいのか、

3) の新毛織物の中に入れればどこがまずいのか、この点もはっきりしない。

ともかくクラーイベックスの分類に従えば、新・軽毛織物工業は4つの部門で構成されていた。つまり①セイ織、②オスタード織など絹に似せて作られた純毛の製品、③ブルジェット織など羊毛以外の素材を混ぜて作られた混織の製品、④ベイ織、である[50]。

16世紀のフランドル毛織物工業を代表するのは、この新・軽毛織物工業部門である。大部分はその製品名がワロン語〔フランス語〕で表記されていることからも分かるように、この新・軽毛織物工業はフランドルの南部から、隣接するアルトワ伯領、エノー伯領に至るフランス語圏にほぼ集中している。とりわけリールはセイ織工業とブルジェット織工業で大きく躍進した。16世紀のフランドルの都市毛織物工業は、農村工業であるホントスホーテのセイ織工業の大躍進にかすんでしまいがちであるが、多くの都市は新製品に方向を切り換えて、時代の変化に対応していく活力を依然として保持していた。

しかし16世紀後半にフランドルを襲った政治的、宗教的混乱により、これらの毛織物生産者は都市、農村を問わず、周辺諸国に四散してしまい、フランドルの毛織物工業は大きな打撃を受ける。もちろんこれで壊滅してしまったのではなく、リールやヘント、ブルッヘといった都市は17世紀にかなり盛り返す。農村工業の中心地ホントスホーテも蘇る。しかしフランドルにとっての悲劇は、16世紀後半に故国を捨てて移住した人々が異国でその技術を大きく開花させて有力なライヴァルとして立ち現われたことである。イギリス毛織物工業史でいう17世紀以降の「新毛織物工業（New Draperies）」とはまさにこのフランドルの新・軽毛織物工業の技術の結実にほかならない。なお念のため付言しておくと、フランドル毛織物工業史においてはイギリスやオランダで言うような「旧毛織物工業」、「新毛織物工業」という概念区分はない。新旧の区分は断絶を前提にしているが、フランドル毛織物工業史でははっきりとした断絶はみとめられないからである。

2. フランドル毛織物工業の展開

　以上5つの毛織物工業部門をまず概観してみたが、見られるように、この順序はフランドル毛織物工業史のおおまかな流れにも沿っている。そこで主な生産地における各部門の動向をもう少し具体的に追って、フランドル毛織物工業史の輪郭を明らかにしてみたい。

1）草創期と13世紀の黄金時代

　フランドルを含むガリア北部地方にはローマ時代から毛織物工業が存在しており、その技術はいわばローマの遺産であった[52]。この地方は9世紀後半ノルマンによって度々侵攻され劫略を経験したが、それによっても毛織物生産の伝統は消滅しなかったようで、その製品は10世紀には早くもイギリスに現われたのを皮切りに、11世紀後半にはライン地方に、12世紀初頭にはロシアのノヴゴロドにまで到達していた。12世紀にはさらにイタリアにも進出し、1128年ジェノヴァで売られたのがもっとも古い記録という。13世紀に入るとさらにイタリア各地に広がった[53]。そしてちょうどこの頃、つまり11世紀後半——人によって若干のずれはあるが——3つの新技術が相次いで外から伝えられ、これがフランドルの毛織物工業に一大変革をもたらし、生産性を大きく向上させたといわれている。それは、①刷毛技術と紡車、②水平式織機、③縮絨水車、の3つで、とくに従来の竪機〔垂直式織機〕に代わる水平式織機の導入により、それまでは縁の不揃いな正方形の毛織物（pallia）しか作れなかったのが、今度は長さを自由に変えられる長方形の毛織物（panni）を作ることが可能になった[54]。そしてそれに合わせて毛織物の織布〔製織〕は農村の女性の仕事から男性の仕事に変わり、女性には今度は洗毛、梳毛、紡糸〔紡績〕などの織布以前の仕事が委ねられることになった。しかもこれを契機に毛織物生産が都市に集中するようになり、本格的な都市工業の時代を迎えることになったという[55]。

　そしてこれとほぼ時を同じくして1100年頃から上質なイングランド産羊毛の

輸入が始まり、フランドルの毛織物工業はその後本格的に発展していく。新技術が南の方から伝わったせいか、最初はフランドル南部の都市アラス（Arras）やサン・トメール（Saint-Omer）が毛織物工業の中心であったが、やがてもっと北のドゥエ（Douai）、リール（Lille）、トゥルネー（Tournai）、ヴァランスィエンヌ（Valencienne）も台頭し、さらに北のイーペル（Ieper）、ヘント（Gent）、ブルッヘ（Brugge）も重要な工業都市になっていった。このうちトゥルネー〔司教座都市〕とその近郊はフランスの飛地でフランドル伯領には属さず、ヴァランスィエンヌはエノー伯領の都市であったから、この2つを除く7つの都市がいわゆるフランドルの7大毛織物工業都市として君臨することになる。そして13世紀後半にはフランドルの都市毛織物工業は全盛期を迎え、その黄金時代はおよそ1300年前後まで続いたのではないかとみられる。

　そこでまず7大都市のうち南部の4大都市アラス、サン・トメール、ドゥエ、リールについて少し見ておこう。

　アラス　アラスは12世紀には早くもフランドル最大の大毛織物工業都市に成長し、人口も1200年頃には約2万を数え、フランドル伯領の首都にもなっていた。アラスの毛織物工業は最高級品よりはむしろ中級品に重きを置いていたようで、もっとも有名なのはスタンフォール織（stanforts, stamforts, estanfortes）で、これはイギリスのスタンフォード（stamford）織をかなり意識した製品ではないかといわれている[56]。これと並んでアラスでは早くから軽毛織物工業も盛んで、セイ織、ビッフ織などを生産していた。とくにアラスのセイ織は外国では評判で、「アラス（arras, harras）」といえば軽くて安いセイ織の代名詞になっていたという[57]。こうした毛織物工業の発展に合わせるように、アラスの商人は1137年にシャンパーニュの大市にも進出し、そこのバール・シュル・オーブ（Bar-sur-Aube）に毛織物販売のための会所〔ハル halle〕をおいていた[58]。アラスの商人はさらにそこからイタリア、地中海方面にも向かい、1180年頃からとくにジェノヴァとの取引において重要な地位を占めるようになった[59]。しかし13世紀後半から次第に中級品の毛織物工業もセイ織工業も振るわなくなったようで、1310年頃から製品の高級品化（grands draps, grands draps d'Arraz）を目指し始める。さらに1330・40年代からは新毛織物工業の導入も試みられる[60]。

サン・トメール　アラスの少し北西に位置するサン・トメールは1191年まで外港グラヴリーヌ（Gravelines）を介してイングランド産羊毛の輸入を牛耳っていたこともあって、毛織物工業は早くから盛んであった。14世紀初頭には人口約3万5千を数える大都市になっていて、人口の約半数は織物工業に関係していた[61]。ここでもアラスと同じように高級品毛織物工業部門と軽毛織物工業部門があったが、後者の軽毛織物工業部門が圧倒的に重要であった。高級品毛織物工業部門は最高級品というよりは中級品のスタンフォール（stanforts, esta(i)nforts）織を生産していた。軽毛織物工業部門はセイ織が中心で、スタンフォール織を1とすると、1：12ぐらいの割合であったという。1250年頃の最盛期には年間約6万反のセイ織が生産され、1300年頃でも約4万反が作られていた[62]。これらの製品はイギリス、フランスをはじめとして、ヨーロッパの各地に輸出され、とくにセイ織はジェノヴァに向けて大量に送り出されていた。ジェノヴァでsalia, salieと呼ばれていたのはサン・トメールのセイ織であった[63]。しかしこのセイ織工業も1280年代から下降線をたどり、1299～1310年頃には産出量はかなり落ち込んだ[64]。そのため生産者は次第に高級品毛織物工業部門に属するレイエ（rayés）織を多く生産するようになった。1350年頃にはさらに新毛織物工業の導入も図った。サン・トメールもアラスと同じように高級品化の方向に活路を見出そうとした。

なおアラスとサン・トメールの2大都市を含むフランドルの南部の沿岸地方は1191年にフランス王家に割譲されアルトワ伯領となり、しばらくはフランドルから分離される。このためイギリスとの良好な関係が損なわれ、とくにサン・トメールはイングランド産羊毛の輸入に支障を来たしたといわれているが、これが両市の毛織物工業にどのような影響を与えたかはよく分からない。両市ともイングランド産羊毛に頼らないセイ織の生産が大きな部分を占めていたから、直接的な影響は少なかったとも考えられる。

ドゥエ　アラスの北東約20kmにあるのが、13世紀後半にボワヌブローク

(Boinebroke) という大商人を輩出したことで知られるドゥエである。ドゥエは古くから高級品毛織物工業の一大中心地で、いわばエリート都市であった。イングランド産の最高級羊毛を原料にして、品質的にはトップクラスの高級品を作り、それを1250年頃まではイギリスに多く輸出していた。ただしその製品は染織物や規格品（draps de muison）といわれるだけで、具体的な名前は分かっていない[65]。このようにドゥエはたしかにエリート都市であったが、他の都市と同じように軽毛織物工業部門も抱えており、ビフ織、セイ織、ティールテーヌ織、couverture、burel（buriel）、adouchiés織などを生産していた。ただし市内の毛織物工業全体の中でこれらがどのくらいの割合を占めていたかは分からない[66]。しかしこのエリート都市の毛織物工業も13世紀後半、とくに1280年代から不振に陥り、危機的な状況が長く続いた。そのため14世紀半ば頃には軽毛織物工業部門を切り捨て、製品のいっそうの高級品化を目指したようである。しかしこれもあまりうまくいかなかったようで、14世紀半ば頃には毛織物工業は影をひそめる。新毛織物工業の導入も1390年代のことで少し遅れた[67]。

　リール　最後はリールで、ここはドゥエの北約30kmにある。リールもドゥエと同じような高級品毛織物工業で知られたエリート都市であった。12・13世紀にはエスカルラート織やカムラン（camelins）織という高級品を作っていたほか、セイ織などの軽毛織物工業部門も存在していた。1285年にはシャンパーニュの大市のプロヴァン（Provins）に毛織物販売のための会所をもっていたことが分かっており、13世紀の早い段階からイタリアやイベリア半島に毛織物を輸出していた[68]。しかしリールもご多分にもれず14世紀に入る前後から高級品毛織物工業部門では苦戦を強いられていた。1300年頃には年間約2千〜3千反の高級品毛織物を産出していたが、これは往時に比べればかなりの落ち込みで、さらに1330年代に至れば伝統的高級品毛織物工業はほとんど瀕死の状態で、1350年代以降ほぼ消滅したという[69]。ただリールはその対策としてなぜか高級品化への道はたどらず、1320年代から新毛織物工業の導入に力を入れ、1360年代にはある程度成果を挙げた。

なおこのリールとドゥエを含むフランドルの南東部は"ワロン・フランドル（Flandre wallonne）"もしくは"フランス・フランドル（Flandre française）"として1305年にフランスに割譲され、一時フランドルから分離された。このためイングランド産羊毛の入手が困難になり、高級品毛織物に力を入れていたこの2つのエリート都市にかなりの打撃を与えたのではないかとみられている。

次に北部の3大都市〔イーペル、ヘント、ブルッヘ〕に目を転じてみよう。この3つの都市の中心部には今も中世のラーケンハル〔毛織物会所〕（laken-hal）がその威容をとどめ、往時の毛織物工業の繁栄を偲ばせている。とりわけイーペルの壮大なフランドル・ゴシック様式のラーケンハルは教会以外の建物としては西ヨーロッパでは最大であったという〔残念ながら現在の建物は第1次世界大戦による破壊後の復元・再建〕[70]。そこでまずイーペルから見ていくことにしたい。

イーペル　イーペルの毛織物工業の古さを示すものは、1130〜36年にすでにロシアのノヴゴロドの年市にイーペルの毛織物が進出していて、年市の中心的商品になっていたということと、同じ頃イタリアのロンバルディア商人がイーペルの年市にやって来たことである。そして12世紀後半になるとジェノヴァをはじめとして、イタリア、地中海方面でイーペルの毛織物が多く見られるようになった[71]。チョーリーによればイーペルも高級品毛織物工業を擁するエリート都市で、高級染色毛織物、dickedinne lakene、dicke derdelinghe lakene、draps de sorts、レイエ織〔縞織物〕、スタンフォールト織などを生産していた[72]。また他の都市と同様に粗質品毛織物のcoveratura（couverture）、さらにはセイ織などの軽毛織物も作っていた。毛織物の産出量で見ると1310年代が最盛期であったようで、ファン・アイトフェンやファン・ハウテは高級品毛織物で約4万反、その他も合わせると約5万反と推定している。しかしファン・ウェルフェーケやデメイなどは約9万反とかなり多目の見積りをしている[73]。もし後者の数字が実態に近かったとすると、イーペルは大規模な工業都市ということになる。人口は1260年頃で約4万、1311年頃で2〜3万、織機数では

1260年頃で約2,000台、1311年頃で約1,500台ともいわれており、これらの数字で見るかぎり13世紀半ば頃の方がむしろ最盛期であったとも言える[74]。イーペルは毛織物の輸出においてはとくにシャンパーニュの大市を重視していたようで、バール・シュル・オーブ（Bar-sur-Aube）、プロヴァン（Provins）、ラニー（Lagny）の3都市に販売のための会所〔ハル〕をおき、1300～25年頃にはイタリア市場に大量に毛織物を輸出していた[75]。

しかしイーペルの毛織物工業も14世紀前半のうちに急速にその産出量を減らしていった。1310～50年の間に産出量はほぼ半分に落ち、以後1400年頃まではその水準で低迷していたという[76]。セイ織などの軽毛織物工業はこうした状況の中でやがて姿を消してしまったようである。高級品毛織物工業の方は南部の都市の場合と同じように、製品のいっそうの高級品化を目指したとみられ、その証拠に最高級品のスハールラーケン織〔エスカルラート織〕が1369年に初めてスペインで言及されている[77]。他方イーペルは新毛織物工業の動向には早くから注目していたようで、1334年にこれを導入した[78]。これはすでにふれたように、周辺の小都市や農村がイーペルの高級品毛織物工業の技術を無断借用して新たに開発した製法を、今度はイーペルが受け入れ利用したものであった。

ヘント　フランドル伯の居城があった古都ヘントは1192年以来フランドル伯領の首都として発展し、1350年代には人口5万6千～6万を擁する大都市であった。1380年代には人口は6万6千近くに達したとみられ、フランドルでは最大の都市、アルプス以北でもパリを除けば最大の都市であった[79]。ヘントもフランドルの有力な毛織物工業都市のひとつで、他の毛織物工業都市とほぼ似たような様相を呈していた。12世紀末には早くもジェノヴァに最高級品のスハールラーケン織（schaerlakenen, escallates）をはじめ、dickedinnen、縞織物（strijpt laken、strijpe halflakene）、さらにはbruneta（brunetes）、viridesというかなり高級の染色毛織物を輸出しており、13世紀には高級品毛織物を産するエリート都市として名声を確立していた[80]。しかし同時にセイ織などの軽毛織物工業部門も大きく、この点では他の大毛織物工業都市と変わるところがなかった。ここで見られたセイ織はヒステルのセイ織（Ghistelsaie）というもの

で、これはヒステルという近くの農村が作っていたセイ織を模倣したものと思われ、エリート都市と農村工業の興味深い関係を窺わせている[81]。

　ファン・ウェルフェーケによるとヘントの毛織物工業は13世紀末にはフランドル最大の毛織物工業に成長しており、同時に西ヨーロッパ最大の毛織物工業でもあったという。大人口を擁していたうえ、その人口の約60〜67％が毛織物工業に関係していたとみられるから、ヘントは中世の大工業都市と言っていい[82]。しかし具体的にどの程度の産出量があったのか、あまりよく分かっていない。ニコラスは1370年頃の産出量を約5万反としている。クローゼルとカロンヌは産出量は1310〜50年の間に半減したと言う[83]。もしこれで間違いなければ、14世紀初頭には年間10万反ほどの毛織物が生産されていたことになり、イーペルをかなり凌いでいる。ヘントの毛織物製品は主にドイツやバルト海方面、イギリスに輸出されていたようで、イタリアや地中海方面との関係ははっきりしない[84]。

　このヘントの毛織物工業も他の都市と同様に、14世紀に入ってまもなくして下降局面に入り始めたようで、今述べたようにクローゼルとカロンヌによれば1310〜50年に産出量は半減した。軽毛織物工業部門も同じように不振に陥り、まもなく姿を消したようである。ボーネとブラントは、ヘントも他の都市がやったように、次第に製品の高級品化を推し進めて苦境を乗り越えようとしたが、うまく行かなかったと言う[85]。ヘントはシャンパーニュの大市への依存度は小さかったとみられるから、大市の動向に大きく左右されることはなかったと思われるが、それでも14世紀にフランドルの諸都市を襲った不況からは逃れられなかった。

　ブルッヘ　最後がブルッヘである。"中世の世界市場"とか"キリスト教世界最大の商人都市"としてその名を馳せていたブルッヘ〔ブリュージュ〕[86]は同時に毛織物工業都市でもあったが、毛織物工業の発展は他の都市より少し遅れていたようである。13世紀にはレイエ織（brugsche strypte lakene, draps rayés brugeoi）などの中級品を作っていて、高級品毛織物はまだ見られない二流の毛織物工業都市にとどまっていた[87]。1275年頃まではセイ織、ビッフ織

などを中心とする軽毛織物工業が主な部門で、なかでもセイ織はヒステルのセイ織、サン・トメールのセイ織、厚手のセイ織（dicke saye）など何種類か作っていた[88]。しかし13世紀末頃から製品の高級品化が進み、14世紀半ば頃までには二流の毛織物工業都市から高級品毛織物工業を擁するトップクラスの都市に変身した。マンロによると1280年代には20種類の毛織物を作っていたが、1408年にはわずか5種類にまで減っていた。その中にはベラールト（bellaerts）織という極上品も含まれていた。これは新毛織物のひとつとされているから、ブルッヘも、いつからかはっきりしないが、新毛織物工業を導入したものと思われる[89]。1370年頃には高級品毛織物の産出量は1万5千〜2万反に達していた[90]。逆にセイ織などの軽毛織物工業は姿を消してしまう。

　周知のようにシャンパーニュの大市が13世紀末頃から急速に傾いていくにつれて、代わって北海に面するブルッヘが世界市場としてのし上がっていく。ブルッヘはダム、スライスという2つの外港を通じて外海とつながっていてそれ自体が海港都市ではなかったが、それでもブルッヘがシャンパーニュの大市の後継者になりえたのは、その頃ヨーロッパ内の毛織物貿易の枠組みに何か大きな変動があり、それをブルッヘがうまく利用していったからではないかと思われる。自らもトップクラスの毛織物工業都市に成長しつつあったことがブルッヘに幸いしたのではないか。ともかくブルッヘはたまたま商業の女神が微笑んだ結果世界市場にのしあがったのではなく、毛織物工業都市としての生産力の発展がその裏付けになっていたことははっきりしている。

　以上フランドルの7大都市について毛織物工業の動向を概観してみたが、いずれの都市にも共通して言えることは、高級品毛織物工業のみならず、軽毛織物工業をもあわせ持っていたことである。しかし13世紀末ないし14世紀初頭を画期にしてこれらの大都市は安価な軽毛織物工業から次第に手を引き、もっぱら高級品毛織物に特化していく方向を見せた。北部の3大都市の毛織物工業はこれによって14世紀を何とか乗り切っていったが、南部の4大都市はその政治的帰属が変わったことも手伝って、こうした方向への切り換えには必ずしも成

功せず、長期にわたって沈滞を余儀なくされた。北部の3大都市も急速な衰退は免れたものの長期的にはじり貧状態にあったことには変わりはない。こうした中で伝統的毛織物工業を維持しつつも、新毛織物工業に関心を示す都市が現われてきたことも、ひとつの流れとしてあった。

　最後にこの時期の農村工業についても少しふれておきたい。13世紀の都市工業の黄金時代にもフランドルの農村に一貫して毛織物工業が存在していたことは、コールナールが1950年にいち早く指摘していた。その後デルヴィルとフルフルストが1972年にほぼ同時に注意を喚起して以来、今ではそれはもう共通認識になっていると言っていいであろう[91]。とくにウェルヴィク（Wervik）、ポーペリンゲ（Poperinge）、コミーヌ（Comines）、ランゲマルク（Langemark）といった農村は毛織物の産地として全ヨーロッパ的に知られていた[92]。農村か小都市か判然としない工業的集落も多い。農村は大都市のような高級品毛織物は作らず、粗質品毛織物や軽毛織物を作っていたとみられるが、それにもかかわらず外国市場でいくつかの農村工業の製品が取引商品として姿を現わしている点が注目される。例えばウェルヴィクの製品は13世紀半ば頃にはシャンパーニュの大市に、13世紀末にはパリにも進出していた[93]。フルリンデンによると、1253年のポルトガルの史料にコミーヌが毛織物の産地として挙がっているほか、同じ頃のビスケー湾の史料にコミーヌの他に、さらにバイユール（Bailleur）、ポーペリンゲも挙がっている[94]。星野秀利氏によればフィレンツェの1306〜1341年の史料にはヒステル〔ギステル〕やホントスホーテのセイ織が見られるし、その他ポーペリンゲ、アールスト（Aalst）、ディースト（Diest）、デンデルモンデ（Dendermonde）などの製品も顔をのぞかせている[95]。全体的に見れば農村工業の製品として目立っているのは、何と言ってもセイ織で、とくにホントスホーテとヒステルは有名であった。このようにフランドルには13世紀にすでに製品を輸出できる段階に達していた農村工業が存在していた。毛織物の製造は元来農村の仕事であったといわれる通りなら、これは別に驚くにあたらない。近年注目された"プロト工業化"とは言わないにしても、それに近い農村工業はフランドルでは13世紀からすでに一貫して見られ、決して17・18世

紀の新しい現象ではなかった。そして留意しておくべきことは、これら農村工業は少なくとも13世紀には大都市から禁圧されることもなく、大都市の毛織物工業と共存していたことである[96]。

2）ひとつの転機（13世紀末～14世紀初頭）

フランドルの毛織物工業は13世紀の末頃から14世紀の前半にかけてひとつの転機を迎えた。都市によって若干の時間的ずれはあるが、すべての都市の毛織物工業がこの頃から不振に陥り、その過程でまず軽毛織物工業から手を引き、次第に高級品毛織物工業部門に特化し始めた。特徴的なことは製品の種類を少数にしぼって、よりいっそう高級品化する方向で製品の差別化を推し進めたことである。すべての都市がほぼ同じ方向に進んだからには、個々の都市に固有の事情というよりは、何か共通の原因がそこにはあったと考えるべきであろう。

この問題をもっとも精力的に追究したのはトロント大学のマンロである。今のところ有力な異論は少ないから、本書もこれに依拠して議論を進めていきたい。マンロによれば、この不振の原因は何よりも毛織物の輸出市場の混乱であった。フランドルの毛織物工業は、農村工業も含めて、南欧、地中海方面を有力な輸出市場としており、とくにイタリア、イベリア半島が中心であった。ただ毛織物製品は直接そこに運ばれるのではなく、まずパリ南東部のシャンパーニュの大市で取引され、そこからローヌ川を通ってマルセイユに向かい、さらにジェノヴァをはじめとするイタリアの各都市に向かった。そこからさらに東地中海、レヴァント方面にも市場は連なっていた。イベリア半島へはマルセイユからエーグモルト（Aiguesmortes）経由で向かった[97]。イタリアに着くまでの距離は約1300キロにも及ぶ。したがって輸送のコストや安全性は大きな関心事であった。

マンロによれば、1291年から1330年代にかけての地中海東部・レヴァント地方の相次ぐ混乱〔例えばイスラーム勢力の進出、ジェノヴァ・ヴェネツィア戦争、オスマン・トルコのビザンツ領侵入など〕に始まって、同じ頃地中海西部もイスラーム勢力と長期にわたって戦争に巻き込まれたうえ、イタリア内部で

もゲルフ・ギベリン戦争〔1313～43年〕が長引いて外国勢力の介入を招くという事態になった。さらに南仏では1294年からガスコーニュ・ギュイエンヌの支配をめぐって英仏の戦争〔1294～1320年〕が続いた[98]。またフランドルのおもだった都市の商人がイタリア商人相手に毛織物の取引を繰り広げたシャンパーニュの大市の地位も同じ頃揺らいだ。大市の立つシャンパーニュ伯領が1285年にフランスの王領に併合されて、大市の存立もフランスの政治・外交に大きく左右されることになったからである[99]。

　こうした戦争に伴う混乱が商業ルートの安全を脅かし、商品の輸送コストを著しく押し上げたことは容易に考えられる。そうなれば安価な毛織物では商品価値そのものよりも、輸送コストの方が大きくなってしまう可能性は十分にある。安価品であっても商品価格の中で輸送コストが大幅にふくらんで価格を押し上げれば、それはもう安価品ではなくなってしまい市場では敬遠されるのは目に見えている。輸送コストが大きくなっても、なおかつそれを価格に吸収できるようなコスト構造をもつ相対的に高価な商品でなければ、輸出市場では相手にされなくなる。13世紀末から14世紀初頭にかけてフランドルの毛織物工業はこうした問題に直面したと思われる。そのことがおしなべてフランドルの毛織物生産者をして安価な軽毛織物から手を引かせ、高級品毛織物に特化させることになったのではないかと考えられる。高級品化を進めればそれだけライヴァルの出現もむずかしくなるという面もあったかもしれない。ともかくマンロによれば地中海方面の市場では1320年代以降、セイ織などの安価な軽毛織物製品が事実上すべて姿を消したという[100]。

　さらにもっと直接的な問題が身近なところでも起こっていた。1270年イギリス国王ヘンリー3世の年金不払い問題に端を発して、イギリスとフランドルの貿易関係が約4年間にわたり断絶した。フランドル商人はそれまでのようにイギリスに赴いて毛織物を売り、代わりに羊毛を買って帰ることができなくなった。フランドルの高級品毛織物工業はイングランド産の高級羊毛をもっとも頼りにしていたので、これは大きな打撃になった。ただフランドル商人以外の人たちには羊毛の取引が認められていたから、羊毛の輸入が完全に止まることは

なかったと思われる。両国は1274年7月のモントルイユ条約で一応和解するが、その後も20年近くにわたって両国関係はもつれ、フランドル商人には受難の時代が続いた[101]。

　フランドルの各都市の商人はそれまでは積極的に外国に出向いて取引を展開していた。イギリスへは"フランドルのロンドン・ハンザ"という商人連合を結成して毛織物製品を売り込み、帰途には羊毛を持ち帰っていた。シャンパーニュの大市には、同じように"十七都市ハンザ"という一種のカルテルを結成して乗り込み、南欧・地中海方面向けの毛織物取引をイタリア商人相手に展開していた[102]。ベルギー経済史でいうフランドル商人の"能動的貿易"の展開である。しかし1270年代以降イギリスとの関係にきしみが生じ、取引活動も思うにまかせなくなり、かてて加えてシャンパーニュの大市も先行き不透明になり、フランドル商人は守勢に回らざるをえなくなる。"能動的貿易"から"受動的貿易"への後退である[103]。この機を利用してフランドル、イギリス両国に近づいてきたのがジェノヴァ商人で、1277年にジェノヴァのガレー船が初めてブルッヘにやって来た。1300年頃にはドイツ商人もやって来て、ヴェネツィアのガレー船は少し遅れて1314年にブルッヘに入った[104]。ただ受動的貿易を余儀なくされたということはフランドルにとって必ずしもマイナスではなかった。やがてシャンパーニュの大市に代わって、その後継地としてブルッヘが中世の世界市場にのし上がったからである。これはフランドルにとり不幸中の幸いと言っていい展開であった[105]。

　イギリスとの関係がもつれたことにより、イングランド産上質羊毛の輸入が順調に進まなくなったためであろう、1270年代末から今度はフランドル国内の情勢が急速に不穏になる。フランドル伯ギー・ド・ダンピエールの登場〔1278年12月〕も絡んで、1280年にはドゥエ、サン・トメール、ブルッヘ、イーペル、ダムなど多くの都市で暴動や反乱が起こった。前年にはヘントでも起きていた。アラスでは1285年に起きる。サン・トメールとアラスはすでにフランドルから切り離されて久しかったにもかかわらず、同じような事態に直面しているところが興味深い。暴動や反乱の原因は必ずしも一様ではなかったが、それぞれの

都市の都市貴族・大商人に対する手工業者や一般市民の不満がその底流にあったことは確かである。というのもイギリスとの貿易を牛耳っていたのは都市貴族や大商人であり、イングランド産羊毛の入手が困難になって、手工業者や市民の生活が追い詰められている事態の責任は挙げて都市貴族や大商人に帰せられたからである。彼らはまた市政担当者であったから、不況になればいっそう風当たりが強まる。

こうした動きに今度はフランスとイギリスが介入してくる。1294年ガスコーニュ・ギュイエンヌの支配をめぐって英仏戦争が始まると、フランスはフランドルに対する圧力を強め、1296年パリ高等法院はフランドルをフランスの王領に組み込むことを宣言する106)。フランドルがフランスの強い影響下に入るのを牽制するために、今度はイギリスが1295年フランドル向けの羊毛の積み出しを禁止する。これに危機感を抱いたフランドル伯ギー・ド・ダンピエールは1297年1月フランス国王との主従関係を破棄して、イギリス国王エドワード1世と対仏同盟関係を結ぶ。フランドル伯はこれに合わせてヘントやドゥエの市政から親仏勢力〔いわゆる白百合派〕を一掃して、代わりに親伯派〔いわゆる獅子爪派〕を送り込む。これに対してフランスは同年6月電撃的にフランドルに侵攻して、フランドルとフランスの戦争が始まる。フランス軍はフランドル伯を拘束し、ヘントを除くフランドル西部の大部分を占領する。この戦争は、1302年7月フランドルの市民軍がフランスの騎兵軍を撃破するという有名な"金拍車の戦い"をはさんで、何度か中断があったが、1320年まで続く。そしてこの年フランドル伯ルイ・ド・ヌヴェールがフランス国王フィリップ5世の王女と結婚したことにより、フランドルは事実上その独立的地位を認められる。しかしフランスへの賠償金を調達するために伯は課税を強化したために、国内では伯に対する反乱が相次ぎ〔1323〜28年、1338〜49年〕、その過程で伯はしばしばフランスへ避難を余儀なくされ、フランドル国内はヘント、ブルッヘ、イーペルという3つの都市国家の連合体のような観を呈するに至った。それぞれの都市ではこうした混乱に乗じて毛織物工業関係のギルドや手工業者が権力を握り、都市貴族や大商人の力は大幅に殺がれていた。世にいうフランドルの

"職人の革命"である[107]。のちにもふれるように、こうした市政の変革は毛織物工業のあり方にもさまざまな影響を及ぼした。

また1315年から17年にかけてヨーロッパ全域を襲った凶作と飢饉はフランドルにも大きな爪痕を残し、1316年イーペルでは全人口の約10％にあたる2,800人近い犠牲者を出したほか、ブルッヘでも2,000人近い犠牲者が出た。さらにこれに追い討ちをかけるように1348～50年のかの有名なペストの大流行が加わる[108]。

このようにフランドル毛織物工業にとっては13世紀の第4四半期以降、とりわけ14世紀にはいわば内憂外患の状態が長く続いた。さらにやっかいなことに、東側に隣接するブラーバント侯領内でメヘレン（Mechelen）、ブリュッセル（Brussel）、レーヴェン（Leuven）といった都市が急速に毛織物工業を発展させて、フランドルの手ごわいライヴァルにのし上がっていった。1270年にフランドルとイギリスの貿易関係が断絶して、イングランド産羊毛がフランドルに入ってこなくなったのを千載一遇のチャンスとして生かした結果だといわれている。ブラーバントはイギリスと良好な関係を維持していて、羊毛の輸入には事欠かなかった。フランドルの毛織物工業がそれによって少なからず影響を受けたことは十分考えられる[109]。ただしブラーバントの毛織物工業も商品の販路・輸出市場に関してはフランドルの毛織物工業と基本的には同じ問題を抱えていたから、一時的に躍進したとはいえ、そのままフランドル毛織物工業に取って代わるということはなかった。フランドルの毛織物工業がのちに見せたようなダイナミックな転換はほんの一部しか見られず、結局ブラーバントの毛織物工業はブリュッセルの極上の奢侈品毛織物工業が他より少し長く生き延びただけで、14世紀半ば以降全般的に停滞する[110]。

しかしこうした困難な状況でもフランドルの毛織物工業では生き残りを賭けた模索は続き、大都市の毛織物工業はすでに見たように、安価な毛織物は切り捨て、高級品に向かって製品の差別化を進めた。こうした方向はある程度の成功を収めたとみられる。スターベルは、北部の3大都市の伝統的高級品毛織物工業はこうして15世紀の第1四半期まで100年近くは何とか持ちこたえたと言

うし、マンロはもう少しのちの1450年頃まで生き延びたと見ている。もちろん産出量は全盛期をかなり下回っていたことは疑いえない。そしてスターベルによれば、同工業は次の第2四半期以降総崩れになり、マンロはやはり少しのちの1450年頃から回復不能な状態に陥ったと言う[111]。フランドルから政治的に切り離されてしまった南部の4大都市の同工業は、これよりももっと前からすでに衰退していたと思われる。いずれにしてもそれまで長い間ヨーロッパのみならず、その周辺世界でも根強い人気を保ってきたフランドルの高級品毛織物も、ここへ来てついにその輝かしい歴史に終止符を打つ。もちろんこれはフランドル毛織物工業の歴史そのものの終焉ではない。

　大都市の高級品毛織物工業にとって最大のアキレス腱はイングランド産の最高級羊毛を原料に使って製品の高級品化を推し進めたことであった。1270年の対立以来イギリスは羊毛が外交の切り札に使えることを学んだようで、長引く英仏戦争の中でたびたびこのカードを切り、1347年のカレーの占領を機に、63年からイングランド産羊毛の大陸での指定市場をそれまでのブルッヘからカレーに移し、のちに若干移動はあったものの、1558年までここに固定する[112]。しかもすでによく知られているように、イギリスからの羊毛の輸出は、イギリス国内の毛織物工業の発展もあって、年を追うごとに減少していった。当然それに合わせて羊毛の価格もじりじり上がっていった。フランドルの都市の毛織物生産者にとって先の見通しは不安に満ちた暗いものであった。フランドルの高級品毛織物工業はイングランド産上質羊毛の円滑な供給を存立の大前提としていた。それが崩れたことが危機のひとつの原因となった。それにもかかわらずイングランド産羊毛を同工業の起死回生策の柱に据えざるをえなかったところに、同工業の矛盾と苦悩があったと言うべきであろうか[113]。

3）新毛織物工業の出現（14世紀～15世紀前半）

　大都市の毛織物工業は、上で見たような1270年代以降の事態の急変に対応して、安価な軽毛織物を切捨て、さらなる高級品毛織物への特化という方向をたどったが、すでに地中海方面に盛んに製品を輸出していたフランドルの農村工

業もこうした事態の変化には無関係ではいられなかったはずである。セイ織などの安価な毛織物が1320年代には地中海方面の市場から姿を消したというからには、ほとんどもっぱらそれらを作っていた農村工業も大都市と同じように深刻な事態に直面したものと思われる。フランドルの農村毛織物工業がこれにどう対応したかが次の問題になる。

　これに対する答えが新毛織物工業の登場である。農村工業もそれまでの安価な軽毛織物からより高級で高価な製品への移行を迫られている中で、現われてきたのが新毛織物工業であったとみられる。したがって当然のことながら新毛織物工業はまず農村から始まった。いつ頃から姿を現わすか、人によって若干見方は分かれているが、前節の3）で見たように1320年代〜30年代と言ってほぼ間違いないであろう。"nœve draperie" という語が史料で初めて確認されるのは1323〜24年のリールである。同じ年トゥルネーでも見られるという。続いて1330年代にイーペルで、1340年代にアラスで見られる[114]。史料の上ではたしかに都市で確認されるが、新毛織物工業はまず大都市周辺の農村に現われたのではないかとみられる。マンロによればイーペルの周辺、ヘントの周辺、ブルッヘの周辺というように、いずれも3大都市の周辺の農村であった。東隣のブラーバント侯国でもみられた。ほとんどが農村であるが、小都市といってよいところも含まれていた。このうちとくに目立っていて、かつ成功したと思われるのがイーペルの周辺で、近くを流れるレイエ川〔リス川〕沿いのいくつかの農村であった。そのため、すでに述べたように、やがて"レイエの毛織物"という語まで生まれた〔大都市の高級品毛織物としてレイエ織（rayés）があるが、これとは別物である〕。主な産地としては小都市のコルトレイク（Kortrijk）をはじめ、農村のウェルヴィク（Wervik）、メーネン（Menen）、コミーヌ（Comines）、ポーペリンゲ（Poperinge）、ワルヌトン（Warneton）などが名を連ねていた[115]。

　これらの小都市や農村が製品の高級品化を進めようとしたとき、それを可能にする自前の技術はおそらく持っていなかったのであろう。そのためすぐ近くにある大都市の高級品毛織物工業の技術をちゃっかり借用〔無断拝借？〕して

済ませようとしたとみられる。しかしまるごと借用すれば大都市の特権を侵すことになるから、巧妙に工作して、いざというときの逃げ道は残していたものと思われる。その結果が、大都市の高級品毛織物工業の技術をベースにして、その中のいくつかの工程を略したり、新たに少し手を加えたりして作った"新"毛織物であった。その意味では、前節の3）ですでにふれたように、一体どこが新しいのかと問題視する人がいても不思議ではない。しかし世にいう発明品とはこのような、ひょんな発想の転換に多くを負っていると考えれば、たしかにこれはひとつの「新」毛織物ということになる。模倣される側から見れば手抜きやまがい物との差は紙一重であろうが、ともかく農村工業はこのような、大都市から見ればいかがわしい方法によって、製品の高級品化という時代の要請に応えていった。ポーペリンゲをはじめ、ウェルヴィク、コミーヌ、ワルヌトンなどのレイエ川沿いの農村はイーペルの製品を模倣して作ったと見てまず間違いない[116]。それまで長い間これらの農村はイーペルと何らかの下請関係を維持していたとみられるから、いざとなれば技術の移転はそれほど難しくはなかったのであろう[117]。ただ輸送コストの高騰に伴う危機に対応したというよりは、大都市の高級品毛織物工業の発展が頭打ちになり、それ以上の伸びが見込めなくなったとき、農村工業がそれに果敢に挑戦したのではないか、とマンロとはややニュアンスを異にしたソーターのような見方もあることを付言しておきたい[118]。

　レイエ川沿いの農村が近くにある大都市イーペルの高級品毛織物工業の技術を借用し、それに手を加えたことはまず間違いない。そのためすぐにイーペルとこれら農村との間に深刻な対立が生じた。その経緯については章を改めて少し取り上げることにして、ともかくイーペルとの間に軋轢をかかえながらも、レイエ川沿いの新毛織物工業は14世紀後半から15世紀前半にかけてかなりの発展を見せ、15世紀半ば頃にその最盛期を迎えた。産出量がもっとも大きかったのはポーペリンゲとみられ、年平均7,000～8,000反から12,000反に及んでいた。続いてウェルヴィクで、15世紀初頭で約7,500～11,200反、以下コルトレイクが約4,300反、コミーヌが2,000反、メーネンが約500反という規模であった。

レイエ川沿いの農村工業全体で〔小都市コルトレイクも含めて〕優に2万反を超えていた[119]。もちろんすべての農村が同じ動きを見せたのではなく、時期によって明暗が分かれていた。ポーペリンゲは大きな変動を経験することなくほぼ一貫して健闘していた。その他の農村では14世紀後半にはウェルヴィクが健闘したが、15世紀に入ると振るわなくなり、代わってコルトレイクとコミーヌ、メーネンが15世紀前半に善戦した。メーネンは15世紀後半やや後退するが、16世紀になってまた盛り返した[120]。

　このレイエ川沿いの農村の新毛織物工業は、おそらく技術力に差があったからであろうが、最初は相対的に安価な毛織物を作っていた。しかし次第に技術力をアップし、その製品を高級品化していった。ウェルヴィクはスハールラーケン織（schaerlaken）、ディッケディネ織（dickedinne lakene）というように大都市の高級品毛織物工業が用いていた名称までそのまま使い高級品化を進めた。こうなると少なくとも名称の上ではそれはもはや「新」毛織物とは言えなくなる。そして結果的には、マンロによれば、やがてその製品価格は3大都市の高級品毛織物工業のそれに近づいて行ったという[121]。とりわけスハールラーケン織ではそれが顕著であった。こうなると新毛織物工業の出発時に追求されていた「新しさ」、「新機軸」はいつのまにか影をひそめ、"新"毛織物工業とは逆行するような動きも出てくる。当初は使われていたと思われる縮絨水車は生地を傷める恐れがあるとして排除され、あえて足踏みの縮絨に逆戻りすることになった。また原料もイギリス産の高級羊毛に執拗にこだわり続けた。とくにコルトレイクとウェルヴィク、メーネン、ランゲマルクがこの点では際立っていた[122]。

　このレイエ川沿いの農村工業が開発した新毛織物は、シャンパーニュの大市に取って代わった世界市場ブルッヘからヨーロッパ各地に輸出された。もっとも多く輸出されたと思われるのがイタリア・地中海方面の市場で、マンロによればウェルヴィク、コミーヌ、メーネンの上質の新毛織物はイタリア市場ではフランドル3大都市の高級品毛織物工業の製品を上回る売れ行きを見せたという。とくにウェルヴィクの製品は"Vervi"という名前でよく知られていた。

ウェルヴィクとコルトレイクの製品は、プラトーのかの有名なダティーニ商会の主力取引商品になっていた。また南フランスやイベリア半島でもウェルヴィクの製品は突出していた[123]。さらにドイツ・バルト海方面の市場もこれに加わり、ドイツ・ハンザの商人はブルッヘに商館を置いて盛んにこれを取引した。この方面ではポーペリンゲ、コミーヌ、ウェルヴィクの製品が人気を呼び、ポーランド、ロシアにまで進出していた[124]。

　レイエ川沿いの農村の新毛織物工業においてひとつ興味深い点は、おそらくその製品の販路とも関係しているのであろうが、イタリア人商人やドイツ・ハンザ商人といった外国人商人との結びつきが強かったということである。単に外国人商人が生産地に直接乗り込んで製品を買い付けるだけでなく、生産者と契約を結んで、消費地の流行や好みに合わせた製品を作らせることまでやった。使用する羊毛までも細かく指示していたという。ウェルヴィクではフィレンツェの商人アルベルティ（Alberti）が毛織物生産そのものを支配下においで、さらに行政にも大きな影響力を行使していたという。同じようにドイツ・ハンザ商人もポーペリンゲ、メーネン、コミーヌ、ウェルヴィク、コルトレイクなどで地元の生産者と契約を結んでいた[125]。このように外国人商人が直接レイエ川沿いの生産地に乗り込んで生産を主導していったせいであろうか、生産地の技術だけでは商人の要求に応えられない場合には、彼らは最終船積み地のブルッヘや、さらにはレイエ川に近い大都市リールにおいて必要に応じて染色、仕上げをさせることもあった。その方がより大きな付加価値を実現できたからと思われる。とりわけリールは、製造技術を模倣されたイーペルとは違って、レイエ川沿いの農村工業とは分業関係と言っていいような関係を結び、互いに共存していく方向を示した[126]。たとえ農村工業の技術が低位の段階にあったとしても、これを地域全体で乗り越え解決する枠組みが備わっていたことが、おそらくフランドル毛織物工業の大きな強みであったのではないか。

　新毛織物工業は、すでに見たように、大都市の高級品毛織物工業の技術を周辺の農村が模倣し、農村は農村なりに当時の毛織物工業の危機に対処しようとした中で出てきたものであった。もっとも成功を収めたレイエ川沿いの新毛織

物工業はイーペルの技術を模倣したがゆえに、イーペルとは鋭く対立し、その限りではイーペルが周辺の農村工業を抑えにかかったことは理解できる。しかしながらイーペルの動きを見ていると、問題はそれほど簡単ではない。というのも今度はイーペルの側が逆に新毛織物工業の導入に向かって動いたからである。イーペルの場合、検査済みの新毛織物製品に交付する鉛印の費用が1333～34年から計上されており、現実に生産がなされていたものと考えられる。1344～45年には draps de Poperinghes という製品も挙げられており、農村工業たるポーペリンゲの製品をイーペルが逆に導入したことを示している。ただしこの鉛印の費用は1351～52年までしか計上されておらず、はたして新毛織物工業がその後イーペルに定着したのかどうか分からない[127]。一方では農村工業を弾圧しつつ、他方ではその農村工業の成果を自らも取り込もうというわけであるから、農村工業の側からも反発を受けるのは必至である。イーペルとポーペリンゲの厳しい対立については2章であらためて取り上げてみたい。

　この他にリール、ブルッヘ、アラス、サン・トメールといった大都市も新毛織物工業の導入を図っている。リールでは新毛織物工業の導入を試みようとする織元に助成金を出すと言う形で、1323～24年に初めて言及があるが、これは一回だけで終わっている。時期的にはこれはかなり早い試みと言っていい。はたしてこの試みが成功したのかどうか不明であるが、上でもふれたように、リールは周辺農村の新毛織物工業と共存する方向をとったといわれており、drap d'aignelins et de trainure という製品も作られていたから、成功したといえるかもしれない[128]。アラス、サン・トメールについてはどの程度成功を収めたのかはっきりしないが、ブルッヘはベラールト織（bellaert）を作っていたことが分かっているから、新毛織物工業を導入したことはたしかである[129]。ただしマンロによれば、これらの都市は"独自に"、つまり農村工業とは無関係に、新毛織物工業を確立し、農村工業の模倣だとして非難されることはなかったという[130]。

　こうした大都市の動きを見ていて気付くことは、大都市の高級品毛織物工業が販売コストの高騰に対処するためにこぞって製品のさらなる高級品化を進め

ていたときに、なぜその大都市が農村工業の開発（？）した、品質をある程度犠牲にした、相対的に少し安価な新毛織物製品をわざわざ導入しようとしたのかという点である。あえて農村工業に挑戦しようとした農村工業対策という一面も考えられるし、農村工業の成果の上前をはねようと目論んだとも考えられるが、マンロが力説するような製品の高級品化を促す要因ばかりでなく、もっと別の要因も同時に働いていたのではないか、とも考えられる。そう考えてみると、マンロ説ばかりでなく、新毛織物工業の台頭を当時の流行の変化に求めるクローゼルとカロンヌの考えや、大都市も製品の高級品化一辺倒ではなく、もう少し目先の変わった、相対的に安価な毛織物を作って、新しい市場を開拓しようという動きに出たのではないか、というファヴレスの考えも無視できないように思われる[131]。少なくともマンロ的な理解だけでは、大都市のこうした行動は説明できないと言っていいであろう。大都市が推し進めたさらなる高級品化という方向だけでは、事態の打開は望めず、伝統的な高級品毛織物工業の延命はむずかしい時代に入っていたと言っていいのかもしれない。

　レイエ川沿いの新毛織物工業は15世紀半ば頃になると目立って落ち込み、16世紀初頭にはわずかポーペリンゲとメーネンを除いて、ほぼ完全に衰退してしまった[132]。なぜこの２つが衰退を免れたのか、これもはっきりしない。ポーペリンゲがいちはやく高価なイングランド産羊毛に見切りをつけ、スペインのメリノ羊毛に切り換えたことは、明暗を分けたひとつの要因であったかもしれない[133]。マンロによればレイエ川の新毛織物製品は1430年代後半から1440年代にかけて、頼みとしていた地中海方面の市場で急速に振るわなくなったという。マンロはその理由としてイギリス産の毛織物の力強い進出、つまり強力なライヴァルの出現を挙げている[134]。もちろんこれでフランドルの新毛織物工業に止めが刺されたわけではなかった。

4）新種の紡毛織物の登場（15世紀後半～16世紀）

　レイエ川沿いの新毛織物工業は100年余りにわたってフランドルの毛織物工業を支えてきた。大都市の伝統的な高級品毛織物工業はその影響を受けて影が

薄くなっていったことは否めないが、まったく姿を消したわけではなかった。両者は場合によっては直接的な競合関係に立つこともあったであろうが、農村の新毛織物工業が大都市の伝統的な毛織物工業を圧倒し去ってしまうこともなかった。ところがその新毛織物工業も15世紀半ば前後から急速に衰えていき、フランドルの毛織物工業は新たな段階に入る。それには直接的なもの、間接的なものも含めて、いくつかの要因が考えられる。直接的にはマンロの言うようにイギリス産の毛織物の進出が考えられる。イギリス産の毛織物はフランドルでは輸入禁止になっていたから、フランドル市場に直接進出してきたということではなく、アントウェルペン経由で再輸出された外国市場で競合したものと考えられる。

そしてそれ以上にもっと深刻であったとみられるのは、イギリスの羊毛輸出政策の変更で、1433年以降40年間にわたってイギリスは羊毛指定市場カレーにおける羊毛の販売に厳しい条件をつけた。その結果イングランド産羊毛の輸入は約半減したといわれており、イングランド産上質羊毛に固執していたレイエ川沿いの新毛織物工業や大都市の高級品毛織物工業はこれにより厳しい対応を迫られた[135]。いち早くスペイン産のメリノ羊毛に切り換えたポーペリンゲのようなところはよかったが、ウェルヴィクのように1463年までイングランド産羊毛にこだわっていたところでは、事態は深刻であったと思われる。大都市にいたっては16世紀に入ってもまだイングランド産羊毛にこだわっていた。ただヘントだけは大都市としては珍しく、15世紀半ばにはすでにスペイン羊毛を使い始め、その使用量はイングランド羊毛を大幅に上回っていた[136]。

間接的な要因として、マンロは13世紀末以来続いていた南欧、地中海方面の市場の混乱が解消されたことを挙げている。その結果大陸を横断する陸上貿易ルートが15世紀半ば頃までに復活して、輸送コストの大幅な下落が実現したと言う。つまりかつて13世紀末から14世紀にかけてフランドルの毛織物工業を襲った外部の撹乱要因のひとつが消滅したというわけである[137]。さらに近年しばしばいわれている"長期の16世紀"の到来で、ヨーロッパ経済が新たな拡大局面に入ったということもあろう。ベルギーの史家ファン・デル・ウェーは15

第1章　フランドル毛織物工業の複合的構成とその展開　　41

世紀後半からヨーロッパの所得水準が上がり、工業製品に対する需要の増大をもたらしたと言う[138]。しかしこうした市場の拡大がレイエ川沿いの新毛織物工業に有利に働かなかったのはなぜか、その理由は必ずしも明確ではない。

　ところで15世紀後半にいたりフランドルの新毛織物工業においては主役が入れ替わり、レイエ川沿いの農村工業に代わって、その少し西側の3つの農村、つまりアルマンティエール（Armentières）、バイユール〔ベレ〕（Bailleul, Belle）、ニーウケルケ〔ヌーヴエグリーズ〕（Nieuwkerke、Neuve-Eglise）が新たな動きを見せ、次第に台頭してきた。すでに前節の3）でもふれたように、この3つの農村はそれまでとは大きく異なる紡毛織物、つまり経糸、緯糸とも刷毛処理した紡毛糸で作った純然たる紡毛織物〔英語でいうところのウルン〕でもってのし上がってきた。この種の紡毛織物はフランドルの毛織物工業ではこの時初めて登場したものとみられる。その意味ではこれこそ新毛織物の名にふさわしいし、"より新しい"新毛織物と言ってもいい。フランドルの新毛織物工業はこれで第2段階に入ったと言うこともできる。アルマンティエールでは oultrefins、crombelistes、larges listes、plates-listes、noires listes といった製品が作られ、1540年代の最盛期には年間約2万4千反の産出量を記録した[139]。このうち oultrefins は Oltrafini というイタリア語の商品名で輸出されていたところをみると、イタリアで人気が高かったのではないかと思われる[140]。ただ「極上品（oultrefins）」というその名称からかなりの高級品毛織物であったと見ている人が多いが、テイスが明らかにした1575年頃のアントウェルペンの貿易史料を見ると、とても高級品毛織物とは言えず、中級品もしくはそれ以下ではないか、とみられる[141]。ニーウケルケは crombe-listes、platte-listes、roo kepers などを作っていて、1540年には約1万反、1549年には約1万7千反の産出量を見た[142]。バイユールでは、製品は一括して"バイユールの毛織物"とよばれていたようであるが、経糸数の単位（portée, gangh）を表す数字〔84、78、74、68〕で表示した製品や roo cleene bellen、groote bellen、roo leeuwen、anthonissen といった製品が作られていた[143]。この他にも近くの農村ポーペリンゲやメーネン、ディクスマイデ（Dixmuide）、オブル

ダン（Haubourdin）でも安価品ながら紡毛織物が作られるようになり、メーネンでは16世紀半ば頃約5千反生産されていた[144]。メーネンは第1段階の新毛織物から第2段階のそれに転換した珍しい例と言える。そしてやがて都市もこれに注目したようで、リールは1530〜65年頃には crombelistes、pieches などを1万反近く生産するようになっていた[145]。これはアルマンティエールの技術、つまり農村工業の技術を模倣したものらしい[146]。

しかしなぜ15世紀の半ば頃になってこの純然たる紡毛織物が初めて作られるようになったのか、その理由は必ずしも明らかではない。高騰を続けるイングランド産羊毛に代わるものとしてスペイン産メリノ羊毛の利点に人々が気づいたということは考えられる。毛の長さが5cm程度というメリノ羊毛は刷毛処理に適し、縮絨によるフェルト化にも向いていた。ブルッヘがその指定市場となったことで、スペイン羊毛は入手しやすくなり、かつコスト面でも魅力的なものになり、その使用を促したのではないか。ただしアルマンティエールの oultrefins の場合、スペイン羊毛2に対してイングランド羊毛1の割合で混ぜて使うことになっていたから、イングランド羊毛への愛着はなかなか断ち切れなかったようにもみえる[147]。

もうひとつ考えられるのはイギリス産の毛織物が与えたと思われるインパクトである。当時イギリス産の毛織物はフランドル市場では閉め出されていたが、隣のブラーバント侯領の港市アントウェルペンで盛んに取引され、さらにそこから再輸出されて、フランドルの毛織物工業のもっとも手強いライヴァルになりつつあった。そのイギリスの毛織物は当時その大部分がブロードクロス〔白地広幅織〕やカージー織といった紡毛織物〔ウルン〕であったとみられるから、フランドル側がこれを模倣して対抗しようとした可能性も捨てきれない。15世紀半ば頃コミーヌではイギリス風毛織物（Ingelsche lakenen）を作ろうとする人を優遇していこうという動きが見られた[148]。ただこれは当時イギリスで作られていた毛織物を模倣しようとしたものか、単にイングランド産の高級羊毛を原料にして作るからそう呼んだのかはっきりしない。

ただマンロの次のような指摘にも注目しなければならない。つまりブラーバ

ント侯領で最大の毛織物工業都市であったメヘレンでは、1435年から最上質のラーケン織を"gecaerde lakenen"と呼び始めているから、これは純然たる紡毛織物と考えられること、さらにブリュッセルでは1467年の毛織物工業規約から、最上質のスカルラート織を紡毛糸で作ることも認めたこと、この2点である。ただしブリュッセルの場合上質のイングランド産羊毛を使うことが条件となっていて、従来どおり梳毛糸で作ることも引き続き認められていたという[149]。したがってフランドルでみられた新しい動きはほぼ同時にブラーバントでもみられたことになる。両者の間に何か関連性があった可能性はもちろん否定できない。マンロはまた、イギリスでは純然たる紡毛織物工業は1464年の議会制定法で正式に認められたという点もあわせて指摘している[150]。当然もっと前から現実には作られていたということであろう。

　この第2段階の新毛織物〔紡毛織物〕は、マンロによれば、第1段階のレイエ川沿いの新毛織物に取って代わったばかりでなく、それまで細々と生き長らえてきた大都市の伝統的高級品毛織物工業にも終焉をもたらした。その意味ではこの新しい技術は画期的なものと言っていいかもしれない。ファン・デル・ウェーはこれを"ベレ=アルマンティエール技術"とか"ベレ=アルマンティエール・モデル"と呼んでいる[151]。長い伝統と名声を誇ってきた大都市の毛織物工業はここへ来て大きな転機を迎え、再編成を余儀なくされた。16世紀の初頭フランドル地方がハプスブルク・スペインの支配下に入る頃がその画期とみられる。ただこの新たなタイプの紡毛織物工業はなぜか大都市ではそれほど広く普及しなかった。大都市の中ではリールだけがひとり実績を残したが、ブルッヘはアルマンティエールとバイユールの技術を導入したにもかかわらず、うまくいかなかった。それまで長い間フランドルの高級品毛織物の名声をほしいままにしてきた大都市は、なぜか今回は高級品毛織物工業の再建には向かわず、ほぼこれと同時に開かれたもうひとつの可能性に賭けたようである。そしてそれに見事成功を収め、引き続き毛織物工業都市として生き延びていった。

5）新・軽毛織物工業の台頭（15世紀後半～16世紀）

　その新たな可能性とは15世紀後半に現われたもうひとつの動きである。それは、マンロによれば、南欧、地中海方面市場の混乱が基本的には解消された結果、安全でかつ安定したアルプス越えの陸上貿易ルートが復活してきたことである[152]。14世紀の前半以来鳴りをひそめていたフランドルの軽毛織物工業がこの頃になって装いも新たに登場してきたのは、こうした遠隔地貿易をめぐる環境が変化したことを敏感に反映しているのではないか、というわけである。ただそれは昔の軽毛織物工業の単なる復活ではなく、そこにかなりの新しさや華やかさが加味された復活であった。前節の4）でふれたように、毛織物でありながら絹織物に似せて織られた製品や羊毛に絹や綿、亜麻などを混ぜて織ったものなどファッション性の高い製品が新たに登場した。見栄えはするが、それでいて相対的に安価な製品であった。その意味でも「新しい」軽毛織物工業の登場と言っていい。おそらく流行の変化がそうした製品を求めていたのであろう。これらの新しい製品がとりわけ南欧、地中海方面で人気を博し盛んに輸出されるようになったことは、ルネサンスの真っ只中にあるイタリア人の流行や好みの変化をある程度は反映しているのかもしれない。折よく貿易ルートが安定してきたことが幸いして、比較的安価な製品ながら、フランドルの新・毛織物は遠隔地貿易のルートに乗ることが可能になったと思われる。

　これらのファッション性の高い毛織物を作る技術がフランドルの自前のものであったのか、それともイタリア方面から伝えられたものなのか、この点ははっきりしない。ともかくブリュレの研究によれば、16世紀の半ば頃には、少なくともアントウェルペン市場〔ベルヘン・オプ・ソームも含めて〕ではイタリアや中東レヴァント地方から輸入される生糸や絹織物の輸入額が約400万フルデンで最大の輸入品になっていた[153]。ちなみに第2位はイギリスの毛織物である。アントウェルペンといえば当時西ヨーロッパでも屈指の世界市場〔国際商都〕であったから、そこで生糸や絹織物が輸入品の第1位を占めていたということは、絹織物などのファッション性の高い製品が当時は大いにもてはや

れていたことを示している。そしてそうした時代の変化や流行に、フランドルの毛織物工業、とりわけ都市工業が対応する技術力をもっていて、いちはやくそれに対応したこともはっきりしている。絹織物の場合、原料の生糸は全面的に輸入に頼らざるをえないので、何らかの理由でその輸入が途絶えたとき、代替品として絹織物に似せた毛織物を作ってその場をしのぐというのは自然の成り行きであったのではないか。

　なお、羊毛に亜麻と綿をまぜる混織のフステイン〔フテーヌ、ファスチャン〕織や、亜麻と綿だけの混織物であるバルヘント織なども作られていくが、これらはイタリアのピエモンテ地方や南ドイツから伝えられたことは分かっている。

　しかしこうした動きの中で第一に注目されるのは、何と言ってもフランドル産のセイ織の異常な人気である。中でもホントスホーテのセイ織工業の突出的な躍進は刮目に値する。ホントスホーテは、すでにふれたように、早くも13世紀からセイ織を輸出していた農村工業の代表的存在であったが、14世紀初頭以来鳴りをひそめていた。しかしまったくセイ織を作ることをやめてしまったわけではなく、その間にさまざまな創意工夫をこらして、新たなセイ織を開発し、製品の差別化を進めていったとみられる。従来のセイ織が梳毛糸と紡毛糸の混織であったとみられるのに対して、新しいセイ織は梳毛糸のみで作られていて、その意味ではホントスホーテのセイ織は文字通り新・軽毛織物であった。生産者は1374年にフランドル伯より特許状を獲得し、これを機に規約を定めてセイ織工業全般を規制し始めたと思われる。これが復活の手がかりになったのか、以後次第に産出量を増やしていった。産出量は1485年にすでに１万５千反を突破していて、16世紀初頭から急カーブを描いて増大し、1550・60年代の最盛期には７万反から９万反に達した。ピークは1569年で９万７千反余りを記録している[154]。農村工業としては驚異的な数字で、当時のフランドル農村工業の花形的存在であった。この頃には人口も１万５千を超え、この点でも並み居る都市に遜色がない。周辺農村でホントスホーテのセイ織工業にかかわる仕事をしていた人も合わせれば、関連の人口は３万にも及んだという[155]。当時低地諸

邦を支配していたのはスペインで、国王フェリペ２世の腹心グランヴェル枢機卿〔アラス大司教〕がこの地方の統治に辣腕をふるっていたが、このグランヴェルをして「（ホントスホーテは）フランドルでもっとも美しいブール〔市場町〕だ」と言わせしめるほどであった[156]。もちろんこれはホントスホーテの景観の美しさを手放しで賞賛したものではなくて、財政難にあえぐスペイン政府がホントスホーテの活気に満ちた経済活動に寄せる期待の大きさを示した発言であった。またセイ織用に特別に作られたセイ糸（sayette）はフランドルはもとより、さらにその南のエノー、アルトワ、ブーローニュなどの広い地域から供給されていて、農村工業という言葉からはおよそ想像もできないような広いネットワークの中で工業活動が展開されていた[157]。ホントスホーテのセイ織は1408年からブルッヘが取引の拠点となっていたが、1448年以降アントウェルペンに移り、イベリア半島、地中海方面に大量に輸出された[158]。16世紀には新世界にも送り出されたといわれている。アントウェルペンが16世紀に世界市場として発展していく際にホントスホーテのセイ織工業が担った役割はかなり大きかったと思われる。

　ホントスホーテのこうした殷賑を極めた農村工業のあり方を見れば、また上ですでにふれたアルマンティエールなど３つの農村工業が新たな純然たる紡毛織物でもって、それまでフランドルの大都市が辛うじて擁してきた高級品毛織物工業に終止符を打ったのを見れば、15世紀後半から16世紀のフランドルの毛織物工業は農村工業の時代であった、とつい言ってしまいたくなる。ベルギーが誇る歴史家ピレンヌは実際そのように描いていた。しかしピレンヌ以降の研究史はこれには否定的で、むしろ逆に都市工業の健闘を強調している。というのもセイ織はホントスホーテの独壇場ではなく、大都市も伝統的毛織物工業からセイ織に転換をはかり、それに成功していたからである。前節の４）でもすでにふれたように、この新・軽毛織物工業は南部のワロン語圏の大都市で大きな広がりを持った。フランドル南部の都市ではリールやドゥエ、さらには1384年にフランスから切り離されて低地諸邦に復帰したアルトワ伯領の都市アラスやサン・トメール、同じく1521年にフランスから切り離されて低地諸邦の領邦

のひとつに組み込まれた司教座都市トゥルネー、隣のエノー伯領の都市ヴァランスィエンヌやモンスといった都市がそうであった。また北のフラームス語圏の都市イーペル、ヘント、ブルッヘも成功を収めた。総じてこの新・軽毛織物工業では大都市の盛り返しが目立っている。

　リールは15世紀末にアラスのセイ織の技術を導入して急成長し、産出量ではホントスホーテに次ぐ位置を占めていたと思われ、さらに ostades、changeants、satins などといった絹織物に似せて織ったファッション性の高い新製品も作っていた。コールナールによればシャンジャン織（changeants）は16世紀末には20万反余も生産されていた[159]。これは長さが19エル程度の短い製品であったが、それを考慮に入れたとしても、一都市の産出量としては驚異的である。この他リールはブルジェット織でも健闘した[160]。ブルジェット織というのは羊毛に亜麻、絹、綿などを混ぜた混織物の総称で、さまざまな模様を織り込んだ、ファッション性の高い製品であった。

　北部ではヘントがセイ織、ブルジェット織〔とりわけ barracans（bourracans, légatures）〔経糸は亜麻、緯糸は梳毛糸の混織〕〕などで盛り返した。クラーイベックスは、産出額で見れば17世紀のヘントはオランダのレイデンを凌駕していたのではないかとも言う[161]。ヘントは16世紀の後半は宗教騒乱や八十年戦争〔オランダ独立戦争〕で混乱を極めたが17世紀には立ち直り、中世以来の大毛織物工業都市の名声を維持していた。ただイギリスやレイデンの製品と真っ向から競合するような製品は避けたようで、ヘント周辺の農村で発展していた亜麻栽培との共存を図って、亜麻との混織の製品に力をいれたようである。19世紀にはヘントはベルギー産業革命の一翼を担い、綿工業の中心都市になる。羊毛、亜麻、綿と時代によって素材を変えているが、ヘントは織物工業都市として中世都市から近代都市に見事変身を遂げた。

　同じ北部のブルッヘは15世紀末までに外国商人が次々とアントウェルペンに移り、かつての世界市場の地位を失った。そのため市当局は15世紀末からさまざまな毛織物工業の導入を積極的に試みた。多種多様な毛織物製品を自ら供給できれば、去って行った外国人商人をまた呼び戻すことができると考えたから

はないか、ともいわれている[162]。アラス、ホントスホーテ、トゥルネーからはセイ織を、アルマンティエールとバイユールからはラーケン織〔紡毛織物〕を、遠くオランダのレイデンからはアルベイン織〔新毛織物の一種とみられる〕を、そしてイタリアや南ドイツからフステイン織というように、積極的に新しい技術の導入を図った[163]。もちろんそのすべてが成功したわけではないが、セイ織とフステイン織は16世紀末から17世紀にかけてかなりの成功を収めた。セイ織（"anascotes"）は1620年頃からしばらく年間2万反近くが生産され、フステイン織にいたっては1550～80年代には4万反以上が生産され、このフステイン織では他の追随を許さなかった[164]。この2つの部門は18世紀にもそこそこの規模を維持していて、ブルッヘの経済を支えていた。

またもうひとつ注目されるのは、1521年に低地諸邦に編入された司教座都市トゥルネーである。リールの東20キロほどに位置するこの都市は12、13世紀にはすでにこの地方では最大級のセイ織の生産地であって、地中海方面に輸出していた。しかしこの都市もご多分にもれず14世紀初頭あたりからセイ織工業の不振に悩まされ、イングランド産の上質羊毛を原料にした高級品毛織物工業に転じた。ところが16世紀に入る頃から新・軽毛織物工業の導入を図り、やがてセイ織とブルジェット織の生産が軌道に乗り、セイ織ではホントスホーテとリールに次ぐ3番目の重要な生産地にのしあがった。ブルジェット織も17世紀には年間4～6万反の水準を維持していた[165]。

この他に南部の大都市ドゥエ、アラス、サン・トメール、北部のイーペルもセイ織をはじめ各種の新・軽毛織物の導入を進め、毛織物工業の再生に成功した。ポーペリンゲの農村工業はベイ織で成功を収めていた。

このように15世紀末以降、とくに16世紀には新・軽毛織物工業がフランドル毛織物工業の中心的な部門になった。大都市の伝統的な高級品毛織物工業が今やすっかり影をひそめ、かつては正規の毛織物工業とは認められていなかった軽毛織物工業が装いも新たに新・軽毛織物工業として蘇ったということになる。技術的には梳毛織物工業の再生と言っていい。ただこれによってその担い手が都市工業から農村工業に決定的に移るということはなく、マンロもこの新・軽

毛織物工業は「本質的には都市的性格のものであった」として、その担い手を農村工業としたピレンヌ説に疑問を投げかけている[166]。

以上を簡単にまとめると、16世紀のフランドル毛織物工業は次のような構成になっていた。アルマンティエールなど、その近くのいくつかの農村を中心に紡毛織物工業が発展する一方、梳毛織物工業が農村工業〔ホントスホーテ〕と都市工業〔ほぼすべての大都市〕の双方で発展していた。すでに述べたように紡毛織物工業の方は大きな広がりを見せることはなかったので、16世紀のフランドル毛織物工業は基本的には新・軽毛織物工業が主役を担っていたと言うことができる。紡毛織物工業の技術はやがてオランダの都市レイデンに伝えられて大きく開花する。そしてさらにレイデンを経由して17世紀後半から18世紀にはリエージュ大司教領とリンブルフ侯領〔いわゆるヴェルヴィエ、オイペン、アーヘン地域〕にも広がる。なぜオランダ経由であったのか。この点に若干言及して本章を閉じることにしたい。

1520年代からフランドル地方は宗教改革の波に洗われ、ルター派や再洗礼派、カルヴァン派が次々と浸透する。毛織物工業の盛んな都市や農村は宗教改革運動の絶好の温床になったといわれている[167]。スペイン当局はこれに力で立ち向かい、1550年には"血のプラッカート"と呼ばれた異端審問令を出して、取締りを強化した。1560年代にはあちこちで宗教騒乱が起こり、やがてこれが一因となって八十年戦争〔いわゆるオランダ独立戦争〕になる。フランドル地方はたびたび戦場となり、経済活動は混乱し低迷する。農村工業の一大中心地ホントスホーテは1582年焼き打ちにあい、セイ織工業は壊滅に近い大打撃を受ける。そうした混乱の中で良心の自由を求めて、あるいは一時的避難という形でフランドルを後にする人が続出し、16世紀後半から17世紀初めにかけてフランドル難民の長い列が周辺諸国に見られた。最近の研究では1540年から1630年までの90年間に約17万5千人が祖国を後にしたという。とくに1577年から89年の間には10万人を超えたのではないかとみられている[168]。陸続きのオランダ、ドイツ、フランスはもとより、海を越えてイギリスに渡る者も多かった。最終

的には、独立を勝ち取ったオランダに約15万人が定着したとみられ、イギリスとドイツには合わせて約6万人が逃げたが、そのまま定着したのは2万5千人ぐらいとみられている[169]。こうした難民は都市や農村で工業活動に従事する企業家〔中産的生産者層〕に多く、フランドルの場合当然毛織物工業に従事する人が大部分を占めたと思われる。これはフランドルから見れば貴重な人的資源の流失であり、また貴重な生産技術の移転を意味していた。フランドル難民を受け入れた国は結果的に労せずしてそうした技術を手に入れることになり、フランドル毛織物工業の有力なライヴァルにのし上がるチャンスを得た。もちろんこれはフランドル難民を受け入れる条件が整っていた場合であり、ひとつの可能性であったが、16世紀末から17世紀にかけてまずオランダが、そしてまもなくしてイギリスとドイツがこの可能性を現実のものとした。人数的にはオランダが最大の受益国で、フランドル毛織物工業のほぼすべてのおも立った技術と人的資源を受け継いだと言っていい。イギリスはおもに新・軽毛織物工業の技術を取り入れて、これを自国の有力な輸出品に仕立て、オランダに競走を挑んでいく。フランスはなぜかそれには出遅れたようだ。17世紀に入りオランダが事実上独立し、フランドルを含む南部諸邦がスペインの支配化にとどまることがほぼ確実になり、事態が沈静化に向かうと、ホントスホーテやリール、ブルッヘ、ヘントなどでは毛織物工業はかなり復活し、フランドル毛織物工業が軒並み総崩れになる事態にはいたらなかったが、その頃にはオランダ、イギリスがフランドルの強力なライヴァルとして立ちはだかった。フランドル毛織物工業が中世以来培ってきた技術はフランドルを離れて周辺諸国で開花し、西ヨーロッパの毛織物工業の地図を大きく塗り替えることになる。

註

1) Munro [1994a], p. 4.
2) Chorley [1997], p. 53; do. [1987], p. 371.
3) やや時代は下るが1483年のイーペルの史料。"……deux manieres de drapperie, l'une nommée fine ou grande et l'autre petite", Mus [1993], p. 72.

4) Trouvé [1976], p. 66.
 5) これも時代は下るが、1564年のポーペリンゲの史料。De Sagher et al., III, no. 501, p. 299.
 6) ただしこのエスタンフォール織やレイエ織は grand drap ではないとして、別の部門に入れる人もいる。Derville [1972], p. 364; De Poerck [1951], I, pp. 215-6, 238.
 7) Espinas [1923b], t. II, p. 132; Munro [1994a], p. 17; Munro [2003b], p. 196.
 8) Van Uytven [1983], p. 151.
 9) Chorley [1987], p. 361.
10) Chorley [1987], p. 372; Munro [1990], p. 41; do. [1994], pp. ix, x.
11) Munro [1990], p. 41; do. [1994], pp. ix, x.
12) "petits draps appelés doublures", Verriest [1951], p. 60; Munro [2003b], p. 253.
13) De Poerck [1951], I, pp. 265-6; Favresse [1951], pp. 487-94.
14) Derville [1972], p. 355.
15) Doedelez [1974], pp. 211-2; d'Hermansart [1879-81], p. 293.
16) Espinas & Pirenne, III, no. 224.
17) Espinas & Pirenne, III, no. 783, pp. 591, 594; "gaernine ende onghesmoutte draperie", Coornaert [1930a], p. 459.
18) Espinas & Pirenne, III, no. 768, §50, p. 519.
19) "petite drapperie ointe", Espinas & Pirenne, II, no. 369, p. 291, no. 387, p. 340.
20) Chorley [1987], pp. 360-1; do. [1993], p. 151; Munro [2003b], p. 230; Espinas & Pirenne, IV, no. 929, p. 49; De Poerck [1951], I, pp. 267, 269.
21) Chorley [1993], p. 151.
22) Chorley [1987], p. 361, 372; Munro [1997], pp. 90-2; Derville [1972], pp. 364-5.
23) Munro [2003b], p. 230.
24) De Poerck [1951], I, p. 203.
25) De Poerck [1951], I, p. 231; Chorley [1987], pp. 360-1.
26) Derville [1972], pp. 364-5.
27) Trenard [1972], p. 179; Coornaert [1950], p. 63; do. [1930a], p. 8.
28) Munro [1991], pp. 112-3; do. [1997], pp. 54, 92; do. [2003b], p. 242; Jansen [1982], p. 170; Derville [1972], p. 365.
29) Coornaert [1930a], p. 251; Munro [1971], p. 2; do. [2003b], p. 229. またイーペルのビッフ織も1296年にはジェノヴァに姿を見せていた。星野秀利 [1995]、93頁。
30) Espinas & Pirenne, I, p. xiv.

31) Van Houtte [1952], p. 206.
32) Trouvé [1976], p. 66.
33) Coornaert [1930a], p. 215; do. [1950], pp. 81-2, 90-1. ただしコールナールは軽毛織物 (draps légers) や軽毛織物工業 (draperie légère) という語をまったく使わないわけではない。Derville [1987], pp. 715, 718; Clauzel/Calonne [1990], pp. 539-40, 550; Stabel [1995], p. 134.
34) Espinas & Pirenne, III, 649, p. 221; De Sagher et al., II, p. 1; De Pauw [1899], p. 158; Coornaert [1950], p. 73. 「レイエ川沿いの毛織物工業」という集合名詞が初めて出てくるのは1371年のブルッヘへの史料であるという。De Pauw [1899], p. 158; Richart [1984], pp. 43-4.
35) Derville [1972], p. 363; Van Houtte [1941], p. 23.
36) Van Waesberghe [1972], p. 39; Van der Wee [1975], p. 206; Munro [1979], pp. 38, 119; do. [1971], p. 4; do. [2003b], p. 250; Clauzel/Calonne [1990], pp. 559, 562-3.
37) Van Houtte [1979], p. 35. 中世のフィレンツェでは約24の専門工程があったという。Carus-Wilson [1987], p. 653.
38) Clauzel/Calonne [1990], p. 564.
39) Coornaert [1930a], p. 214; Chorley [1997], pp. 7, 14; Clauzel/Calonne [1990], pp. 557-9; Van der Wee [2003], pp. 399, 401. ただしブリュッセルでは1385年から刷毛処理した紡毛糸を使うことが認められ、2種類の製品 (draps cardés) が作られるようになり、次第に優勢になっていった。Favresse [1950], pp. 463-4.
40) Chorley [1997], p. 7.
41) Munro [1979b], p. 119; do. [2003b], p. 259; do. [1997], p. 38. クラーイベックスは、新毛織物は仕上げを入念にしなかったと言う。Craeybeckx [1976], pp. 22-3.
42) Van der Wee [2003], pp. 401, 405; Chorley [1997], pp. 20-1; Clauzel/Calonne [1990], p. 561.
43) Munro [2003b], p. 190; do. [1997], p. 37; do. [1991], p. 114; do. [1979], p. 119.
44) Munro [1977], p. 251; do. [1979], p. 120; do. [1990], p. 48; do. [2003b], p. 190. マンロによれば新・軽毛織物工業ではスペインのメリノ羊毛は1420年代から使われ始めた。Munro [1997], p. 47.
45) Van Waesberghe [1972], p. 43; Munro [1994b], p. 387.
46) Munro [1991], p. 113.
47) Howell [1990], p. 54; Chorley [1993], pp. 153, 160-3; Van der Wee [2003], pp. 434-5.

第 1 章　フランドル毛織物工業の複合的構成とその展開　53

48)　Chorley [1993], pp. 151-2, 159. 絹織物と新・軽毛織物に共通してみられる名称として、satins, camelots, grosgrains, borach (bourats) がある。Thijs [1990], pp. 78, 84; Coornaert [1961], vol. II, pp. 115-6.
49)　Chorley [1993], p. 152.
50)　Craeybeckx [1976], pp. 23-4; Coornaert [1930a], p. 227.
51)　Craeybeckx [1976], pp. 23-4; Van der Wee [2003b], pp. 434-5.
52)　Van Werveke [1949, 1968], p. 4. 参照頁は [1968] の頁。Pirenne [1929], p. 30.
53)　Van Houtte [1941], p. 11, 13; do. [1982], p. 93; Pirenne [1930], p. 564; Coornaert [1950], p. 62.
54)　Aymard [1971], p. 5; Jansen [1982], pp. 156-8; Carus-Wilson [1981], pp. 359-360; Peeters [1983], p. 9.
55)　Van Houtte [1941], p. 9; Jansen [1982], pp. 156-8; Munro [1994a], p. 30; Van Werveke [1954, 1968], p. 237. 参照頁は [1968] の頁。
56)　Chorley [1988], p. 2; do. [1987], p. 362.
57)　Clauzel/Calonne [1990], p. 570; Chorley [1993], p. 156; Munro [2003b], p. 240.
58)　Trenard [1972, 1984], pp. 128, 134.
59)　Trenard [1972, 1984], pp. 129, 134; Reynolds [1930], pp. 496-503. イベリア半島でもアラスの毛織物は raz, rras, arrazos として普通名詞化していたという。Verlinden [1936], p. 14; Coornaert [1950], p. 74.
60)　De Poerck [1951], I, p. 236; Munro [1991], p. 113; do. [1997], p. 61; Verhulst [1972], p. 287.
61)　Nicholas [1992], pp. 117, 167; Sortor [1993], p. 1468; Trenard [1972, 1984], p. 135; Espinas [1923b], II, p. 877.
62)　Chorley [1987], p. 362; Derville [1972], p. 366; do. [1987], p. 719; Munro [1997], p. 54.
63)　Derville [1972], pp. 361, 367; do. [1987], p. 719.
64)　Derville [1972], p. 367; Munro [1991], p. 112; do. [2003b], p. 242; Sortor [1993], p. 1486.
65)　Chorley [1987], pp. 362, 372; do. [1997], p. 14; Nicholas [1992], p. 168. Espinas & Pirenne, II, no. 219.
66)　Chorley [1987], p. 372; Munro [1997], pp. 54, 92; De Poerck [1951], I, p. 267; Espinas & Pirenne, IV, 929, pp. 49-51, 930, p. 51-2.
67)　Sivery [1987], p. 730; Van Uytven [1975a], p. 69; Howell [1990], pp. 53-4;

Dhérent [1983], p. 380; Munro [2003a], p. 242; do. [1991], p. 112; do. [1997], p. 135; Chorley [1997], p. 14.
68) Chorley [1987], p. 362; Pierrard [1972], p. 14; Munro [1997], p. 54; Espinas [1923b], II, pp. 871-2; DuPlessis [1991], p. 86.
69) Clauzel/Calonne [1990], pp. 538, 545-6; Van Uytven [1975a], p. 69; Stabel [1997a], p. 148.
70) Merlevede [1982], p. 33.
71) Demey [1950], p. 1033; Ammann [1954], p. 4; Jansen [1982], p. 159.
72) Chorley [1987], pp. 366, 372.
73) Van Uytven [1974], p. 35; do. [1981], pp. 289-90; do. [1986], pp. 219ff.; Van Houtte [1979], p. 74; Demey [1950], p. 1041; Van Werveke [1947a], p. 11.
74) Demey [1950], p. 1047; Mus/Van Houtte [1974], p. xiv. 最盛期のイーペル毛織物工業については藤井氏が動態的分析を行なっている。藤井美男 [1998]、122-135頁。
75) Doudelez [1974], pp. 190-1; Demey [1950], p. 1042.
76) Van Werveke [1947a], p. 13; do. [1951d], p. 2; Clauzel/Calonne [1990], p. 545.
77) Verlinden [1930], p. 13.
78) Van Werveke [1947a], pp. 20-4; Chorley [1997], p. 14.
79) Prevenier [1975], pp. 271-4, 292; Van Werveke [1951b], p. 368; do. [1975], pp. 449, 464; Blockmans [1984], p. 118; Nicholas [1976], p. 24; do. [1978], p. 252.
80) Blockmans [1939], §8, 9, 13, 19, 22; Krueger [1984], p. 732; Reynolds [1929], p. 847; Chorley [1987], pp. 362, 364; Espinas & Pirenne, II, no. 405.
81) Blockmans [1939], §9.
82) Van Werveke [1947b], p. 26; Boone/Brand [1993], p. 172.
83) Nicholas [1979], p. 30; Clauzel/Calonne [1990], p. 545.
84) Nicholas [1992], pp. 115, 168; Van Werveke [1951d], p. 2.
85) Boone/Brand [1993], p. 172.
86) レーリヒ [1969]（瀬原義生・訳）; Murray [1990], p. 25.
87) Chorley [1987], pp. 362-3, 373; Murray [1990], p. 28.
88) Espinas & Pirenne, I, no. 144bis, D; do., no. 149, §1-13; Peeters [1983], pp. 16, 19; Munro [1997], pp. 54, 91
89) Munro [1971], p. 3; Murray [1990], pp. 28, 30; Chorley [1997], pp. 16-7.
90) Murray [1990], p. 26; Nicholas [1979], p. 30.

91) Coornaert [1950], p. 63; Derville [1972], p. 355; Verhulst [1972], p. 292; Boone [1993], p. 44; Munro [2003b], pp. 227, 257. 藤井氏もこの点を強調している。藤井美男 [1985]、55頁。
92) Defrancq [1960], pp. 41-2, 54, 66; Melis [1969], pp. 153-4; Espinas & Pirenne, III, pp. 98, 439; Van Werveke [1963b, 1968], p. 120. 参照頁は [1968]。De Sagher [1937], p. 492; Espinas [1923], II, p. 857. De Sagher et al., II, pp. 626-9 ; do., III, pp. 252-5.
93) Defrancq [1960], pp. 41-2.
94) Verlinden [1966], p. 236; do. [1936], pp. 13, 15-6.
95) 星野秀利 [1995]（斎藤寛海・訳）、100、194-5頁。
96) Munro [2003b], p. 250.
97) Espinas [1937], p. 66.
98) Munro [2003b], pp. 234-5.
99) Munro [1997], pp. 76, 116, note 172; Deroisy [1939], pp. 40-1.
100) Munro [2003b], p. 241; do. [1997], pp. 61-2, 64; do. [1991], p. 111
101) Peeters [1983], pp. 11-2, 19; Berben [1937].
102) ただし農村でもウェルヴィクのように参加していたところもある。Defrancq [1960], p. 42.
103) Stabel [1997c], p. 141; do. [1995], p. 89; Derville [1987], p. 721; Jansen [1982], p. 160.
104) Munro [1971], p. 6; Van Werveke [1949, 1968], p. 8, 引用頁は [1968].
105) Van Werveke [1951d], pp. 4-5; do. [1947, 1968], pp. 7-8, 引用頁は [1968]; Peeters [1983], p. 19.
106) Munro [1994a], p. 32; Van Houtte [1982], pp. 69-71; do. [1969], p. 19.
107) Derville [1987], p. 720; Van Houtte [1969], pp. 18-9.
108) Aerts/Cauwenberghe [1984], p. 95; Van Houtte [1982], p. 109.
109) Stabel [1997b], pp. 149-50; Chorley [1987], p. 350; Van Uytven [1986], p. 223; Jansen [1982], p. 176; Thijs [1982b], p. 117; Van der Wee [1975], p. 206; Van Houtte [1941], p. 17.
110) Bautier [1966], pp. 51, 54-5; Peeters [1985], pp. 123, 125; do. [1992], p. 799.
111) Stabel [1997a], p. 145; do. [1995], pp. 172-3; Munro [1994], p. 377. 藤井氏によれば、都市工業は衰退したのではなく、持続的に成長した。藤井美男 [1998]、第5章第2節、49-63頁。

112) Munro [2003b], p. 280; Van Houtte [1969], p. 33. ただし1389年から1558年までとする説もある。
113) Aerts/Cauwenberghe [1984], p. 103.
114) Espinas & Pirenne, III, 609, p. 28; do., 910, pp. 818-20, 822-4; do., I, 73, §11, p. 190; Trenard [1972], p. 179.
115) Munro [2003b], p. 250; do. [1991], pp. 114-5; Trenard [1972], p. 190. なおコミーヌだけはワロン語圏に属する。フラームス語ではコーメン（Komen）。
116) Munro [2003b], p. 250; do. [1972], p. 38; Clauzel/Calonne [1990], pp. 571-2; Richart [1984], pp. 43-4.
117) Munro [2003b], p. 251; Clauzel/Calonne [1990], p. 533.
118) Sortor [1993], p. 1498.
119) Stabel [1997a], pp. 134, 144-5, 147; De Sagher [1937], p. 492; Demey [1950b], p. 224.
120) Stabel [1997a], pp. 135, 145; do. [1997b], p. 86.
121) Munro [1997], pp. 38, 40; do. [1994b], p. 387; do. [1991], p. 114; Van der Wee [1975], p. 209; Defrancq [1960], p. 55.
122) Stabel [1995], pp. 102, 132; Mus [1971], p. 165; Munro [1991], p. 116; do. [1990], p. 47; do. [1971], p. 5; do. [1994], p. 387; do. [1997], p. 40; Verhulst [1972], p. 292; Defrancq [1960], pp. 53, 127; Coornaert [1930a], p. 191.
123) Munro [2003b], pp. 255, 261; Stabel [1997a], pp. 134, 136; do. [1997b], p. 85; do. [1996], p. 92; Derville [1987], p. 716; Ashtor [1988], pp. 231, 147; Defrancq [1960], pp. 54, 57-8, 63 ;Verlinden [1976], p. 109; Clauzel/Calonne [1990], p. 570.
124) Coornaert [1930a], p. 244; Clauzel/Calonne [1990], p. 570; Defrancq [1960], p. 66; Espinas & Pirenne , III, p. 415; Stabel [1995], p. 96; 星野秀利 [1995]、327-9頁。"ロンドンのウェルヴィク（織）"というものがあった。
125) Clauzel/Calonne [1990], pp. 567-8; Stabel [1997a], p. 129; do. [1997b], pp. 86, 89; do. [1995], p. 144; Derville [1987], p. 716; Defrancq [1960], p. 85; Munro [2003b], p. 260; Van Houtte [1979], p. 77.
126) Clauzel/Calonne [1990], pp. 556, 563; Stabel [1993], pp. 72-3. 大都市リール、ドゥエを含むワロン・フランドルは1305年にフランスに割譲されていたが（ファン・ハウテは1312年と言う）、1369年にフランドルに復帰した。Van Houtte [1969], p. 23.
127) Espinas & Pirenne, III, 910, pp. 818-20, 822-4; Verhulst [1972], pp. 287-9.

128) Espinas & Pirenne, III, 609, p. 28; Clauzel/Calonne［1990］, p. 538; DuPlessis［1991］, p. 88. ただしデュプレッシは pieches、crombelistes という製品は農村工業の製品を模倣したものだと言う。
129) Chorley［1997］, pp. 16-7; Munro［1997］, p. 91.
130) Munro［2003b］, pp. 257-8.
131) Clauzel/Calonne［1990］, pp. 556-7, 562-3; Favresse［1947a］, p. 143.
132) Stabel［1997a］, p. 135; Richart［1984］, p. 50; Munro［2003b］, pp. 258-9.
133) Munro［1994］, p. 212; do.［1990］, p. 48; do.［1979］, pp. 121, 251.
134) Munro［2003b］, pp. 251-2.
135) Munro［2003b］, pp. 286-8.
136) Boone［1988］, pp. 9, 16.
137) Munro［2003b］, pp. 292, 297; do.［1988b］, p. 239. アルプス越えの陸上貿易ルートが復活したことは他の研究でも裏付けられている。Brulez［1959］, Edler［1938］。ただしこの2人の研究は16世紀前半に関するもの。
138) Van der Wee［2003］, p. 403; Munro［1988b］, p. 239.
139) De Sagher et al., I, p. 99; Stabel［1997a］, p. 136; Coornaert［1930a］, p. 29; Trenard［1972］, p. 238.
140) Van der Wee［1978］, p. 133; do.［1993c］, pp. 115, 117, 123-4.
141) Thijs［1990］, pp. 81-3.
142) Gilliodts-van Severen, *Estaple*, vol. III, 2057; De Sagher et al., III, p. 98; Van Waesberghe［1972］, p. 37; Stabel［1997a］, p. 138; Coornaert［1930a］, p. 29; Demey［1950b］, p. 232; Soly/Thijs［1979］, p. 40. ただし De Sagher et al. の史料集ではニーウケルケの製品が純然たる紡毛織物であったかどうか、確認できない。
143) Van Waesberghe［1972］, pp. 35-6, 43; Gilliodts-van Severen, Estaple, vol. III, 2057
144) Van der Wee［2003］, p. 405; Stabel［1997b］, p. 145.
145) DuPlessis［1991］, pp. 86-8.
146) Pirenne［1905］, 大塚・中木（訳)、110頁。
147) Munro［2003b］, p. 289; do.［1979b］, p. 121; De Sagher et al., I, 36, §2.
148) De Sagher et al., I, 219 (pp. 29-30).
149) Munro［1994］, I, pp. 5-6.
150) Munro［1994］, I, p. 6.
151) Munro［2003b］, pp. 258-9; Coornaert［1930a］, p. 23; Van der Wee［2003］, pp. 450, 456, 458, 462, 466, 469.

152) Munro [2003b], pp. 292, 297.
153) Brulez [1968], p. 1206; Van der Wee [1993b], p. 105. 中澤勝三 [1993]、114頁も参照されたい。
154) Coornaert [1930a], pp. 17, 28.
155) Coornaert [1930a], pp. xiii, 91.
156) Cooranert [1930a], p. 22; Pirenne [1905], 大塚・中木（訳）、107頁。
157) Trenard [1972], p. 238.
158) Craeybeckx [1930], p. 237; Trenard [1972], 207.
159) Cooranert [1930a], p. 29.
160) Craeybeckx [1976], p. 43; Deyon/Lottin [1967], pp. 23, 25; De Saint-Léger [1906], p. 371; De Sagher [1939], pp. 476-9; DuPlessis [1997], p. 137.
161) Craeybeckx [1962], pp. 422-3.
162) Vermaut [1967], p. 28.
163) Van Waesberghe [1969b], pp. 223-30.
164) Van Houtte [1982], p. 444; Dambruyne [1996], pp. 160-3; Stabel [1997a], p. 141.
165) Munro [1997], pp. 54, 61, 83; do. [1991], p. 112; Dambruyne [1996], pp. 157, 161-2; Stabel [1997a], p. 140; Verlinden [1972], p. 289.
166) Munro [1997], p. 85.
167) Briels [1978], p. 10; do. [1976], p. 184.
168) Briels [1978], pp. 18-21.
169) Briels [1978], pp. 18-21; do. [1976], p. 188.

第2章

フランドル毛織物工業における都市工業と農村工業

　本章ではフランドル毛織物工業のいくつかの側面を具体的に検討して、その歴史的な特質を考えてみたい。とくに都市工業と農村工業のあり方にどのような違いが認められるか、両者の関係はどのようになっていたか、また製品の品質管理はどうなっていたか、さらにはフランドル毛織物工業に独自性ないしは個性があるとすれば、それはどのようなものか、こういった点を考えてみたい。その中から同工業の普遍性と先進性を明らかにできればと念じている。

1. 毛織物工業規約と品質管理の問題

1) 毛織物の品質保証

　ベルギーの国民的歴史家アンリ・ピレンヌはある論文で「フランデルンの毛織物と云えば、長い間上質の毛織物と同義の語であった」と述べている[1)]。そして同じ論文の中で次のようにも言っている。少々長いが、よく知られた1節なのであえて邦訳から引用してみると、こうである。「イギリス産毛織物の品質がたえず改良されていくのにたいして、フランデルン産の毛織物の品質はますます劣悪化の一途をたどっていったのである。すでに一五世紀末葉には、フランデルンの毛織物はもはや以前のように良質ではなく、織物の長さも縮められたということが確かめられている。こうした事実は、産業の完膚なき衰退の歴史に伴うひろく知られた現象を、まさに特徴的に表現している」[2)]。一見矛盾しているようにも見えるが、必ずしもそうではない。もともとフランドルの毛織物は良質であったのに、毛織物工業が絶望的な衰退に陥っていくにつれ

て、粗悪品がはびこるようになった、とフランドル毛織物工業の盛衰を念等におきながら、品質の悪化に注意を喚起しているのである。ただピレンヌはここでわずか2つの史料の参照を求めているだけである。ひとつはドイツ・ハンザ関係の史料で、リューベックの毛織物小売商がブルッヘ産の毛織物は品質がよくなく、規定の長さに達していないと証言しているもので、もうひとつはスペイン商人がコルトレイク産の製品の品質を嘆いているものである。まだ他にも証言や史料があるのかどうか分からないが、この2つの史料だけでこのように一般化していいものかどうか、やや不安が残る。

　また最近フランスの歴史家アブラハム・ティスは、フランドル産毛織物の北欧における取引を論じた論文で「プロイセンやポーランドではフランドルといえば良質品と同義語であった」と、ピレンヌと同じようなことを言っている[3]。ここで良質品というのは必ずしも高級品毛織物という意味ではなく、製品の長さ、幅などのごまかし、その他手抜き、偽装などの欠陥が少ないという意味である。しかし彼女は同時に、フランドル産の毛織物に限らず、当時の西ヨーロッパのすべての毛織物には長さや幅の不足といった、さまざまな欠陥が紛れ込んでいたとして、ドイツ・ハンザ関係の史料集から28箇所の参照を指示している[4]。そのうち17箇所についてはさしあたり参照可能であったので注意して見たところ、そうした指摘はフランドルに関してはわずか2箇所しかなく、そのうちのひとつはピレンヌが挙げている史料と同じものである。残りはそうした欠陥とは関係のないものであったり、フランドルとは関係のない史料であった。私の誤読でないかぎり少なくともそのように読める。フランドルでは中世後期の約400年にわたって膨大な量の毛織物が各地で作られていたから、何らかの欠陥品が出回る可能性はもちろん皆無ではない。現代技術の粋を集めた自動車産業ですら、リコールの報道は日常茶飯事と言っていいほど新聞に載っているくらいだから、ましてや簡単な道具で手作りの中世の毛織物に欠陥品が紛れ込んでいたとしても取り立てて驚くにはあたらない。そう思うのが普通であろう。しかし意外や意外、それが少ないのである。全体的な印象では、アブラハム・ティスが想像しているよりははるかに少なく、例外的なものでしかなかったと

さえ言っていい。管見の範囲内で言えば、ピレンヌの理解とは裏腹に、15世紀から16世紀にかけてアントウェルペンに向けて大量に輸出されたイギリス産の毛織物にはそうした欠陥品が数多く混じっていたことは分かっているが[5]、少なくとも本書が扱う時期のフランドルの毛織物には欠陥品は非常に少なかった。こう言っていいと思う。フランドルで唯一の例外はサン・トメールで、のちほど改めてふれるが、ここの製品は何度か欠陥を指摘され、取引を停止される憂き目にあっている。しかしそれ以外の生産地では全般的に品質管理がよく行き届いていたと言っていいように思う。ピレンヌやアブラハム・ティスの言葉のうち少なくとも、フランドルという語は良質品と同義語であったという部分は実情をかなり正確に言い当てた言葉ではないかと思われる。フランドルの毛織物工業ではなぜ欠陥品が少なかったのか、どうしてそういうことが可能であったのか、ここではこの点を少し考えてみたい。

　当時のフランドル各地の毛織物はほぼ同じような方法でその品質が保証されていた。各地それぞれの毛織物工業規約に従って、毛織物の長さ、幅などの規格が決められ、それが守られているかどうか検査がなされていた。検査は何段階かに分けてなされ、長さ、幅以外の不正、ごまかし、手抜きなどもチェックされていた。もし違反があれば、罰金が科されたうえ、その製品を切り裂いて正規の商品として売れないようにした。正規の商品として最終検査に合格するためには、毛織物製品にはその生産者〔織元もしくは織布工〕を示すマークを織物の耳あるいは織べりの所定の位置に織り込むことになっていた。当然そのマークは然るべく検査機関もしくは会所に予め登録されていて、容易にチェックできるようになっている。また耳には何色の糸を何本使うか、亜麻糸を何本混ぜるか、耳の幅はどれくらいにするかが具体的に決められていた。つまり耳を見れば、誰がそれを作り、その品質がどのようなものか一目分かるようにしていた。販売用の毛織物製品にはこうした耳をつけて織ることが不可欠の条件であった。また最終検査に合格した製品にはコイン状の鉛印が交付され、それによっても品質は保証されていた。この鉛印には普通生産地名を表示して、どこで作られたものか分かるようになっていた。製品は基本的にはその生産地に

よって品質を保証されており、個々の生産者によってではなかった。高級品毛織物ほど大きい鉛印が付けられ、品質に応じて鉛印に刻まれる銘も異なっていた。鉛印なしに製品を売りに出すことは一般的には禁じられていた[6]。また織物の折りたたみ方にも生産地ごとの特色があり、どこの製品であるか分かるようになっていたという[7]。まったく心にくいばかりの気遣いである。このように二重三重に生産地と生産者の責任を明示して、品質を保証したのが、当時のフランドル毛織物工業の基本的なあり方であった。これが厳格に守られるかぎり、欠陥品が市場に出回る可能性は非常に小さかったであろう。もちろん生産者と検査担当者のあいだに馴れ合いや談合がなかったとは断言できないし、例外がないとは言い切れない。しかし検査が名目的なものに堕して、フランドル毛織物工業全体の信用を失墜させるような事態にまで立ち至ることはまずなかったようである。製品を買う商人や消費者には欠陥品やまがい物はつかませないという意識は生産者の間ではかなりしっかりと共有されていたように思われる。この点では都市も農村も大きな変わりはなかった。こうした発想や精神がどこから来るのか非常に興味深いが、以下都市と農村における毛織物の品質管理の体制を具体的に検討してみたい。

2）手工業ギルド成立以前の都市毛織物工業の品質管理

ヨーロッパの中世都市の手工業といえば、すぐに頭に浮かぶのはギルドの存在である。まれにギルドのなかった都市もあったが、まずたいていの都市にはある時期以降手工業ギルドがあった。フランドルにおいても事情は同じで、大都市ともなれば必ずと言っていいくらい手工業ギルドがあった。手工業ギルドは普通詳細な規約を定めて、それを構成員に強制する自治的組織であったから、製品の品質管理を徹底しようとすれば、それほどむずかしいことではなかったはずである。実際大多数のギルドでそれが行なわれ、その意味では手工業ギルドは社会的信用を得ていたと思われる。

フランドルの都市毛織物工業が輸出工業に成長していくのは11世紀末ないしは12世紀初めからで、その頃からヨーロッパの各地にフランドルの毛織物が進

出していく。しかしフランドルの都市で毛織物工業に手工業ギルド成立するのは13世紀の末頃で、それまでの約200年間は手工業ギルドは存在しなかった。ただし商人のギルドは存在していた。1章の2．ですでにふれたように、13世紀末から14世紀初頭にかけてイングランド産の上質羊毛の輸入が順調にいかなくなり、それに大きく依存していた大都市では原材料不足から混乱が続いた。多くの都市で反乱や暴動が起き、羊毛の輸入を牛耳っていた大商人や都市貴族の勢力が一時的に殺がれ、手工業者が市政を掌握する都市も出てきた。多くの場合この過程で毛織物工業関係のギルドが生まれたとみられている。そうした手工業ギルドがいつ成立したか、正確な日時は確認できないが、北部の3大都市ヘント、ブルッヘ、イーペルでは1280年代以降とみられ、南部のアラス、サン・トメールではそれよりも少し前という[8]。ドゥエにはギルドはなかった[9]。リールについてはいつか不明である。

　このように多くの都市で1280年以降毛織物工業関係のギルドが成立し、以後ギルドが製品の品質管理に取り組んでいったとすると、それ以前には品質管理はどのようになっていたかが問題になる。まったく野放しで自由であったのか、それとも何らかの規制や管理がなされていたのかということになる。従来この点に関する研究はほとんどないが、ウェイフェルスによれば、フランドルの大都市では毛織物工業が最盛期を迎える13世紀初頭から、つまり手工業ギルドが成立するはるか以前から、市当局が毛織物製品の標準化を進めて、その品質を保証するために職種ごとに監視組織として会所（hal, halle）を作り、そのための規約を制定していた。それぞれの監視組織には責任者として幹事（deken, doyen）と数人の検査人（vinders, gezworenen, jurés）が任命されて配置され、違反を取り締まった。検査人に任命されたのは大商人や有力市民で必ずしも直接生産者ではなかったが、同業者の中から選ばれる場合には大織元〔大企業家〕が任命され、小生産者や職人層は排除されていた。これらの幹事や検査人は市当局から俸給を支給されていたので都市役人の一部と言ってもいい。そしてこれらの監視組織は製品の品質管理に目を光らすばかりでなく、職人などに支払われる労賃についても決定したり、そのガイドラインを示すようなことな

どもしていた[10]。

　ウェイフェルスは具体的にブルッヘを取り上げ、ブルッヘでは織布業、縮絨業、仕上〔剪毛〕業、染色業にこうした監視組織が作られていたとして、1277～87年のセイ織工業規約、1282年と1284年の毛織物工業の全般的規約など1302年までに出された規約をそれに該当するものとして挙げている[11]。またファン・ハウテによれば遅くとも1252年までにはこうした規約は出ていたと言い、イングランド産羊毛の使用を義務付けるにいたっては12世紀からすでに始まっていたと言う[12]。エスピナとピレンヌの史料集には1260年のセイ織の織布工規約も補遺として載っている[13]。ウェイフェルスはこうした規約をもつ監視組織を前ギルド的組織（l'organisation pré-corporative）と呼んで、正式のギルドとは区別している[14]。ブルッヘではこれらの4つの職種にギルドが成立したのは1290年代と見られるから、たしかに手工業ギルドの成立以前からそれを想わせるような、類似の組織や規約が成立していたと言うことができる。

　このようにギルド以前には都市当局主導で毛織物工業の品質管理体制がとられていた。それは品質にかかわる大まかなガイドラインを示すといったような緩やかなものではなく、例えばブルッヘの1277年制定のセイ織工業規約では、dinne sayen、dicken sayen、Ghistelle sayen のようにセイ織の種類ごとに、また縮絨工、仕上工、張布工、染色工といった職種ごとにも具体的に規約を定めており、その内容も製法、規格、検査、鉛印、労賃、加工賃、徒弟の修業、販売など多岐にわたっており、単純に合計すれば122条にも達している[15]。もちろん違反に対する罰則もある。市外で織布させることの禁止条項もある。見方によってはギルドと見られなくもないし、実際そう考えている人もいる。ただ「一人一職」的生業原則、対内的平等や対外的独占といった典型的な手工業ギルドの原則を示す条文はほとんど見られない。

　ブルッヘでは1281年に手工業者が市当局に対して大規模な反乱（Grote Moerlemeie）を起こし圧力をかける。そしてその翌年織元らが市当局に対して毛織物製造をめぐって37カ条の申し入れをする。これをうけて1282年9月市当局は改めて149条と77条からなる2つの全般的毛織物工業規約を定める。そ

の内容は多岐にわたっているが、その大部分を占めるのが製品の規格、製法、検査などの品質管理に関するものである。おそらく織元や手工業親方、職人などの申し入れを受けて、その意向をより多く反映させた結果、こうなったのであろう。そしてさらにその2年後の1284年ブルッヘ市当局はこれにさらに大幅な手を加え、384条に及ぶきわめて詳細な全般的毛織物工業規約を改めて制定した。織糸、織布工、セイ織、毛染めの毛織物、縮絨工、仕上工、張枠〔張布台〕といった大見出しをつけて条文を並べ、1282年の規約に大幅に追加をしている。338条以下の仕上工に関する規約はほとんどが新規に加えられたもので、ここへきて初めてギルドを想わせるような条文がいくつか顔を出す。「職人が親方になる時にはすぐに30スヘリング納めるべし」〔336条〕、「市外から来た徒弟は最低2年間修業すべし。それ以下は不可」〔341条〕、「徒弟として修業した者でなければ親方になることは不可」〔349条〕、「市外の職人を市内で働かせることは不可」〔350条〕といった具合である[16]。しかしこの段階で手工業ギルドが成立したと言っていいのか、はっきりしない。というのもこの1284年には10人以上の手工業者が集まって集会を開くことは禁止されているからである[17]。また全般的規約は1294年にも293条のものが出ている[18]。

　その他の都市の場合はどうであろうか。残念ながらヘントとイーペルについてはあまりよく分かっていない。ヘントで手工業ギルドが本格的に成立したのは1302年以降とされているが[19]、それ以前の毛織物工業規約はほとんど残されていない。手工業生産者が次第に発言力を強めていたと思われる1297年にフランドル伯が認めた「ヘントの大憲章（la grande charte des Gantois）」の中に毛織物工業関係のものが17項目見られる[20]。しかしそれほど詳しいものではない。イーペルで織布工、縮絨工、仕上工が手工業ギルドを結成したのは1304年のようで、さらに彼らが都市貴族に代わって市政を握ったのは1325年のことであった[21]。ヘントと同じように、ギルド成立以前の毛織物工業規約類はほとんど残っていないようであるが、政治状況が大きく流動化して、直接生産者の声が大きくなり始めた1280年代からの規約が残っている。毛織物工業の全般的規約〔1282〜1309年〕が69条、高級品毛織物工業に関するもの〔1284年以降〕が3

つで、計45条になっている[22]。ヘントとイーペルの場合、このように手工業ギルドがいつ成立したか正確には分からないし、ブルッヘでみられるような工業規約がもっと古くから存在したかどうか不明であるが、毛織物工業のあり方がブルッヘとは大きく違っていたとはまず考えられない。おそらく手工業ギルドの成立以前にすでに類似の規約にもとづいて工業規制が長い間行なわれていたものと考えるのが自然である。

　南部の都市サン・トメールでも1302～06年に社会的混乱が続き、その過程で都市貴族による市政が覆され、直接生産者に有利な体制が出来たといわれている。しかし手工業ギルドがいつ作られたかはっきりしない[23]。エスピナとピレンヌの史料集には、1250年頃から1325年までのさまざまな規約を344条にまとめて載せている[24]。時代的には1270～80年代のものが多く、その内容も広範囲にわたっている。したがってサン・トメールでも早い時期から品質管理の体制が作られていたことが分かる。セイ織に関する規約もいろいろ見られるから、何も製品の高級品化が始まってから規約が作られたわけでもない。またアラスの場合は「二十人会（Vingtaine）」という組織が手工業ギルドの成立以前からあり、この組織が中心となって毛織物工業の規制を行なっていた。この組織がいつ成立したか分からないが、仕上げ工に関する規約は1236年以前のものが残されているから、かなり古くから何らかの規制が行なわれていたものと考えられる[25]。現在分かっている詳細な規約は1340年代以降のもので、この頃にはすでに手工業ギルドは成立していたものとみられる。リールについては関係の史料が残っていないようである。

　他方、ギルドが存在しなかったというドゥエについて見ると、正確な日時は不明ながら、1250年頃に市当局の公示という形で、職種ごとにかなり詳細な規約が出されている。織布・整経について21条、織布・緯糸に24条、縮絨・仕上げに56条、張布に23条、染色に97条など、計221条に及んでいる。またその後も1275年頃まで何度かこれらの手直しがなされている[26]。入念な規制という点では、のちに手工業ギルドが成立する都市にひけをとらない。ドゥエは、このように毛織物工業規制が古くから行なわれていたにもかかわらず、なぜ手工業

ギルドの成立を見なかったのか、中世都市のひとつのあり方を示すものとして興味深い。

　以上、いずれの都市についても、手工業ギルドがいつ成立したか、正確な日時は分からないながら、それ以前からすでに毛織物製品の品質管理を目指した規約が作られ、規制が行なわれていたことは確実である。従来どちらかといえば、手工業ギルドが成立することによって包括的で詳細な工業規約の制定が容易になり、その動きが加速されていったと考えられてきたが[27]、必ずしもそうとばかりは言えない。その歴史はもっと古いと言うべきで、おそらくフランドルの毛織物工業が輸出工業としてその態勢を整え始めた頃から、すでにこうした規約はまだおおまかな形とはいえ、現われていたのではないか。エスピナとピレンヌが編纂した史料集を見る限り、詳細な規約が出てくるのは13世紀半ば以降のことである。そのためコールナールは13世紀半ば頃になって法的規制の必要性が出てきたのであって、それまではいかなる規約も見られなかったと言う。そのきっかけになったのはフランドルの毛織物工業が高級品を作り始めたことにあるとも言う[28]。しかしこうした規約は、当時まだ正規の毛織物とは認められていなかったセイ織製造にも現われているから、必ずしも製品の高級品化にだけ関係しているとも思われない。またアラスでは、コールナールの言う13世紀半ばよりも前の1236年以前に出された規制もある[29]。フランドル毛織物工業は、ギルドが成立するよりもはるか以前から、良質と公正を掲げた工業規約とともに成長していったのではないかと思われる。ここにフランドル毛織物工業のひとつの先進性を見てもいいのではないか。

3）手工業ギルド成立以降の都市毛織物工業の品質管理

　そこで問題となるのは、手工業ギルドが成立した後、これらの全般的毛織物工業規約はどうなったかということである。そのまま継続されたのか、廃止されてしまったのか、それとも新規に成立した手工業ギルドの規約に吸収されてしまったのかということである。というのも、手工業ギルドは基本的には自治的組織で、都市当局の同意の下に、それぞれギルド規約を持って、それにもと

づいて組合長以下の役員を自ら選出し、その組織を運営していたからである。毛織物の品質管理は今や市当局の手を離れて、ギルドに委ねられることになった。職種によって、また地域や都市によって、さまざまな例外があることは言うまでもないが、いずれにしてもギルドの成立によって、従来の毛織物工業規約とは別個の規約が当然作られたはずで、場合によっては従来の品質管理のやり方が大きく変わっていくことも考えられる。以下、都市ごとに順にみていきたい。

ブルッヘでは1303年に手工業者がギルドの設立を認められたようで、1304年には早くも毛織物工業関係のギルドが中心となって市政を掌握している[30]。したがってこれを画期にギルドの利害を優先させた政策が出てくる可能性は大きかったと思われる。しかし毛織物の品質管理に関わる新たなギルドの規約は残念ながら見当たらない。さりとてそうした規約なしに自由に毛織物生産が行なわれていたとも考えにくい。織布工ギルドについてはそれから100年余り後の1408年の規約〔全62条〕と、もうひとつそれと同じ頃と思われる規約〔全28条〕が伝えられている[31]。この２つを見る限りでは、製品の規格に関する条文は若干みられるが、製品の検査、鉛印といった品質管理に関するものは影をひそめている。それに代わって入職制限や入職資格について条件をいろいろ定めている。それでいて従来の毛織物工業規約が廃止されてしまったり、別のものに取って代わられた形跡もない。こうした状況を考えると、1304年以前に出されていた毛織物工業の全般的規約は、手工業ギルド成立後も個々の職種のギルド規約とは別個のものとして存続していたと思われる。つまり織布工、縮絨工、染色工、仕上工などの個別のギルド規約と全般的毛織物工業規約の２本立てになっていたとみられる。そうした全般的規約は、ギルド成立以前に都市当局主導で作られたにしても、その後のギルド体制には障害とならず、両者は親和的な関係に立って存続したとみるべきであろう。

ヘントでも織布工ギルドが中心となって市政の権力を握った1302年以後、詳細な毛織物工業規約が出されたのかどうかはっきりしない。伝来している史料としては1324～62年に仕上工に関して出された規約が全部で109条あるだけで

ある[32]。ボーネが最近発見した毛織物工業に関する市の条例は1456年ないしはその前後のもので、全部で122条とかなり詳しいが、必ずしもギルド成立直後の変化を窺わせるものにはなっていない[33]。他方織布工ギルドが旧来の特権にしがみつき閉鎖性を強めていったことを示すギルド規約は1359年と1367年にフランドル伯より認められているが、そこでは毛織物工業の品質管理に関わるような条文は何もない[34]。織布工ギルドがしばしば大きな権力をふるったヘントでは、品質管理の強化を目指した毛織物工業規約は他の都市以上に詳細をきわめたのではないかと考えられるが、大方の予想に反してそうはなっていない。ギルドが成立したからといって必然的に煩瑣な工業規約がそれに続くというものでもないようである。ただヘントでは1539～40年の手工業ギルドの反乱を機に、1540年皇帝カール5世がギルドの特権と財産をすべて剥奪するという事件が起きているから、伝承された史料が極端に少なくなっているということは考えられる。

イーペルでは1304年に手工業ギルドが成立し、1325年に手工業ギルドが都市貴族に代わって市政を担当した。こうした変化をうけて、4種類の高級品毛織物について191条、粗質品毛織物について14条、織布工について36条、縮絨工について114条というように詳細な毛織物工業規約が出ている[35]。ただしはっきりした日付は不明で、14世紀半ばから後半にかけてのもののようである。もし、よくいわれているように、ギルドの成立以後詳細な規約が作られるようになったと言うのであれば、イーペルがもっともよくそれにあてはまる都市かもしれない。しかしイーペルでも個々の手工業ギルドの規約があったのかどうかは明らかではなく、さりとてギルド規約がこれらの全般的規約の中に取り込まれていたとも読めない。おそらくイーペルでも個別のギルド規約と毛織物工業の全般的規約の2本立ての体制になっていたものと考えられる。

南部の都市ではどうであろうか。アラスについてはその後の動きは分からないが、サン・トメールではギルド成立後の1350～75年頃に毛織物工業規約が改訂されたほか、1367年には毛織物工業に関する全般的規約が出ている[36]。おそらく手工業ギルドの利害との調整を図ったものとみられ、したがってサン・ト

メールでは、従来あった詳細な規約はそのまま維持されず、ギルドの成立後に新しいものに作り替えられたとみていいであろう。ただサン・トメールの場合、他の都市とは違って、そのきっかけになったのはサン・トメールの毛織物製品の品質が問題になり、あらゆる市場で取引を拒否されたことであったという。したがってその改善策として、新たに規約を制定したということになる。しかしそれにもかかわらず市内の織元が1383年に毛織物の鉛印を偽造して、輸出向けではない粗質毛織物を高級品毛織物として偽ってシャンパーニュの大市に送り込んだ。しかし偽造が発覚して、以後27年間にわたってサン・トメール産のすべての毛織物が取引停止になったという[37]。先の規約の改定も新たな全般的な規約も効果がなかったようにみえる。シャンパーニュの大市はこの頃にはかなり廃れていたと思われるから、サン・トメールにとって実質的な影響がどの程度出たのかよく分からないが、サン・トメールの商工業はこの頃多くの商人や手工業者が去ってしまい非常に苦しい状況にあったといわれている。そうした切羽詰った状況が毛織物工業における不正行為の増大につながったとも考えられる。さらに1433年にもハンザ商人から毛織物の長さや幅が足りないという苦情があり、市当局は検査の強化に乗り出したが、その後もロシアから同じような抗議を受けたという[38]。こうした欠陥毛織物の抗議や苦情がフランドルの中ではサン・トメールだけに集中しているのはなぜなのか、その背景は残念ながらよく分からない。ただこうしたサン・トメールの事例だけから、フランドルの他の都市でも多かれ少なかれ事情は似たようなものであったはずだ、とこれを一般化することはできないように思う。

　ギルドの存在しなかったドゥエでは、1390年と1394年に全般的な毛織物工業規約が出ているが、どちらも詳細なものではなく、26条と19条というこぢんまりしたものである。その後1403年から1407年にかけて、合わせて130条の規約が市当局の公示という形で出ている[39]。ドゥエでもそれまでに出された規約が撤回されたり、無効にされた形跡はないから、大きな変化はなかったものとみられる。

　以上を簡単にまとめると、フランドルの都市毛織物工業では、ブルッヘ、ア

ラス、サン・トメール、ドゥエのようにギルド成立以前から都市当局の主導で毛織物工業に関する全般的な規約が作られ、それにもとづいて毛織物製品の品質管理をかなり厳格に行なっていた都市と、イーペルのようにギルド成立以後本格的に毛織物工業規約が作られた都市があった。ヘント、リールについては残されている史料からどちらともいえないようである。はっきりしていることは、厳格な品質管理はギルドだけの独壇場ではなく、ギルド以前からの長い伝統があったということである。ピレンヌやアブラハム・ティスが言うように、フランドルという語が単に地名を指すばかりでなく、良質品という望外の意味まで獲得できたのは、そうした長い努力の歴史があったからではないか。ただギルド成立以前の時代に、何が都市当局をしてそうした努力に向かわせたのか、その背景はよく分からない。常識的に言えば、毛織物製品の輸出が一過的なものでなくなり、恒常的な経済活動の一環になった以上、製品にきちんとした品質保証を与えなければ、取引の継続性は望み難かったということであろう。取引する商人の強い求めに応じて生産者が受動的にいやおい品質管理の体制を整えていったと言うべきなのか、それとも生産者が自発的、かつ積極的に"ものづくりはかくあらねばならぬ"という意地と責任感で臨んだからなのかよく分からない。いずれにしても手工業ギルドが成立する以前には都市当局主導で、換言すれば市政を独占していた都市貴族や大商人の主導で、こうした品質管理の体制が作られていったことははっきりしているから、そこには当然直接生産者の意向は反映されず、彼らの利害は一方的に犠牲にされていたはずだ、と直ちに断言することもできない。むしろそうした体制は直接生産者の利害にも適うものとして支持されていたと見るべきである[40]。やがて手工業ギルドが市政を掌握してもこうした体制は強化されることはあっても、廃棄されることはなく、毛織物工業政策には断絶がみられなかったことがこれを裏付けている。

4）農村毛織物工業の品質管理──ホントスホーテの場合──

　フランドルでは早い時期から都市の毛織物工業とならんで農村にも毛織物工業が知られおり、ホントスホーテのセイ織やヒステルのセイ織は早くから地中

海方面では重要な輸出品になっていた。農村工業では高級品毛織物ではなく、もっぱら粗質品毛織物や軽毛織物が作られていたとはいえ、輸出品となっていた以上当然製品の品質管理は避けて通られず、基本的には都市工業と同じように問題になっていたはずである。そこで農村工業ではどのようにして品質管理に取り組んでいたのか、都市工業とは何か違いがみとめられるのか、ここで考えてみたい。

　フランドルの農村毛織物工業としてもっと早くから知られているのは13世紀のヒステルやホントスホーテのセイ織工業であるが、史料が乏しく当時のことについては具体的にはよく分からない。ヒステル (Gistel) は、その後1365年にいたりフランドル伯ルイ・ド・マールからそれまでの規約を変更し、新しい規約を定めて毛織物を生産し、そのための監視組織を作ることを認められた[41]。それまでの規約の変更ということになっているから、時期は分からないが、それ以前にも同じような規約があり、検査人などを抱える監視組織が存在していたことを窺がわせている。

　ホントスホーテも1374年同じく伯ルイ・ド・マールからセイ織の生産を認められている[42]。ホントスホーテは古くからセイ織を作り、それが住民の生活を支えてきたが、今やそれもすっかり落ちぶれ、昔のような良質の製品が作られなくなっているので、なんとかこれに対処したいという住民の請願に応えて、伯が特許状を交付したという形になっている。したがってホントスホーテでもセイ織生産の歴史は古いことが分かる。しかしこの頃にはセイ織生産は振るわず、その品質にも問題が出ていた。そのため新たにセイ織の規格を定め、検査を義務付け、検査人を任命することになった。ただこの特許状はこれ以前にも同じような規約や監視組織があったかどうかについてはふれていない。農村が伯権力とは無関係に自由に毛織物工業を営むということはまず考えられないから、領主からの認可を機になんらかの規約や組織が作られた可能性は十分ある。そうした歴史をふまえて、1374年にあらためて態勢の立て直しを図ったものと考えられる。この2つの農村が領主から特許状の交付をうけた経緯から判断すると、14世紀の農村工業にも都市並みとはいかないまでも、それに近いような

何らかの品質管理の方法が講じられていたことは確実である。農村であるからといって、そこの生産者がまったく自由気ままに作っていたわけではない。農村にはもちろんギルドはないが、しかし農村工業はまったく自由であったわけではない。

すでに見たように、ホントスホーテのセイ織工業は14世紀以降しばらく低迷していたが15世紀後半に急速に蘇り、16世紀にかけてフランドルの代表的な農村工業になる。そしてその全盛期と思われる1534年にセイ織工業に関する最初の全般的規約が制定されている。セイ織の検査人〔8条〕、セイ織の規格、製造、検査等〔24条〕、織布工〔16条〕、縮絨工〔7条〕、煮絨工（conreeder, conroyer, corroyeur）〔7条〕、仕上工〔6条〕、染色工〔5条〕、セイ織の取引商人〔4条〕という具合に計77条に及んでいる[43]。それから37年後の1571年には第2回目の全般的規約が出され、条文は新たに50条増えて計128条になっている。セイ織の検印税の請負人、織元、織糸の購入、羊毛の検査などについての規定が新たに加えられている[44]。さらにその5年後の1576年にも規約の改訂がなされ、1条減って全127条になっている。いずれの規約もほとんどが各種セイ織の規格、製造方法、検査、羊毛や織糸の調達などに関わるもので、厳格な品質管理を目指していることが分かる[45]。検査人（warendeerders, warandeer(d)ers）も任命されている。こうした詳細な規約と監視組織を見ると、われわれが農村工業について漠然と懐くイメージとからはほど遠い、都市工業まがいの実像が浮かび上がってくる。セイ織は、すでにふれたように、正規の毛織物工業としては認められていなかった軽毛織物工業の製品であった。それにもかかわらず、このように正規の毛織物工業さながらに厳格な規制が行なわれていたことは注目に値する。

こうした詳細な規約を目にすると、農村にも手工業ギルドがあったのではないか、とさえ思いたくなる。実際コールナールは、たしかにホントスホーテには農村でありながらギルドが存在していたと言っている[46]。コールナールといえば、このホントスホーテのセイ織工業史を本格的に研究し、それを浩瀚な著書にまとめた研究者で、フランドルの農村工業史研究のパイオニア的存在であ

る。その彼が"ギルド"と言うのだから、重みがある。このコールナールの著作を紹介し、書評を書いたポスチュムスも、コールナールの言葉をそのまま踏襲して「ホントスホーテにはギルドが存在していた」と言う[47]。ところが同世代のファン・ハウテは、ホントスホーテにはギルド的組織はまったくなかった、とコールナール説を真っ向から否定している[48]。こうなると、はたしてどちらに分があるのか、身構えてしまうが、答えは簡単で、要するに"ギルド"という語の使い方次第であることが分かる。

史料集でホントスホーテの1534年の規約を見ると、たしかに「織元は全員聖ニコラースのギルド（de ghilde van S. Nycolaeys）に入り、少なくとも年に2スヘリング寄付すべし」とある[49]。したがって「ギルドが存在していた」とコールナールが言うのは、それはそれとして正しい。しかしこの中世フラームス語〔オランダ語〕のghildeという語は、商人ギルドや宗教的な任意団体組織である兄弟団〔信心会〕（broederschap）を指すのが普通で、手工業ギルドには一般的には使われなかったらしい[50]。このことを裏付けるように、ホントスホーテのこの「ギルド」への加入は、1534年の最初の規約ではセイ織の織元だけに限られていたのが、1571年の規約からは煮絨工、染色工、乾式仕上工にも広げられ、しかもセイ織を商う商人にも広げられるというように、手工業ギルドの枠を明らかに超えていた[51]。これは、都市の毛織物工業関係のギルドが織布工、縮絨工、染色工、仕上工といった主要な職種ごとにそれぞれ別個に組織されたのとは、様相を異にしている。その意味でこの"ギルド"は手工業ギルドとは一線を画している。

コールナールも実はこのことには気付いており、この"ギルド"は宗教的コンフレリーであったとも言っている。"ギルド・コンフレリー（ghilde-confrérie）"という語も使う[52]。ただそれを言う前にやや唐突に「織元のギルド」としてこれを取り上げ、加入強制などを論じてしまったために、「手工業ギルド」と誤解されてしまった感が強い。ファン・ハウテがギルド的組織の存在を否定するのは、手工業的ギルドのことを意識しているからで、そう考えると、彼の言い分も正しい。

ホントスホーテの全般的セイ織工業規約には、手工業ギルドの入職制限とも読めるような条文もあることはある。例えば「市外からやって来た人は１年間居住していなければ製造に携わることは不可」〔第２章23条、1534年〕、「住民以外の人は毛織物製造に携わることは不可、入職希望者は〔教会の〕祭壇に12ポント、貧者のために48ポント支払うべし」〔第３章18条、1571年〕といった具合である[53]。計60ポントにも及ぶこの金額では、たとえ住民であっても、入職は事実上閉ざされているに等しく、きわめて閉鎖的な組織になっている。1560年代には年平均10万反近いセイ織を生産し、1561年だけでも300人の徒弟と34人の親方〔そのほとんどが村外からの人〕が新たに入職してくるほど、セイ織工業は活気を呈していたというから[54]、この条文とのギャップは大きい。1570年代に入り、過熱気味の同工業になんらかのブレーキをかける必要があって、こうした条文を付け加えたとも考えられるが、このセイ織工業の全般的規約に、それとは別の兄弟団の規約を紛れ込ませたところに問題があるようである。もともとセイ織工業に関わる織元の宗教的兄弟団であったものが、セイ織工業の目覚しい発展とともに次第に手工業ギルド的な組織に変質していったか、あるいは手工業ギルド的な機能を持たされるようになったのではないか。いずれにしてもこの「聖ニコラースのギルド」は兄弟団のようなもので、手工業ギルドではなかったとみていいであろう。さしあたりこのように考えておきたい。

5）農村毛織物工業の品質管理――レイエ川沿いの新毛織物工業の場合――

　次は14世紀から15世紀にかけてフランドルの農村毛織物工業の中心地であったレイエ川沿いの新毛織物工業である。この地域を取り上げる場合少々やっかいな問題があるので、まずそれに少しふれておきたい。いま農村毛織物工業の中心地と簡単に言ってしまったが、実はこのレイエ川沿いの新毛織物工業所在地については、農村か都市か、その区別が判然としないというやっかいな事情がある。したがってこのように簡単に農村毛織物工業と言ってしまうと、厳密さを欠くことになる。現在のベルギーの研究者は中世後期については、大都市、小都市、農村というように分類している[55]。大都市とは都市法をもった自治都

市のことで、市壁で空間的に画された都市でもある。フランドルの7大都市などがこれに当たる。問題は小都市で、レイエ川沿いのウェルヴィク、コミーヌ、メーネン、コルトレイク、少し離れているがポーペリンゲなどは小都市と分類されている。自治都市でもないが、さりとて農村でもなく、その中間の商工業集落ということになる。当時の史料でも農村になっていたり、都市とされていたりしてはっきりしない。例えばカール5世が1545年に発給したフランス語の文書は、ウェルヴィク、コミーヌ、ワルヌトン、ポーペリンゲなどを農村（village）としている。またこの史料を史料集に収録した編纂者もこれらを〔小〕都市とはせず、そのまま農村として紹介している[56]。他方それよりはるか以前の1389年や1392年のウェルヴィクの史料ではそこは都市（ville）となっており、1397年のフラームス語の史料では農村（dorpe, doorp）となっている。さらに15世紀後半の毛織物工業規約ではまた都市（stede）として出てくるといった具合である[57]。コミーヌやポーペリンゲについても似たような状況にある。ただコルトレイクとメーネンについては農村（dorp）という表記は見当たらない。都市と農村のどちらに分類するかによって史実の解釈が大きく変わってしまうので慎重にならざるをえないが、本書ではさしあたりウェルヴィク、コミーヌ、ポーペリンゲは純然たる農村ではないが、工業活動の盛んな農村とみなして議論を進めていきたい。メーネンもおそらくそれに入ると思うが。

　この地域で何よりまず注目されるのは、ウェルヴィクの新毛織物工業である。ウェルヴィクがフランドル伯ルイ・ド・マールより毛織物製造を認められたのは1359年3月のことで、それと引き換えに伯に検印税を納めることになった[58]。この時の特許状では、従来の毛織物製造の慣行をそのまま認めるという形を取っているので、それ以前から毛織物が作られていたことが分かる。おそらく工業規約も存在していたのであろう。しかし1397年に大火があり、そうした類いのものは焼失したらしく、同年4月全67条からなる全般的毛織物工業規約を制定した。急いで記憶をたどりながら規約を作り直したせいか、条文の配列にはまとまりがなく、にわか仕事であったことを窺わせている。しかしその後次第に手直しを加えていったようで、何年の年月を要したのか不明であるが、やが

て織布工関係に68条、縮絨工関係に58条、検査について38条が付け加えられ、全231条から成る工業規約が出来上がった[59]。そして1466年から1480年にかけて、これにさらに改訂を加えて、なんと全385条という都市工業顔負けの大規模な規約が作られた[60]。その章立てを見ると、羊毛〔26〕、検査人〔41〕、縮絨後の計測人〔7〕、仲買人〔32〕、雑用係〔22〕、張枠〔66〕、毛織物工業全般〔52〕、織布〔74〕、縮絨〔55〕、染色検査人〔10〕となっており、きわめて詳細な規約になっている〔カッコ内の数字は条文数〕。検査人（hallemeesters, wa(e)rderers, gheswornen）に関する条文はまとめて示し、検査体制に重点を置いていることが分かる。一般的な農村工業のイメージからは大きくかけ離れていると言わなければならない。

　ウェルヴィクは農村工業にしては最後までイングランド産の最高級羊毛にこだわり、ディッケディネ織などの最高級品の毛織物を手がけていた。またイタリア商人やドイツのハンザ商人が直接ここに乗り込んできて生産者に指示を与え、その製品を輸出していた。その結果ウェルヴィクという名前はその最高級品毛織物とともに14世紀後半から15世紀にかけて西ヨーロッパでは広く知られていた。詳細な規約が作られた背景にはこうした事情もあったのであろう。規約が詳細であればあるほど、よい製品が作られるというものでもないが、最高級品の生産はこうした周到な品質管理に裏打ちされていたという意味では、ウェルヴィクはホントスホーテなどと同じく、フランドルの農村工業の典型的なあり方を示していると言ってもいい。

　コミーヌは1352年から数回にわたって領主より毛織物製造を認められたが、現実にはもっと古く13世紀半ばからすでに毛織物製造は始まっていたようである。1451年に全59条からなる全般的規約を作ったが、実際にはもっと古い規約もあったと思われる[61]。他方メーネンの場合は1351年にフランドル伯より毛織物工業規約を制定して、毛織物を製造することを認められ、1402年にも毛織物工業規約を作ったようであるが、1548年の大火で史料を焼失したせいか、毛織物工業規約は16世紀半ば頃のもの〔全53条〕しか伝えられていない[62]。またレイエ川から少しはずれるポーペリンゲはもっとも活動的な農村工業の中心地の

ひとつであるが、毛織物工業規約は16世紀半ばのベイ織工業に関するものしか残っていない。

　これらレイエ川沿いの主だった農村工業はいずれも全般的な毛織物工業規約を制定して新毛織物を作っていたことははっきりしている。ウェルヴィクのようにそれが際立っていたところもある。この点では都市工業と事実上何も変わるところがない。しかもマンロは、コルトレイク、ウェルヴィク、メーネン、ワルヌトンでは織布工、縮絨工、仕上工には手工業ギルドまであったと言う[63]。たしかにウェルヴィクの15世紀半ばの史料には weifambacht、vulambacht という語が見えており、それぞれ織布工ギルド、縮絨工ギルドと訳すことは可能である。この史料の編纂者は前者を corporation des tisserands というフランス語に訳している。コミーヌにも weef(ambachte) や vulle ambachte が出てくるし、またポーペリンゲにも weifvambachte, weefambachte が出てくるから、これも手工業ギルドと見て、見られなくもない[64]。ただしメーネンにはこうした語は見当たらない。コルトレイクは農村ではなかったから除くとしても、もしマンロが言うように農村にもギルドがあったとすれば、都市工業との違いはますます小さくなる。ただ少し気になるのは、ウェルヴィクやコミーヌ、メーネンなどに手工業ギルドがあったとしても、その全般的毛織物工業規約の中にはギルドであることを示す条文はほとんど見当たらないことである。したがってギルドそのものに関する規約は別個に定められていたとも考えられるが、そうなれば都市の場合と同じように規約は2本立てということになる。しかしそれがどのような内容なのか、史料がなくて分からない。ただコミーヌにはひとつだけ織布工のギルド規約とおぼしきものが残されている[65]。

　今ふれたように、マンロはレイエ川沿いの農村工業には手工業ギルドが存在していたと言うが、彼の見方にも問題がないわけではない。たしかに史料の中には weifambacht, weefambachte, vulambacht といった語が出てくるが、ambacht(e) あるいは ambocht(e) という語はギルドという意味のほかに、単なる手工業という意味や、織布業、縮絨業という場合の"……業"にあたるようなもっと一般的な意味もあるので、こうした表記から直ちにギルドと断定しにく

いところもある。現代のフラームス語ではambachtsgildeといえばまず間違いなく手工業ギルドのことを指して使うが、中世にはこの語は見当らない。

6) 農村毛織物工業の品質管理――新種の紡毛織物工業の場合――

　最後は15世紀半ば頃から16世紀にかけて純然たる紡毛織物を世に送り出したアルマンティエール、ニーウケルケ〔ヌーヴエグリーズ〕、バイユール〔ベレ〕の農村工業についてである。現在のベルギーの研究者の分類では前２者は農村とされており、バイユールもカール５世の文書では農村になっているから、いずれも農村と見てまず問題はないであろう。ただしアルマンティエールは毛織物工業の急速な発展の結果、1532年に都市に昇格して市壁をもつにいたっている[66]。

　アルマンティエールは1413年にブルゴーニュ侯ジャンより、毛織物製品に付ける検印が戦乱により失われたとして新たな検印をもつことが認められた[67]。したがって毛織物の製造はもっと古くから行なわれていたことは確実である。そして1510年にいたり最初の全般的毛織物工業規約を制定した。最初から110条という詳細な規約である。さらにその２年後の1512年にこれを改訂して全122条にし、1518年にも改訂して40条を加え全162条となった。そして毛織物工業が全盛期を迎えていた1532年、おそらくこの年の都市への昇格に合わせたのであろうが、新たな手直しを加えて全217条、1535年には全216条、1538年には全227条というように頻繁に規約を改め、かつ詳細なものにしていった[68]。最初の規約から刷毛工への言及があり、1532年の規約で初めて経糸の刷毛工も出てくるので、縦糸・緯糸とも紡毛糸の紡毛織物が作られていたことが分かる。都市への昇格後は規約が一段と詳細なものに拡大されている。規約の内容は主に原料羊毛、製品規格、製造方法、検査、鉛印、検査人（eswars）、監視組織などに関するもので、はっきりとギルドの存在を窺がわせるような条文は見当たらない。

　ニーウケルケは1358年に領主ルイ・ド・ナミュールから毛織物工業規約を制定する特権を認められ、全７条のごく簡単な毛織物工業規約でスタートした[69]。

その製品は一応ラーケン織と呼んでいるが、軽毛織物に近いようなものであったと見られる。これにはもちろん検査をし、検印を付けることになっていた。ニーウケルケは周辺の農村工業を抑圧していたイーペルとしばしば対立をくり返し不安定な状態にあったが、1449年にパリ高等法院の決定によりイーペルとの対立に終止符を打ち、スペイン羊毛、スコットランド羊毛、地元羊毛を使って粗質毛織物のドゥック織の製造を認められた[70]。さらに1455年にブルゴーニュ侯シャルルより1358年の特権が再確認され、これをうけて1462年に全47条よりなる全般的毛織物工業規約を定めた[71]。ここでは先のドゥック織以外にラーケン織も認めているが、それが紡毛織物であったかどうかははっきりしない。その後16世紀に入り何度か規約の手直しがあり、1551年から53年にかけて全42条の改訂版が出て、1555年に新たな全般的規約全74条が制定された[72]。ここでも原料羊毛、製造方法、検査、検査人と監視組織などについて定められており、検査人（waerderers, warendeeres）をおいて品質管理に力を入れていることが窺える。ギルド的なものはない。

バイユール〔フラームス語ではベレ〕は農村というよりは小都市に近かったようであるが、1545年のカール5世の文書では農村とされている。毛織物工業の歴史は非常に古く13世紀半ばにすでにスペインに輸出されていたことが分かっている[73]。小都市、農村のどちらであったにせよ何らかの工業規約はあったものと思われるが、毛織物工業関係の史料はほとんど残っていないようで、どのようなものであったか分からない。16世紀には"重いベレ・ラーケン織（zware belsche lakenen）"が作られ——チョーリーはこれを純然たる紡毛織物と見ている[74]——、これが16世紀後半にブルッヘやオランダのレイデンに伝えられ、その時に"ベレ・ラーケン織規約"が制定された。ここから間接的にその姿を窺えるだけである[75]。イングランド産やスペイン産の最高級羊毛にこだわっていたようで、その意味でも品質管理にはかなり気を配っていたのではないかと思われる。

　フランドルの主だった農村毛織物工業の品質管理の体制は大体以上のような

ものであった。従来ややもすれば農村工業には漠然と"自由"のイメージを懐き、都市工業との違いを強調する傾向があったように思う。これは何も日本人の研究者だけでなく、程度の差こそあれ、欧米の研究者にも言えることである。しかし中世後期の早い時期から輸出工業にまで発展していたフランドルの農村毛織物工業には、何の工業規約ももたない自由な農村工業などまず皆無で、その意味では都市工業とは本質的に大きな違いはなかったと言っていい。ホントスホーテやウェルヴィク、アルマンティエールなどは大都市顔負けの詳細な工業規約を制定しており、ある意味では都市を凌いでいるとさえ言ってもいい。それらと大都市の工業規約を比較して見ても本質的な違いを窺わせるものは何もない。しかもギルドまがいの監視組織まで持っていたとなれば、都市工業との距離はさらに小さくなる。

　ここで"ギルドまがいの"と言って、"ギルド"と断定的に言わないのは、都市の手工業ギルドに一般的に言われている一人一職的生業原則、対内的平等および対外的独占の原理を掲げた条文がはっきりとは見えず、ギルド像が明瞭に浮かび上がってこないからである。もちろん欧米の研究者の中にもフランドルの農村毛織物工業にギルドを見出し、これを農村ギルドだと結論付ける人がいないわけではない[76]。近年ドイツでも農村ツンフトの広範囲な存在を指摘する議論があり、例えばシュルツは、田北廣道氏によれば、「農村には、従来考えられてきたよりはるかに多くの手工業ツンフトの組織が存在しており、実際のところ、農村手工業にとってツンフトは原則と言えるほどであった」という[77]。なかなか刺激的な議論で、フランドルの農村毛織物工業論にも当てはまりそうな気もするが、それを言うには、ツンフト〔ギルド〕の定義をもっときちんと詰める必要があるのではないか。最低限どういう条件が揃えばツンフトと言えるのか、基本的には都市のツンフトと同じでなければならないのか、どこまでが都市のツンフトとは違っていても構わないのか、これらをはっきりさせておくことはどうしても必要である。品質管理のための規約がいくら詳細をきわめても、それだけですぐにギルドと断定するわけにはいかないように思われるからである。すでに見たように、手工業ギルド成立以前のフランドルの都

市にも品質管理のための詳細な規約だけを備え、ギルド的原理を欠いた工業監視組織があった。少なくとも手工業ギルド成立以前の全般的毛織物工業規約はそういうものであった。のちほど改めて取り上げるが、16世紀のブルッヘにはギルドとは無関係であることをわざわざ謳った、それでいて詳細な工業規約をもった監視組織が次々と作られるし、オランダのレイデンのネーリング制などもまさにこうした組織であった。

　フランドルの農村毛織物工業を見ていて気になるのは、詳細な、場合によっては煩瑣ともいえるような工業規約がはたして誰のイニシアチヴで作られたのかという点である。それははたして農村工業の存在を認めた領主の意向の反映であったのか、外国人商人に毛織物を売りさばく商人の要求に従ったものなのか、あるいは農村の直接生産者が進んで近隣都市の毛織物工業を見習って規約を定めたものなのか。詳細な工業規約は作るのは簡単であっても、これを農村工業の生産者に徹底させることは簡単なことではないと見られるから、領主なり商人なりが"上から"強制したり、圧力を加えたりした方が周知徹底を計りやすい。したがって領主や商人の意向が強く働いていたとも考えられる。フランドルの毛織物工業史料集を編纂したド・サーヘルらは、領邦君主、つまりフランドル伯やブルゴーニュ侯の意向と思惑が働いた結果ではないか、と見ているようである[78]。ただ直接生産者の側にもこれを受け入れる心構え〔メンタリティ〕がなければ、単なる画餅に帰してしまうおそれは十分ある。そうした心構えは近隣の都市工業と何らかの下請関係の歴史があって培われたものなのか、つまり農民が都市の手工業者から学んだものなのか、あるいはものづくりに関わる伝統的価値観がそういうものとしてすでにあって、それを歴史的文化的な背景として出てきたものなのか、よく分からない。ホントスホーテが1576年にセイ織工業の全般的規約を制定したとき、縮絨工に関する規約に次のような条文を新規に2つ加えた。「この規約は縮絨工の〔入職時の〕宣誓の際に読んで聞かせるべし」〔第5章6条〕、「この規約の全条文の要点を各自の家に掲げ、関係者にその趣旨を徹底させるべし」〔同7条〕[79]。これは規約の周知徹底の方法に言及した珍しい例である。この第7条を文字通りに受け取っていいとすれ

ば、農村の生産者にも識字率がかなり向上していて、そうした方法を取ることがすでに可能になっていたことが窺える。ともかくフランドルの農村工業においても、都市と同様に、生産者は何らかの規約の下に生産に従事しており、営業の自由を牧歌的に謳歌していたわけではない。これははっきりしている。

2．都市工業と農村工業のせめぎあい

今ではほとんど目にすることはないが、フランドルを意味する言葉としてGIBという語がある。これはフランドル北部の3大都市、ヘント（Gent）、イーペル（Ieper）、ブルッヘ（Brugge）のそれぞれの頭文字をつないだもので、「フランドルの3大都市体制」というほどの意味である。中世のフランドルには大小約50の都市がひしめいており、ヨーロッパの中ではもっとも都市化の進んだ地域のひとつであった。このうち南部には4つ〔アラス、サン・トメール、ドゥエ、リール〕、北部には3つの大都市があったが、1191年にアラス、サン・トメールを含む南部沿岸地方がアルトワ伯領としてフランスに割譲され、さらに1305年〔1312年説もある〕にドゥエ、リールを含む南東部のワロン・フランドル地方が同じくフランスに割譲された結果、南部の4大都市はフランドルへの影響力を失い、北部の3大都市だけが政治的発言力を維持することになった。GIBという語はこうした事態を端的に表現するものであった。

中世のフランドルはよく都市国家ないしは都市国家の連合体と呼ばれることがあるが、1305年以降のフランドルではこの北部の3大都市が伯領の統治、経営に絶大な力を揮った。3大都市はその周辺地域を自らの勢力圏（kwartier, quartier）として押さえて、その秩序、平和を維持していく権限をもち、事実上そこを統治していた。つまりフランドル伯領全体が3大都市を中心にして3分割され、さながら都市国家の観を呈していた。フランドルの王宮を支えているのは3本の大黒柱だという強力な自負が都市の側にはあり、3大都市は身分制会議の走りともいうべきフランドル代表者会議（〔het College van〕de Leden van Vlaanderen）を組織して、独自に諸問題を協議し、伯とは対等の立

場に立つ協力者を自認していた[80]。これに対してフランドル伯はブルッヘ自由城代管区（het Brugse Vrije, Franc de Bruges）の代表をフランドル代表者会議に4番目の代表として送り込み、3大都市の権勢を抑えて、伯の発言力を確保しようとした。しかし3大都市の反発は強く、正式にメンバーとして認められたのは14世紀も末のことであった。フランドル伯の権力も3大都市の経済力に負うところが大きかったから、伯としても大都市と定期的に協議してうまく折り合いをつけていくことがどうしても必要であった。こうしたフランドルの権力構造やその時々の政治情勢が毛織物工業のあり方にも複雑な影を落とし、その中で都市工業と農村工業は共存の可能性を残しながらも、それぞれの生き残りを賭けて攻防を繰り広げた。

1）伯権力による農村工業の禁圧

すでにふれたようにフランドルの大都市では13世紀末に頼みにしていたイングランド産上質羊毛の輸入が滞り、直接生産者の間に不安が広がると、その輸入に関わっていた大商人・都市貴族の責任が問われ、彼らへの風当たりが強まった。それまで市政を牛耳っていたのはそうした大商人・都市貴族であったから、これを機に市政への不満も噴出することになった。そこへフランスが介入してきたことも手伝って、1300年頃には大都市は、リールを唯一例外として、反乱や暴動に見舞われ混乱した。そしてヘントでは1302年に、ブルッヘでは1304年に、毛織物工業関係の手工業者が中心となって市政を掌握し、都市貴族中心の市政を一新し、それまで抑えられてきたギルドの結成を積極的に認めていった。イーペルは少しおくれて1325年に手工業者が市政を握った。当初は反フランスという立場でフランドル伯と手工業者は利害を共にしていたので、伯はギルドを基盤とした手工業生産者の要求に沿った政策を進めた。1304年以降は当面ヘント、ブルッヘ、イーペルの3大都市を盛り立ててその政治的、経済的基盤を強固にしていくことは、伯の政治的利害とも一致し、また伯の立場を強化することにもつながった。

市政を掌握し、ギルドを組織した手工業者にとって何よりも優先すべきこと

は、イギリスと友好関係を築いて原料羊毛を安定的に確保し、都市が毛織物工業を独占して自らの経済的基盤を維持強化していくことであった。周辺の農村工業がライヴァルとして都市に脅威を与える事態はなんとしても避けなければならなかった。それには伯の権力を利用して上から農村工業を禁圧することが手っ取り早い方法で、こうして伯権力による農村工業の禁圧が政治日程に上ってくる。そして1314年のヘントを皮切りに、1322年からはブルッヘとイーペルも含めて、3大都市は伯の権力を背景にして時には暴力行為を伴いながら農村工業に対決していった。ギルドの対外的独占の精神が都市本来の枠を越えて強権的に発揮されていくことになった。以下、網羅的ではないがそのおもだったものを都市別にまとめると次のようになる。

時期	禁圧対象地域	発令者
1297年4月	ヘントの周辺3メイル以内	伯ギー・ド・ダンピエール (EP, II, 407)
1302年8月	ヘントの市外	伯の子ジャンとギー兄弟 (EP, II, 412)
1304年3月	上の確認	伯の子フィリップ (EP, II, 400)
1314年7月	ヘントの周辺5メイル以内	伯R.・ド・ベッテュンヌ (EP, II, 417)
1325年2月	上の確認	伯ルイ・ド・ヌヴェール (EP, II, 421)
1322年10月	ブルッヘ城代管区内	伯ルイ・ド・ヌヴェール (EP, I, 158)
1322年10月	イーペルの周辺3メイル以内	伯ルイ・ド・ヌヴェール (EP, III, 883)
1325年2月	上の確認	伯ルイ・ド・ヌヴェール (EP, III, 885)

1342年10月	ランゲマルクととその周辺	伯ルイ・ド・ヌヴェール (EP, III, 601)
1346年12月	ポーペリンゲ	伯ルイ・ド・マール (EP, III, 642)
1349年2月	ポーペリンゲ	伯ルイ・ド・マール (DP, XVIII)
1351年10月	ポーペリンゲ	伯ルイ・ド・マール (EP, III, 647)
1357年1月	イーペルの周辺3メイル以内	伯ルイ・ド・マール (EP, III, 895)
1367年5月	コミーヌ	仏国王シャルル5世 (EP, I, 190)
1392年7月	ポーペリンゲ	侯フィリップ・ル・アルディ (DP, XXIII)
1428年3月	イーペル周辺のの4城代管区	侯フィリップ・ル・ボン (DS, I, 1)

注：1．1メイル（mijl, mile）は約6km。フランス語表記ではリュー（lieue）。
　　2．（　）内は典拠。EPはEspinas & Pirenne、巻数、史料番号、DPはDe Pauw [1899]、付録史料番号（pp. 246-7, 257-8）、DSはDe Sagher et al.、巻数、史料番号。

　もっとも早く動き出したのは伯のお膝元のヘントで、1297年には早くも伯を動かして禁令を出させ、市の周辺2メイル以内に毛織物取引の場所を設けることを禁止し、かつ3メイル以内では毛織物を張枠にかけることと、毛織物および羊毛を染色することを禁止した。これは農村工業の禁圧というよりは、それまで維持してきた周辺農村との下請関係を今後は一定の範囲内に限定することを宣言したものと考えられる。ヘントの業者は1254年にはすでに近くのスィント・ピーテル修道院に毛織物の織布や縮絨を下請させており、紡糸となればもっと広い範囲に及んでいたものと考えられる[81]。そして1302年の禁令は伯ギー・ド・ダンピエールがフランス国王により人質になり不在であった折に、伯

第2章　フランドル毛織物工業における都市工業と農村工業

の子息に認めさせたもので、今度は周辺の範囲を限定することなく、市外で織布し、縮絨した毛織物を市内に持ち込んだ場合には、それを没収の上、罰金に処することになった。そしてこの禁令は1314年に伯自身により確認され、ヘントの周辺5メイル以内をその禁制圏として範囲をさらに広げて、そこでの毛織物の製造を禁止した。ニコラスはこれにより紡糸〔紡績〕も5メイル以内では禁止されたと見ている[82]。そして違反の疑いがあるときには探索をして、もし織機、縮絨桶、張枠などが見つかったときには、差し押さえて市内に持って帰ることが認められた。これは1325年にも伯により再確認された。

　エスピナとピレンヌが編纂した史料集には、ヘントが周辺農村の違反摘発のために監視団を組織して派遣したことを示す史料が収められており、これによるとそうした摘発は1314年9月から始まって、1359年までの45年間に22回に及んでいる[83]。1320・30年代に多く行われたことが分かる。探索の対象になった農村は約18を数え、1331年8月にはあわせて、農村の武器狩りまで行われている。1332年には見つかった織機は差し押さえではなく、その場で打ち壊してしまったように読める。ヘントは農村工業を阻止するためには実力行使さえ辞さないという強い態度を一貫して見せていたように思われる。しかし15世紀になるとこうしたヘントの強硬な姿勢にも変化が現われ、敵対的な対応を見せなくなったという。スターベルは、農村工業へある程度は依存した方が有利であることを改めて認識したからではないかと見ている[84]。

　これに対してブルッヘは農村工業にはあまり神経質にはなっていなかったようで、禁令は1322年10月のものしか知られていない。これによるとブルッヘ城代管区〔シャテルニー〕内の農村では織機などの道具類の所持が禁止され、見つかった場合には差し押さえてブルッヘに持ち帰ることになっていたが、毛織物製造を全面的に禁止したものではなく、粗質品に限って認めていたようである。マンロによれば、ブルッヘは周辺の農村工業が危険な競争者にならない限り敵対的態度をとらず、その製品をブルッヘに持ってきて売ることも認めていた[85]。世界市場ブルッヘとしてのゆとりを見せていたというところか。

　しかしなんといっても農村工業にもっとも厳しく敵対したのはイーペルであ

った。しかもそれは200年あまりにわたって執拗に続いた。イーペルの禁制圏内〔3メイル、約18km〕にはポーペリンゲ、ランゲマルク、ニーウケルケ、ワルヌトンなどの農村毛織物工業があり、またそのすぐ近くにはウェルヴィク、コミーヌなどの有力な農村工業が控えていたことも、イーペルの立場を非常にむずかしいものにしたことは間違いない。このうちウェルヴィクやワルヌトン、ポーペリンゲは13世紀末以来イーペルのために準備工程や紡糸工程を担当していた[86]。ニコラスによれば、ポーペリンゲでは事実上すべての住民がイーペルの毛織物工業の下請として働いていたという[87]。おそらくこれ以外の農村も何らかの形で多少なりとも下請的関係にあったのではないか。そうした関係が長く続いていた農村が独り立ちした場合、手の内を知られているだけに、イーペルはいっそうその対応に苦慮したのではないかと思われる。200年もの永きにわたって農村工業に敵対し続けたということは、イーペルの執念と底力を示すとともに、他方ではその努力にも限界があり、思うような成果を挙げられなかったことを示している。そういった事態を見かねたのか、国王フィリップ1世〔美王〕が1501年10月に改めてイーペルの毛織物工業の特権を確認したとき、市内では毛織物工業は打ち捨てられ、住民はおらず、町全体が崩壊の危機に瀕していたという[88]。もちろんこれにはなにがしかの誇張が含まれているであろうが、イーペルは周辺の農村工業対策に明け暮れしているうちにいつのまにか本業がじり貧になっていったようにもみえる。逆に言えばそれだけ農村工業が執拗に抵抗し、しぶとく生き続けた証左にもなる。

　フランドル伯がイーペルに特権を認めたのは1322年10月のことで、ブルッヘに特権を認めた翌日のことであった。それによると市の周辺3メイル以内では毛織物の製造が禁止され、織機などの道具類を持つことも禁止された。しかしまもなくしてこの禁令は撤回されたようで、1325年に改めて認められた[89]。イーペルがとりわけ厳しく敵対したのはポーペリンゲとニーウケルケの農村工業であった。ポーペリンゲは距離的にはイーペルの禁制圏内に入っていたが、サン・トメールにあるサン・ベルタン修道院の所領であったためにフランドル伯の裁判権が及ばず、そのことが問題を複雑にしたようである。両者の対立は

1327～28年から先鋭化し、ポーペリンゲがイーペルの製品を模倣して作っているというイーペルの主張をめぐるものであった[90]。イーペルは伯より認められた特権を盾に迫るが、ポーペリンゲもいつからかはっきりしないが、古くから認められた特権があり、毛織物製造は長い歴史をもっていると繰り返し繰り返し延々と主張し、互いに譲らない。その間に小競り合いや軍事的威嚇もあった。サン・ベルタン修道院長、フランドル伯、3大都市が協議を続け、1343年4月3大都市の裁定により、ポーペリンゲ側の違反を確認する形で決着が図られた。しかしポーペリンゲ側に不満が残っていたのか、翌1344年に問題が再燃し、同年8月改めて協定が作られた。その後フランドル伯は4回にわたってこの協定を確認し、4度目の1357年1月に伯は改めてイーペルの周辺3メイル以内で、イーペルが作っているのと同じ製品を作ることを禁止し、違反の摘発、織機の破壊などを認めた[91]。ポーペリンゲももちろんその対象になっていた。それまでの禁令では依然として効果がなかったことが窺える。ただしこれが全面的な製造禁止なのかどうか、はっきりしない。また近くの3つの小都市〔もしくは農村〕のディクスマイデ、バイユール、ルセラーレをなぜかこの禁令の適用除外としたが、これが何を意味するのかも不明である。伯の強い意思が後退しているような印象も受ける。しかしポーペリンゲはそれでもなお毛織物生産を続けていたようで、イーペルの意をうけて1372年にはフランドル3大都市会議が協定を守るようにポーペリンゲに圧力をかけていくことを申し合わせている[92]。

　ブルゴーニュ時代に入って、1392年7月にブルゴーニュ侯フィリップ〔豪胆侯〕がイーペルの特権を確認しているし、1428年に同じくフィリップ〔善良侯〕がイーペルその他の毛織物工業を保護するためと称して、イーペル周辺の4つの城代管区〔シャテルニー〕内の農村に対して毛織物工業を禁止した。ただし全面禁止ではなく、いくつかの粗質品は例外的に認めた。この中ではニーウケルケなど17の農村が毛織物工業の盛んなところとして挙げられている。これらの農村はイングランドやスコットランドの羊毛を大量に使って毛織物を生産し、また製品には検印を付けていないというのがイーペルの言い分で、これを取り上げている[93]。イーペルがそれまで認めてもらった周辺3メイル以内の

農村工業の禁止はやはり目的を達していないことがこれでも分かる。1352年にイーペルは違反摘発の探索隊をニーウケルケ〔3メイル以内にある〕に派遣したようであるが、ヘントのように頻繁に行なったかどうかははっきりしない[94]。

イーペルはこの他にもウェルヴィク、コミーヌ、ランゲマルク、ニーウケルケ、ニエップ、バイユール、カッセルなどとも対立しており、農村工業との戦いは16世紀に入ってなお続いていた。3大都市の中では唯一最後まで農村工業敵視策にしがみついていた都市と言っていい。ただしダンブライネによると、さすがのイーペルも1512～40年頃に至り最終的にこの政策を放棄したという[95]。その理由は明らかではないという。概してイーペルが3大都市の中ではもっとも農村工業に脅威を感じていたと言ってよく、逆に言えばそれほどイーペルの周辺では農村工業が活気づいていたということにもなる。ただイーペルがこれほど執拗に農村工業に悩まされた背景にはもうひとつの政治力学が働いており、この点については次の2）で改めてふれてみたい。

フランドルの3大都市はこのようにそろって農村工業に対決してきたが、そこにはそれぞれの都市が置かれた事情に応じて、違いもまたはっきり現われていた。世界市場であったブルッヘは農村工業の禁圧を建前として堅持しつつも、次第に周辺の農村工業の製品を取引の世界に積極的に取り込んでいこうとする姿勢を見せたようである。そして15世紀末に至り世界市場の地位をアントウェルペンに奪われると、今度は国際的商業都市から改めて毛織物工業都市への転換をはかり、精力的に各種毛織物工業の導入に努め、地盤の沈下を食い止めることに成功した。ヘントは周辺農村の亜麻織物工業の発展を背景に、その取引、流通の中心地として重要性を増していき、羊毛と亜麻の混織物の生産にも力を入れていった[96]。そのため14世紀後半以降は次第に農村工業に対する敵視政策は影をひそめていった。他方イーペルは国際的貿易ルートからは外れていたし、ヘントのように周辺農村の亜麻織物工業に関心を示すこともなかった[97]。逆にすぐ近くの小都市コルトレイクの方がそれに関心を寄せて亜麻織物工業を取り込んでいった。イーペルはひたすら伝統的な毛織物工業にしがみつき、長期にわたって農村工業と対決しつつ、過去の栄光に思いを馳せていた。領邦権力を

巻き込んだ農村工業禁圧策は、全体としては、所期の成果を挙げることなく、失敗に終わったと言っていいのではないか。

最後に蛇足ながら付け加えれば、イーペルとは対照的な動きを見せていたのがすぐ近くのリールで、リールは早い時期からレイエ川沿いの農村工業のために仕上げなどを担当して分業関係を築き、農村工業と共存する道を歩んでいたといわれている。16世紀には農村工業と対立する場面もあったようだが、すでに前章で見たように、15世紀後半から16世紀、さらに17世紀にはリールが新・軽毛織物工業において主導的な役割を果たしていったことは、農村工業との共存を目指したリールの対応とは無関係とは思われない[98]。

2）伯権力による農村工業の公認

フランドル伯は、上で見たように、3大都市に迎合するような形で都市の毛織物工業に保護を与え、周辺の農村工業に敵対したが、しかしそれは必ずしも伯が望んでいたような形で伯権力を強化することにはならなかった。いやそれどころか、むしろ逆に3大都市に対する伯の権力を弱体化させてしまった観さえある。ここではくわしい政治史の流れを追うことはできないが、一例を挙げれば、英仏百年戦争が始まった翌年の1338年に、ヘントの市政を掌握したヤーコプ・ファン・アルテフェルデが伯ルイ・ド・ヌヴェールと親伯派を次第に追い詰め、翌1339年12月にはイギリスと同盟関係を結んで、伯をフランスに追放してしまうということが起こっている。そしてその直後イギリス国王のエドワード3世がヘントに入り、自らフランス国王を名乗った[99]。こうして、アルテフェルデが失脚する1345年7月まで、フランドルは事実上3大都市によって支配される事態となり、その後伯が権力に復帰した後も事態が大きく変わることはなかった。力関係では明らかに3大都市の方が優位に立っていたと思われる。

1346年に伯位を継いだルイ・ド・マールは今度は一転して大都市の権力を抑える戦略に切り替え、大都市周辺の農村に積極的に毛織物工業の特許状を認めて、その育成を図り、大都市への強力なライヴァルに仕立てていくことを目指した[100]。もしそれがうまくいけば大都市を牽制する有力な手がかりとなり、か

つ財政的な利益をそこから引き出すことも期待できた。農村工業の保護育成は1320年代からすでに見られないわけではなかったが、なんと言っても伯ルイ・ド・マールの時代〔1346～84年〕が際立っており、伯は毛織物工業の特権を農村にばらまいた、とコールナールは言う[101]。ここに、フランドルでは領邦権力による農村工業の創出および公認という新たな問題が浮かび上がってくる。特許状にもとづく、あるいは公認された農村工業というのは農村工業の一般的なイメージには合わないが、フランドルの農村工業にはこうした側面もあり、それが歴史的現実であった。

　フランドル伯や、場合によってはもっと下の下級領主が毛織物工業を認めた農村は多数にのぼるので、まずこれを一覧表にまとめてみると次のようになる。ただここで問題となるのは、小都市か農村か判然と区別できない生産地もあることで、例えばカッセルやメーセン、スライスは伯の手になる古い建設都市だといわれており、その意味ではここに農村工業として載せるのは適切ではないかもしれない。しかし実態は農村とはあまり変わらなかったようで、ここではこの点を留意しながら一応農村工業として挙げておきたい。

時期	農村	特許状発給者
〔フランドル伯領時代〕		
1296年4月	ランゲマルク	伯ギー・ド・ダンピエール（EP, III, 597）
1318年10月	カッセル	伯R. ド・ベッテュンヌ（EP, I, 181）
1320～31年	ワルヌトン	伯の子息R. ド・カッセル（EP, III, 740）
1321年9月	フルスト	伯R. ド・ベッテュンヌ（EP, II, 591）
1327年6月	ランゲマルク	伯ルイ・ド・ヌヴェール（EP, III, 599）
1331年12月	マルデヘム	伯ルイ・ド・ヌヴェール（EP, III, 612）
1335年1月	ハーレルベーケ	仏国王フィリップ6世（EP, II, 565）
1336年6月	スライス	ナミュール伯フィリップ3世（EP, III, 604）
1351年6月	メーネン	伯ルイ・ド・マール（EP, III, 615）
1352年4月	ブスベック	領主（EP, I, 135）

1353年2月	アウデンブルフ	伯ルイ・ド・マール（EP, III, 620）
1355年7月	アクセル	伯ルイ・ド・マール（EP, I, 124）
1355年12月	デンデルモンデ	伯ルイ・ド・マール（EP, III, 727）
1357年1月	ルセラーレ	伯ルイ・ド・マール（EP, III, 650）
1358年5月	ニーウケルケ	領主ルイ・ド・ナミュール（EP, III, 618）
1359年3月	ウェルヴィク	伯ルイ・ド・マール（EP, III, 744）
1359年5月	ラ・ゴルグ	伯ルイ・ド・マール（EP, III, 596）
1359年12月	ティールト	伯ルイ・ド・マール（EP, III, 737）
1360年	トゥルコワン	仏国王ジャン2世（EP, III, 738）
1362年	コミーヌ	仏国王ジャン2世（EP, I, 184）
1363年5月	ランセル	領主（EP, III, 610）
1364年	レンベーケ	伯ルイ・ド・マール（EP, II, 396）
1365年	ヒステル	伯ルイ・ド・マール（EP, II, 559）
1374年3月	ホントスホーテ	伯ルイ・ド・マール（EP, II, 590）
1383年4月	メーセン	伯ルイ・ド・マール（EP, III, 617）

〔ブルゴーニュ時代　1384〜1477年〕

1397年5月	アリュアン	侯フィリップ（EP, II, 564）
1444年3月	ロー	侯フィリップ（DS, II, 380）
1460年11月	ニエップ	領主（DS, III, 471）
1464年2月	ケメル	領主（DS, II, 371）
1464年2月	ウルフェルヘム	領主（DS, II, 371）
1473年	ドゥラナウテル	侯シャルル（DS, II, 259）

注：1．地名の原語は上から順に、Langemark, Cassel, Warneton (Waasten), Hulst, Maldegem, Harelbeke, Sluis, Menen, Bousbecque, Oudenburg, Axel, Dendermonde (Termonde), Roeselare (Roelers), Nieuwkerke (Neuve-Eglise), Wervik, La Gorgue, Tielt (Thielt), Tourcoing, Comines (Komen), Linselles, Lembeke, Gistel (Ghistelles), Hondschoote, Mesen (Messines), Halluin, Loo, Nieppe, Kemmel, Wulvergem, Dranouter.

2．（　）内は典拠。EPはEspinas & Pirenne、巻数、史料番号、DSはDe Sagher et al. 以下同じ。

ブルゴーニュ時代も含めると全部で30件になるが、これらはさしあたり史料集で確認できるものだけであって、まだほかにもいくつかあるようである。ファン・ハウテによれば、フランドル伯はブルッヘ自由城代管区に対して1322年10月に早くも農村工業を認めたとのことであるが、史料集では確認できない。ただし1342年にいたりこの農村工業とブルッヘが鋭く対立したことを示す史料は残っている[102]。またすでにご登場願ったアブラハム・ティスは、1356年に大都市周辺の10の農村に毛織物工業が認められたとして、具体的に村名を挙げているが、この年に関するものは史料集では何も確認できない[103]。このほかアリュアンの場合ように、すでに特許状が認められていた農村に後年改めてそれを確認するという形のものも出てくる。それらをも入れればこの数はもっと増える。

　上の一覧表ではフランドル伯ではなく、フランス国王によって特許状を認められた農村もいくつか入っているが、これらはレイエ川右岸のリール城代管区〔シャテルニー〕の中の農村で、この城代管区は1369年まではワロン・フランドルとしてフランスに帰属していた関係から、この間はフランス国王が特許状の発給者になっている。したがってフランドル伯による特許状とは少しニュアンスを異にするが、大都市イーペルへ対抗するという意味では基本的には同じ目的であったと考えられる。

　特許状には条文をいくつか並べた形式のものと、そうでないものとがあり、詳細なものもあれば、簡単なものもある。大部分はそこの住民からの請願に応えるという形をとっており、住民の生計に配慮して毛織物製造を認めるので、規約を制定して、検査人を数人任命し、製品の検査を行ない、合格品には検印を与えるべしという内容で、ほぼ共通している。そしてその代わりに検印税として1反につき6ペニングほどを伯に納付することになっていた。また関係のある大都市を刺激することを避けたためか、大都市に対抗するような文言はほとんどないが、ルセラーレとコミーヌに認めた特許状ではイーペルの主張には根拠がないことを明確にして、大都市を牽制する姿勢を見せている。またアウデンブルフへの特許状では、それがブルッヘの特権を侵すものではないとわざ

わざ断っている。

　もうひとつ注目すべき点は、いずれの特許状でもそこの住民のこれまでの慣習に配慮して、つまりそこではすでに毛織物生産が行なわれてきたので、これを追認するという形を取っていることである。したがって農村がまったく新規に毛織物製造を始めることを認めたものではなかった。これらの農村は周辺の大都市となんらかの形で下請関係を長い間培っていて、下地がすでに出来ていたことを示唆している。それを利用した方がライヴァルの毛織物工業を育成するという目的からすれば手っ取り早く、大都市にそれだけいっそう圧力を加えやすいという思惑もあったと考えられる。もちろんこうして毛織物工業を認められた農村がすべて以後順調に毛織物工業を発展させて、成功を収めたわけではない。領主からお墨付きをもらったということは、農村工業の存立のためのひとつの条件でしかない。

　このうちヘントに対抗するために毛織物工業を認められたのはアクセル、フルスト、レンベーケ、マルデヘム、デンデルモンデ、ティールトの6つで、ブルッヘに狙いを定めたものはスライス、ヒステル、アウデンブルフの3つとみられる。残りの20件余りはほとんどがレイエ川沿いに集中しており、イーペルを牽制するための農村工業であったとみられる。フランドル伯のイーペルへの対抗心がそれほど大きかったということであろうか。これはまたイーペルがいかに広範囲にわたって周辺農村と下請関係を維持し、意図せずして農村工業の芽を育てていたかの証しともなる[104]。ニコラスによると、フランドルでは12世紀後半から市外市民（haghepoorters）と呼ばれるような人たちがいて、彼らは市民権を持ち、ギルドのメンバーでありながら、市の領域外の農村に住みついて毛織物生産に携わっていたという。とくにヘントとイーペルではそうした市外市民が多く、ヘントでは1432年頃には約5,000人を数えたという[105]。こういった人たちが、いざ戦争というときには市内に逃げ込んで身の安全を図り、平時は市民でありながら農村に住みついて都市の課税を逃れ、しかも周辺農村の毛織物工業のために一役買っていたということになれば、イーペル市当局がこうした市外市民には敵対するのは当然で、イーペルが農村工業に終始厳しい

対応を示したのも無理からぬところと言うべきであろう。

　ともかくヘント、イーペルという大毛織物工業都市が早い段階からこうした形で周辺農村を下請関係に巻き込んでいたことは確実で、都市工業といえどもそれ自体で自立した存在ではなく、経済的利益を手っ取り早く追求すればするほど、農村を頼みにせざるをえなかったという構造が見えてくる。おそらく最初は都市工業に対して織糸を供給するという形で農村での下請は始まった可能性が強いが、そのことが、たとえ都市が望まなくても、次第に都市工業の技術や手法を農村に伝える結果になるのはほとんど避けがたい。言い換えれば都市工業がコストの削減という形で経済的利益を追求していく過程で農村工業を創出したという側面が非常に強く、都市の手工業ギルドが市政を掌握したのちギルド的発想から都市工業の独占を目指して、一転して農村工業の禁圧に向かったとしても簡単にそれが奏功するとも思われない。そこがフランドル伯の目の付け所で、これを逆手に利用したと言っていい。フランドル伯が次々とレイエ川沿いの農村工業に特権を与えて公認していくという情況の中では、たとえイーペルが自らの禁制圏内での農村工業の禁止を勝ち得たとしても、農村工業対策が非常にやりにくいものになっていたことは想像に難くない。

　この一覧表を見ていてもうひとつ気付くのは、1350年代から次々と特許状が与えられ公認された農村工業は、すでに前章でふれたように、いわゆる新毛織物工業が中心であった。新毛織物工業の"新"たるゆえんは、その製品の新しさもさることながら、領邦君主からお墨付きをもらって新たな出発を始めたという自負が生産者の意識の中にもあったのではないか。もしそう考えてよければ、新毛織物工業という言葉はそうした生産者の意識を反映した言葉であったと言えなくもない。

3．フランドル毛織物工業の技術移転——ブルッヘの事例——

　イタリア経済史家の星野秀利氏はフィレンツェ毛織物工業史に関する精緻な研究の中で「中世後期および近代のヨーロッパ毛織物工業の歴史は、ある意味

では、ほとんどすべての毛織物生産地が、市場における外国製品の競争を打破するために盛んにおこなった模倣の歴史にほかならない」と述べている[106]。星野氏によれば、フィレンツェ毛織物工業は14世紀に入ってから次第に高級品毛織物に特化していくが、これはフランドルのドゥエ、ブラーバントのブリュッセルとメヘレンという3つの都市の最高級品毛織物をモデルにしたものであった[107]。北方に位置するフランドルやブラーバントの毛織物工業の技術がはるかに南のイタリアの地にまで伝わっていることは経済史的に見ても興味深い。こうした技術移転は遠隔地であればあるほど人目を引き、注目されるが、実は中世から近世のフランドル毛織物工業の内部においてはこれはまさに日常茶飯事の現象と言ってよく、星野氏のこの言葉は事態の核心を鋭く衝いた名言と言わねばならない。

　フランドル毛織物工業に限ってみても、技術移転にはいくつかの方法がある。都市から都市へという場合もあれば、都市から農村へという場合もある。その反対に農村から都市へというのもあり、また農村から農村への場合もある。しかも移転は必ずしも2つの地点だけに限られるわけではなく、いくつかの地点を経由して伝えられることもある。おそらくもっとも多かったと思われるのが、農民が近くの毛織物工業都市の技術をこっそり拝借してその模倣品を作るというケースであったと思われる。例えばレイエ川沿いのウェルヴィク、コミーヌ、ニーウケルケ、ワルヌトン、ニエップ、さらにはやや離れているがポーペリンゲなどがイーペルの技術を模倣して新毛織物工業を始めたと言われており、2.ですでに見たイーペルとポーペリンゲの長期にわたる係争の出発点は製造技術の模倣であった。ポーペリンゲは小都市コルトレイクの高級品毛織物ベラールト織の技術も模倣したといわれている[108]。しかし都市の側も何食わぬ顔をして農村工業の技術を拝借するという場合もあり、都市がいつも被害者というわけでもない。例えばサン・トメール、アラス、ドゥエなどは15世紀末にセイ織を作り始めたとき、ホントスホーテの技術を模倣したし、サン・トメールは16世紀にアルマンティエールの技術を無断で導入したともいわれている[109]。また模倣をめぐってポーペリンゲと厳しく対立していたイーペルもポーペリンゲ

の製品を模倣して Ypersche-Popersche という製品を作っていたという[110]。さらに農村どうしの模倣としては、コミーヌ、ランゲマルク、ポーペリンゲ、ブスベックがウェルヴィクの技術を持ち出した例が知られている[111]。またフランドルの多くの大都市で作られていた高級品毛織物のエスタンフォール織 (estanfort, stanfoort, stamvorden) はイギリスの都市スタンフォード (Stamford) の製品を大陸で模倣したものだといわれており、さらにはウェルヴィクの製品が遠くバルセローナで模倣されていたという。模倣は国境を超えてもなされていた[112]。星野氏の言葉通り都市、農村を問わず、さらには外国をも巻き込んで模倣が繰り返されていたことが分かる。

この毛織物工業の技術移転の場合、互いの了承のもとに行なわれるのであれば問題は生じないが、現実にはひそかに技術を盗み出したり、ちゃっかり無断拝借した場合が大部分であったようで、盗まれた側は当然被害者として抗議したり、あるいは法的措置をとったりして、紛争に発展する。他方では正規の手続きを経て技術移転を図ることもあり、例えばイーペルは1408年にサン・トメールから新毛織物の技術を合法的に導入しているし、逆にサン・トメールは1497年にアラス、リール、ヴァランスィエンヌからセイ織の技術を導入した[113]。この合法的導入の場合、毛織物工業規約も同時に導入したようである。概して都市どうしの技術移転はこの形を取ったようである。

1）ブルッヘへの新技術導入の試み

ここで個別的事例として取り上げるの15世紀末から16世紀のブルッヘの場合で、ブルッヘはいずれも互いの同意のもとに合法的に技術移転を実現したものとみられる。基本的な規約を導入する際に数人ないしは数家族の職人を市内に移住させ、一定期間優遇措置を講じて、技術の定着を図るという方法を取っている。ブルッヘが15世紀末以降こうした方法で毛織物工業の振興を図ったのは、ブルッヘが神聖ローマ皇帝マクシミリアン〔当時低地諸邦を支配していた〕と対立する中で、外国商人が大挙してアントウエルペンに移り、世界市場の地位から滑り落ちたためで、1498年にブルッヘがスペイン羊毛の指定市場に認めら

れたのを機に、改めて毛織物工業都市として再出発しようと決意したものと考えられる。また1558年にはカレーを失ったイギリスがイングランド羊毛の指定市場をブルッヘに移したことも好材料になったと思われる。ブルッヘが新規に毛織物工業を導入する場合、既存の工業とりわけギルドを組織していた工業と、どのように利害の調整を図っていったかに注目していきたい。そこでまず何がどこから移植されたか、表にまとめると次のようになる。

時期	毛織物の種類	移入元	典拠
1495年2月	新毛織物	不明	HG 1
1503年	新毛織物	ニーウケルケ	VW 1
1503年	新毛織物	レイデン	VW 2
1513年7月	セイ織工業規約	トゥルネー(?)	HG 2
(1533年10月	セイ織工業規約	トゥルネー)	HG 6
1513年	フステイン織	ピエモント	VW 3
(1523年1月	フステイン織工業規約	アウグスブルク)	VW 3
(1525年	フステイン織工業規約	ピエモント)	HG 3
(1535年	フステイン織工業規約	ウルム、ミラノ)	VW 3
(1577年1月	フステイン織工業規約の全面改訂)		HG 8
1514年	新毛織物	レイデン	VW 4
(1516年3月	新毛織物工業規約	レイデン)	HG 4
1530年	新毛織物	アルマンティエール	VW 5
(1531年6月	ラーケン織工業規約	アルマンティエール(?))	HG 5
(1532年	新毛織物工業規約	アルマンティエール)	VW 5
(1535年	新毛織物工業規約	アルマンティエール)	VW 5
(1544年	新毛織物工業規約	アルマンティエール)	VW 5
1545年	新毛織物	リール、ウェルヴィク	VH
1545年	セイ織	ホントスホーテ	VH
1549年	セイ織	ホントスホーテ	VW 6

(1550年10月	セイ織工業規約	ホントスホーテ)	HG 7
(1583年	セイ織工業規約の全面改訂)		GvS
(1646年	セイ織工業規約の全面改訂)		GvS
1582年	新毛織物規約	バイユール	VW 9
1583年	新毛織物	バイユール	VW 7
(1585年4月	新毛織物工業規約	バイユール)	VW 8

典拠：HG は S. A. B. (Stadsarchief Brugge), Oud Archief, *Halleboden*, *HG* 1 (1490-1499, fol. 179-185), *HG* 2 (1503-1513, fol. 393-395), *HG* 3 (1513-1530, fol. 345-347), *HG* 4 (1513-1530, fol. 89-93), *HG* 5 (1530-1542, fol. 33-34), *HG* 6 (1530-42, fol. 83-85), *HG* 7 (1542-1553, fol. 368-372), *HG* 8 (1574-1583, fol. 126-138); VW は Van Waesberghe [1969b], VW 1 (pp. 224-5), VW 2 (pp. 225-6), VW 3 (p. 233), VW 4 (pp. 226-7), VW 5 (pp. 228-9), VW 6 (p. 232), VW 7 (p. 230), VW 8 (pp. 44-50); VW 9 は Van Waesberghe [1972], pp. 33-34; VH は Van Houtte [1982], pp. 441-2; GvS は Gilliodts-van Severen, *Bogarde*, vol. 1, 1583 (pp. 366-87), 1646 (pp. 390-400).

ブルッヘでは、新しい毛織物工業を導入してもすぐに工業規約を作らず、数年たってから作っている場合がある。上の一覧表では規約が後日制定されたものは区別するためにカッコにいれてある。その間に生産がうまく根付くかどうか見守っていたのであろう。

見られるように、ブルッヘは都市と農村の両方から新しい技術、製法を導入している。都市はレイデンとトゥルネーの2つで、あとは農村からで、数の上では農村の方が多い。しかもブルッヘの場合、レイデン、ピエモントなど外国からも新技術を導入しており、国際的な広がりを見せている。それまでの世界市場ブルッヘとしての知名度が有利に働いたのであろう。レイデンは同じ低地諸邦内であるから、厳密に言えば外国ではない。ただ領邦を異にしているという意味では外国も同然である。いずれにしてもレイデンは比較的近いから、そこから新技術を導入することはありうるとしても、イタリアのピエモントからとなると距離的にはかなり離れている。フランドルやブラーバントの技術がフィレンツェに伝えられたのとはまさに逆のケースになっている。

1495年に導入した新毛織物は sorte van ghecrompen laken というもので、今までの毛織物とはまったく別のものと位置付けている。しかもこれには6種類

あり、そのそれぞれについて長さ、幅などの規格を明示し、検査、検印にもふれている[114]。いずれも縮絨をしっかり施した高級品毛織物であったのではないかと見られるが、詳しいことは不明である。第１章の１．１）ですでにふれたdraps de sorteという高級品毛織物に近いものであろうか。14世紀後半のレイデンではlaken van sortenというものが規約に登場するが、これと関係あるのかもしれない[115]。ただその技術をどこから導入したかについては何も言及がない。

1503年には２カ所から新毛織物を導入した。ニーウケルケからは15～16人の職人を連れてきて２年間奨励金を与え、新毛織物の製造技術を導入したが、うまく根付かず規約も作られなかった[116]。レイデンからはある人物と１年契約を結んで新毛織物の技術を導入し規約を作ることになっていたが、実際には規約は作られずに終わってしまった[117]。これも根付かなかったようである。

1513年にはトゥルネーから数人の職人を招いてセイ織工業の移植を図った。職人たちは1514年になってやって来たらしいが、規約は前年７月に早々と作られて告示されていた[118]。ただしトゥルネーのセイ織工業の移植であることを示す文言は何も見当らない。1533年に規約の一部が変更され、フステイン（fustynen）織、オセット織（ossetten）、トレイプ織（trypen）といった製品もこの中に取り込まれた。これらの生産はあまり成功を収めなかったようにみえる[119]。

同じ1513年にはイタリアのピエモントからフステイン織工業の導入を図ったが、この場合は数人のピエモント人職人がブルッヘ市当局に市内への移住を請願してきて、それで契約を交わしたということになっている。さしあたり６年間の居住が認められた。そしてファン・ワースベルヘによれば、そのうちに、時期ははっきりしないが、南ドイツのアウグスブルクからもフステイン織（oostburchsche fusteynen）〔ドイツ語ではバルヘント織Barchend〕の技術が伝えられたようで、そのための規約がまず先に1523年に作られた[120]。ピエモントのフステイン織の規約はその２年後の1525年に作られた。また1535年の規約には"ウルム風"フステイン織と"ミラノ風"フステイン織も登場している

から、この間に南ドイツのウルム、さらにはミラノからもなんらかの形で技術が伝えられたものとみられる[121]。ただしこれら"ウルム風"と"ミラノ風"のフステインについては1513年の移住者たちがすでに言及しているから、最初からその技術を持って来たとも考えられる。このようにフステイン織の技術はほぼ同じ時期に北イタリアと南ドイツから導入されたことが分かる。フステイン織は、すでに1章でふれたように、新・軽毛織物のひとつで、16世紀後半から17世紀にかけて順調にその生産が伸び、1577年には従来の規約が時代に合わなくなっているとして、全面的な改訂がなされている[122]。これは全74条からなるきわめて詳細なもので、platte fusteyn, cattoene platte saeye, wulle saeyen fusteynen, ghebendeerde en gherebde fusteyne, rebben, rebekins, doppen, dropkins, bombazynen などの製品が挙げられているほか、ausbursche（> Augusburgsche), italiaansche, duitsche など地名を冠した製品などもあり、それらの規格を詳細に定めている。すでにふれたようにフステイン織は羊毛に綿もしくは亜麻を組み合わせた混織物で、ブルッヘでは羊毛と綿の混織物が中心となっていたという[123]。地中海方面から綿を安定的に輸入するルートがあったものと思われる。

1514年には再びレイデンからアルベイン（arbynen）という新毛織物を導入した。これはアントウェルペンに去ってしまったハンザ商人をなんとかして呼び戻す方策のひとつとして考えられた。当時ハンザ商人はレイデンの毛織物を優先していたといわれており、同じ物をブルッヘでも供給できることをアピールしようとしたものと思われる。このとき結んだ契約では6年間で2千反の毛織物を生産することになっていた[124]。何人の職人が招聘されたかはっきりしないが、順調に進んだようで、1517年に規約が作られている。しかしその後は振わなかったようである。ただ当時のレイデン毛織物工業の規約にはこのアルベイン織という名称の製品は見当たらず、名称の由来はよく分からないが、梳毛と並んで刷毛にも言及があるから、梳毛糸と紡毛糸の混織の可能性がある[125]。

1530年頃に、ファン・ワースベルヘによると、アルマンティエールから2人

の織元を招いて新毛織物工業の技術を導入したらしい[126]。その製品は鉛印に獅子の図柄を使ったことから"ブルッヘの獅子（Brugse leeuwen）"と呼ばれていた。これは当時アルマンティエールで脚光を浴びていた純然たる紡毛織物〔英語でいうウルン〕であったと見られる。規約は1532年、1535年、1544年と3回作られた[127]。1531年に作られた規約もそれと関係がありそうだが、その製品がアルマンティエールに由来することを示す文言は見当らない。1544年の規約の場合も同じである。

　1545年にフランス軍の侵攻があったとき、ホントスホーテから多くのセイ織元がブルッヘに避難してきて、ホントスホーテ式のセイ織を作った。そのセイ織はそれまでブルッヘで作られていたセイ織とはまったく違うものであったという。しかし平和が回復すると、ホントスホーテの方が安く作れるからと言って、帰ってしまう人もいた[128]。ホントスホーテのセイ織のメリットに気付いたのか、1549年に市当局は改めてホントスホーテから4人のセイ織の織布工を呼び、3年契約を結んだ。この3人は各々4台の織機を使って生産し、さらに24台の織機を新たに作ることになった。そして織機1台につき34反の上質セイ織もしくは16反の長いセイ織を作ることになった。これに対して市当局は奨励金を出すことになった。またこのうちの1人は煮絨と黒色染色の技術を伝授することになり、別個に報奨金を受け取ることになっていた。またホントスホーテから紡糸女工を連れてくる場合にも2年間にわたり家賃を援助することになった。翌年には早くも規約も作られ、16世紀後半から17世紀にかけてこのセイ織工業は順調に発展していった[129]。1583年には「黒色セイ織会所〔ハル〕の規約」という名称でセイ織工業規約の全面的な改訂がなされ、全107条の詳細な規約が成立した[130]。さらに1646年には今度はこれを「白色セイ織会所〔ハル〕の規約」として改訂し、全部で97条の規約が作られた[131]。この時もホントスホーテの技術を全面的に導入したようである。

　1583年にはバイユールから多数の職人がやって来て、それまでブルッヘで作られていたのとは違う新毛織物の技術を伝えた。これは市当局が積極的に招聘した結果ではなかったという。しかしこの時点ではもうすでに5年にわたって

バイユールの新毛織物は作られていて、ファン・ワースベルへによれば1582年11月に全31条からなる規約が作られていた[132]。ただしどのような内容のものであったのかはっきりしない。バイユールの新毛織物はすでにふれたように、アルマンティエールやニーウケルケの新毛織物と同じように純然たる紡毛織物であったとみられる。2年後の1587年に47条からなる規約が作られ、主要な製品として84、78、74、68という4種類が挙げられている[133]。この数字は経糸数を数える単位（gang, portée）にもとづくもので、検印にもこの数字がつけられた。経糸数を変えることによって、製品に変化をもたせていたようである。移入元のバイユールの工業規約は伝わっていないので、このブルッヘで作られた規約がそれをある程度反映しているものと考えられる。そしてこのブルッヘの規約は翌1586年には今度はレイデンに伝えられた。

このようにブルッヘは15世紀末から16世紀にかけて何種類かの毛織物製造技術を導入した。何かの理由で思いがけず伝えられた場合を除けば、おそらくその時代にもっとも有望と思われた製品の技術を導入したものとみられる。成長株として目を付けたひとつはニーウケルケ、アルマンティエール、バイユールなどの純然たる紡毛織物で、もうひとつはホントスホーテのセイ織やイタリア・南ドイツのフステイン織といった新・軽毛織物であった。結果的には前者の紡毛織物の方は大きな成果を挙げずに終わった。それとは対照的に後者の新・軽毛織物は17世紀にはブルッヘ最大の工業に成長し、とりわけフステイン織はフランドルの中でも独占的地位を占め、他の追随を許さなかったと思われる[134]。そしてその技術はやがてブルッヘからレイデンをはじめ、ヘント、イーペル、リール、トゥルネー、バイユール、ホントスホーテなどにも広がっていった[135]。

2）新技術の導入とギルドの利害

新しい技術の導入は基本的には熟練職人を招いて、技術を伝授してもらう方法が一般的であったように思われる。その方が手っ取り早くもっとも確実な方法であったのであろう。したがって彼らを受け入れる側では奨励金を出したり、

住宅を世話したりしてさまざまな経済的便宜を図り、受け入れ態勢を整えていった。しかしそれだけで条件がすべて整ったとも思われない。なお大きな問題は彼らを受け入れる都市の既存のギルドといかに経済的利害を調整していくかという点であった。

　ブルッヘでは1304年以来手工業者が市政を掌握し、ギルドの設立を進めていった結果、1361年の時点で大小55のギルドが存在していた[136]。このうちもっとも強い影響力をもっていたのが、毛織物工業関係の織布工ギルド、縮絨工ギルド、仕上工ギルド、染色工ギルドの4大ギルドであったといわれている[137]。毛織物工業では手工業ギルドは職種ごとに横断的に組織されており、業界全体がひとまとまりになって行動するということはなかった。フランドル伯領は1384年ブルゴーニュ侯国の支配下に入るが、それ以降歴代ブルゴーニュ侯の政策もあってギルドは次第に政治的影響力を失っていき、ハプスブルク家の時代の1490年にはついに市政に代表を送る権利を奪われてしまった[138]。これにより新しい毛織物工業の技術を導入する際に、既存のギルドがその経済的利害を主張して政治的影響力を行使することは基本的にはなくなったと思われるが、それでも社会的にはギルドの存在は無視できなかったに違いない。技術移転のために招かれて市内にやって来た人たちが新しい毛織物を作り始めたら、既存のギルドとの関係が直ちに問題になったと考えられる。例えば他からやって来て、実際に新種の毛織物を織ったり縮絨したりした場合、その人は織布工ギルドあるいは縮絨工ギルドに加入しなければならないのかどうか、加入するとしてもはたして然るべき加入資格を持っているかどうか、加入金はどうするかといった問題である。ギルドが既得権と規約を盾に新来者を拒むことは十分可能であったからである。中世の盛期はともかくとしても、15世紀から16世紀にかけてはフランドルのどの都市も多かれ少なかれこうしたやっかいな問題に直面したのではないかと思われる。大都市のうち幸いブルッヘについては、どのような経過をたどったのか、ある程度見通しを持つことができるので、これを少し見ておきたい。このブルッヘの事例をどれほど一般化できるか分からないが、これは都市とギルドの関係を考える際にひとつの興味深い素材を提供している

ように思われる。

　注意すべきは、ブルッヘ市当局はこうした問題が起こるのを予想してか、新しい規約の中に予めはっきりと文言を入れて、確執や対立が起こるのを防いでいることである。まず1494年12月の市の告示において、毛織物工業の４つの業種（neeringh）と毛編物業（bonnetterie）は急速に不振に陥っているとして、その特権の一部を制限する措置に出た。４つの業種とは上に挙げた４大ギルドのことを指していると思われる。これによると、ghecrompen laken というある種の新しい毛織物を市内で作ろうとする人は、市民であっても市外の人であっても、毛織物工業の４つのギルド（neeringh）には入会金（vrydom）を支払うことなく、また市民権を獲得することなく、仕事を始めてよいし、４大ギルドに属する人もこの新しい毛織物を作ってよいというもので、もしギルドの組合員がこれを妨害したときには50ポンド〔パリ貨〕の罰金を課すことになった[139]。これはいうなれば４大ギルドの特権を骨抜きにしたものであって、ギルドの特権に縛られることなく新工業を導入しようとする市当局の決意を明らかにしたものと考えられる。しかし翌1495年２月、６種類の新毛織物を導入するに際しては、第６番目の毛織物については従来の毛織物との兼業を禁止し、どちらかひとつに限るよう求めており、先の告示が必ずしも生かされていないようにもみえる[140]。また1513年にセイ織工業規約が告示されたとき、それに携わることができるのは市民だけとし、市民権の取得を義務づけている[141]。さらに1544年の新毛織物工業規約では入職は自由だが、織布、縮絨、仕上げ、染色の４業種の親方になる場合に限り、市民権をもち、ギルドへの加入資格をもつことを条件にしている[142]。分野によっては４大ギルドは依然として影響力を保持していて、一気にギルドの力を殺ぐことはできなかったとみられる。そのため市当局の対応にも揺れが出ている。

　ところが1513年にピエモントのフステイン織職人を受け入れるにあたって、市当局は、その人たちは市内の既存のギルド（metiers）もしくは兄弟団（confreries）の幹事の誰にも従うことはないし、そこからなんらかの要求を受けることもないとして、はっきりとギルドとの関わりを否定した[143]。ただし

1523年にピエモントのフステイン織工業規約を定めたとき、仕事に携わる条件として市民であることを求めている[144]。

しかし1533年のセイ織工業規約では市民だけに限るという制限をはずし、製品につける自分のマークを登録すれば誰でも製造に携わってよいとした。そしてフステイン織を作る人にもこれを適用した[145]。また1550年のホントスホーテ式のセイ織工業規約でも、その第1条で市民であれ、他の住民であれ登録さえすれば誰でも就業してよいとされ、第2条では就業登録した人は市内の他の営業規則になんら縛られることなく、自由たるべしとして、既存のギルドとの関わりを否定した[146]。さらに1577年にフステイン織工業規約が全面的に改訂されたときも、その第2条でこの仕事に従事しているかぎり、他の業種やギルド（ambocht）の規約に従う必要はないと謳った[147]。1583年の黒色セイ織会所規約や1646年の白色セイ織会所規約においても同様で、セイ織を作ろうとする人は既存のギルドに予め加入している必要はないし、それどころか既存のギルドや業種に属している人にもこのセイ織業への参入を認め、そのことに関しては咎められることはない、とした[148]。また1585年のバイユール式の新毛織物工業規約でも、その第1条で市民であろうとなかろうと、市内に居住している住民であれば、この規約に従って、市内、市外を問わず自分の住んでいるところで、誠実に働くかぎり、この毛織物を作ってよいとしてギルドとの関わりを否定したばかりか、市外での営業も認めた[149]。もちろん自分の名前とマークを登録することが前提になっていたが、登録料は不要であった。

こうしたブルッヘ市当局の一連の動きを見て分かることは、市当局はギルドの存在そのものにはなんら手をつけることなく従前通り認めつつ、ギルドの対外的独占の原理だけは事実上骨抜きにする形で、新たな類似の工業がギルドの影響下に入ることを避けようとしたことである。同時にそれは新たに認められる工業をほぼ丸ごとひとつの工業規約の下に包摂して、市の直接の監督下におくことを意味した。いうなれば主要工程ごとに組織化されたギルド体制から脱却しようとしたのであり、12・13世紀のギルド成立以前に市当局がとっていた体制に逆戻りしたということもできる。見方によっては、より自由な資本家的

経営への道を拓いたと言うこともできる。16世紀以降相次いで制定されたセイ織やフステイン織などの工業規約はいずれも原料、製品規格、製造方法、検査、検印などについては詳細に規定しているが、ギルド的発想の規制はほとんど何もない。新しい工業はギルド規制から解放されたと、ファン・アイトフェンは言う[150]。1513年のセイ織工業規約にややギルド的臭いのする条文が紛れ込んでいるだけと言っていい。そこでは織布工は1人で1日15エル以上織布することが禁止され、縮絨工は3反以上縮絨することが禁止されている[151]。産出制限である。しかしこれとてもギルド的発想から出ているのかどうか速断できない。粗製乱造を防ぐための手立てとも考えられる。徒弟は2人までしか雇えないというのも同じ発想であろう。原料のセイ糸を市外で調達することは禁止され、必ず週に2日開かれる織糸市で入手すべしという規定もみられる。また1585年のバイユール式の新毛織物工業規約ではセイ織やベイ織との兼業を禁止しているが[152]、これもギルド的原則である兼業の禁止から出ているのではなく、兼業によって原料羊毛が混同されてしまうのを防ぐためとも考えられる。

　このように新しい工業規約を見るかぎり、従来の手工業ギルドがそれに介入したり、干渉してくることは事実上不可能となり、ギルドは大幅に権限と発言力を失ったことは明白である。いくつかの新しい毛織物工業は、主要工程をひとまとめに包摂して、全体的に規制するという、既存の職種横断的なギルドとは発想を異にした新しい形態で導入されたと言うことができる。上に述べたような詳細な規約が作られたからといって、ただちにそれをギルドないしその類似のものと見ることはできない。その意味でブルッヘは中世都市から一歩抜け出たと言えるかもしれない。少なくとも中世盛期のギルドに権力基盤をおく都市ではなくなっていた。ただ同じことがヘントやイーペルといった大都市にも言えるのかどうか。デメイは、イーペルでは16世紀のセイ織工業のギルドは14世紀のギルドとはかなり違っていたと述べており、イーペルでも従来のギルドがかなり変質してきたことを窺わせている[153]。もしかしてもはやギルドとは呼べないような形態になっていたのではないか、とも考えられる。ともかくブルッヘの事例をフランドル全体に一般化できるかどうか残念ながら現段階では

よく分からない。ただひとつだけ15世紀半ばの農村コミーヌで、ブルッヘと類似の動きがみられることだけを付言しておこう[154]。

〈付論1〉　フランドル毛織物工業とセイ織工業

1

　今ではもう廃語になっていると思われるが、ヨーロッパの各地でかつて次のような語が使われていたという。いずれもまず間違いなく同じ意味であったと思われる。anacoste、anacosta、ascote〔以上スペイン〕、scotto、scottino〔以上イタリア〕、hundskutt、Hondskutt、Skoti、Skotini、Escots〔以上ドイツ〕、ascot、escot、arschot〔以上フランス〕、hansecotte〔ベルギーのリエージュ地方〕、anascoti〔オランダ〕、hounscott (hanscott) says〔イギリス〕、huntschoss〔バルト海、東欧〕。これらはフランドルのセイ織の一大産地ホントスホーテ〔オンズコート Hondschoote〕が語形変化した名詞で、そこのセイ織もしくはそれを模倣して作ったセイ織という意味である[155]。これとは別にarrazzi〔イタリア？〕、arreschen、harlas、harlass、harlat〔以上ドイツ〕、arrazi、rasch、ras〔イベリア半島〕という語もあり、こちらは中世から近世初頭にかけてやはりフランドルのセイ織工業都市として名をはせていたアラス（Arras）に由来している。いずれもアラスのセイ織あるいはその模倣品という意味になっている[156]。イベリア半島で使われたという rasch、ras は、日本語のラシャの語源のひとつになったのではないかとも考えられる。ホントスホーテというフランドルの一農村の名前が、そこで生産されたセイ織を通じて、このように西ヨーロッパに広く知られるようになったというのは非常に珍しいと言っていいのではないか。他にはイギリスはノーフォーク州の寒村ウステッド（Worstead）、そのウステッドの名前がいま毛織物のひとつの名詞として残っているぐらいしか例はないのではないか。このように考えるとホントスホーテやアラスで作られ、各地に輸出されたセイ織（saie, saye, saey, zaij）はある意味ではフランドル産毛織物の代表格と言っていいようにも思われる。

　ところが1章でも少しふれたように、このセイ織を含むいわゆる軽毛織物は

中世においてはなぜか本来の毛織物、もしくは正規の毛織物とは認められていなかった。一人前扱いされていなかったのである。ブルッヘあたりでは16世紀になってもこうした意識はかなり強かったようで、ファン・ワースベルヘによると「〔新・軽毛織物の〕セイ織とフステイン織は draperie 〔本来の毛織物工業〕とは認められていなかった」という[157]。そのため中世盛期のフランドル毛織物工業史の史料を編纂した碩学エスピナとピレンヌは、セイ織工業関係の史料は本来の毛織物工業と密接不可分に関係している場合を除き、史料集には収録しなかったと断っている[158]。収録されなかった史料がどのくらいあったのか分からないが、実際はかなりの数が収録されているから、この２人の碩学にとっても取捨選択の判断がむずかしい場面が多かったのではないかと想像される。ドゥエのセイ織関係の史料が史料集の最後にまとめて補遺として収録されているところにも、編纂者の迷いのようなものが感じられる。しかし本来の毛織物とセイ織はどこがどう具体的に違っていて、なぜセイ織は本来の毛織物ではなかったのかという肝心の点については何も明らかにしておらず、ただ違うということが自明の前提とされている。ドゥ・プルクという研究者も「セイ織は原理的には毛織物とは異なる」と言うが、どう異なるのか、織糸の作り方の違いと堅機〔垂直式織機（haulte liche）〕を使うという点以外には何も明らかにしていない[159]。例えばフステイン織のように羊毛以外の原料も使っていて、純毛ではなく混織だからだというなら、それはそれでわかるが、セイ織は純毛の製品である。セイ織の経糸は梳毛糸を２～３本まとめて撚りをかけて強くしてある。これがひとつの特徴と言えば言えなくもないが、これでもって「本来の毛織物」から外すというのも今ひとつ説得力に欠ける。織機の違いについてはたしかにファン・デル・ウェーも堅機（haute lisse）と言っているが、例えば13世紀にサン・トメールの主力製品であったセイ織は、長さが40オーヌ、幅は20オーヌあったといい、はたしてこの長さの製品を堅機で作ることが可能であったのかどうか、疑問が残る[160]。

ただ最近になって原料羊毛の違いに注目する人がいる。セイ織は高級品の毛織物でなく、比較的軽く、安価な毛織物で庶民向けの製品であった。そのため

高価なイングランド産羊毛やスペイン産メリノ羊毛は決して使われることがなかった。地元の羊毛や、粗質品といわれたアイルランドやスコットランドの羊毛が使われた。この点はコールナールも強調している。デルヴィルはこうした、使う羊毛の違いがセイ織と本来の毛織物を分けるメルクマールだと言う[161]。またカプテインも、イングランド産の最高級羊毛を原料に使ったものが本来の毛織物工業（draperie）であったとして、羊毛の違いを重視している[162]。彼自身はセイ織工業は本来の毛織物工業ではなかったとは言っていないが、これでいくとイングランド産羊毛を使わなかったセイ織工業〔軽毛織物工業〕は当然軽くあしらわれることになる。おそらくこれは12・13世紀のフランドル毛織物工業の黄金時代に、大都市で高級品毛織物工業に携わっていた誇り高い生産者が懐いていた優越感の反映と考えられるが、現代の研究者がこれを共有してしまえば、そこに出てくる歴史像は歪みを免れなくなる。

　史料集を編纂したエスピナとピレンヌがもっと虚心にセイ織工業に目を向けていたならば、ひと味違った、もっと陰影に富んだフランドル毛織物工業史像が描かれたのではないかと勝手に想像するが、コールナールが1930年にホントスホーテのセイ織工業史について浩瀚な研究を世に問い、セイ織の重要性に注意を喚起したのは、エスピナとピレンヌのフランドル毛織物工業史像に対する本格的な批判を意図したものであったことは疑いえない[163]。とりわけ当時もてはやされていたピレンヌ説を標的にして、それに批判を加えたものとみられる。そして第2次大戦後の1950年に発表された論文「農村の毛織物工業、都市の毛織物工業──中世と16世紀のフランドル毛織物工業の展開」は、まさにコールナールのピレンヌ批判の決定版というべきであり、フランドル毛織物工業史研究はこれでやっとピレンヌの軛から解放されるきっかけをつかんだ感がある[164]。そして1970年代に入るとマンロ、デルヴィル、クラーイベックス、チョーリーなどによって次々と新しい研究が発表され、現在に至っている。フランドル毛織物工業史研究は今や新たな段階に入っていると言うことができる[165]。

　セイ織の用途は日常の衣服のほか、ベッドカバー、カーテン、家具の上張り

などかなり広かったという。しかしこのセイ織は地元フランドルの人々の衣服にはあまり向かない製品で、もっと温暖な地方の冬の衣料に向いていたといわれている[166]。そのためイタリアやイベリア半島をはじめ地中海方面が伝統的に有力な輸出市場であり、12世紀には早くもジェノヴァには大量に輸出されていた[167]。ジェノヴァからさらに遠くにも再輸出されたらしい。もちろんのちにはドイツやポーランドなどにも輸出されており、その販路は南に限られていたわけではなかった。このようにフランドルではセイ織ははじめから輸出向け商品として生産されていたと思われる。この意味でもフランドルのセイ織工業は一大輸出工業として、しかるべき位置づけをしなければならない。もしこれを本来の毛織物工業ではないとして、フランドル毛織物工業史の中にきちんと位置づけなかったら、かなりいびつな毛織物工業史像になることは疑いを容れない。

　このことはセイ織の主な生産地を見てもわかる。フランドルの7大都市のいずれもが12世紀からすでにセイ織工業を擁していた。トップクラスの高級品を作っていたエリート都市のドゥエはもとより、中世後期を通じて一貫して重要なセイ織工業都市であったアラス、同じように13世紀にはセイ織に特化し、世紀後半には年間4万反から6万反を産出し、ジェノヴァやイベリア半島に輸出していたサン・トメールを見ただけでもわかる。リールも12世紀からすでにセイ織を作り輸出していた。そして16・17世紀には中心的な生産地になる。北部の3大都市にしても同様で、イーペルは12世紀末からジェノヴァにセイ織を輸出しており、13世紀も後半にかけて生産は活発であった。ヘントは目立たないが、やはり12・13世紀からセイ織を作っていた。ヘントは自前の製品ではなく、近くの農村ヒステルのセイを模倣していた。ブルッヘは12世紀についてはよくわからないが、13世紀には本来の毛織物よりはセイ織工業が中心で、サン・トメール風セイ織やヒステル風セイ織など数種類のセイ織を作っていた。しかもascot、escot、anascote、anacoste というようにホントスホーテの製品と想わせるような名称をつけていた[168]。販路に応じて名称を使い分けていたと思われる。また政治的にはフランスの飛び地になっていた司教座都市トゥルネー

〔リールに近い〕も12・13世紀には地中海方面向けのセイ織の一大生産地であった[169]。

他方農村ではホントスホーテやヒステル、ディクスマイデが有名で、ホントスホーテでは12・13世紀から生産が見られ、イタリア市場への進出は少し遅れて14世紀に入ってからであった。しかしその後まもなくして輸出は見られなくなり、生産もしばらくは低迷した。ホントスホーテが再び蘇るのは15世紀半ば頃からで、16世紀にかけてそのセイ織工業は一大農村工業に成長し、フランドル農村毛織物工業を代表する顔と言っていいような存在になった。ヒステルのセイ織も古く、13世紀には盛んに生産されていた。具体的なことは不明であるが、"ヒステル風の"セイ織というようにわざわざ地名を冠した製品がブルッヘやヘントで生産されていたところを見ると、何らかの個性をもった製品が作られていたことが窺える。ただ14世紀以降はなぜか消滅してしまったようで、再びお目にかかることがない。

このように都市と農村の両方においてセイ織工業は無視できない存在になっており、これを「本来の毛織物工業」ではないという理由で軽視してしまえば、バランスを欠いた一面的な理解になってしまう危険性は十分にある。なお蛇足ながら付け加えておくと、セイ織は中世にはイギリス、スコットランド、アイルランドでも作られ、地中海方面に輸出されていた[170]。したがってフランドルだけがセイ織の生産地として独占的地位を誇っていたわけではない。

2

セイ織は西ヨーロッパではおそらくローマ時代から作られていたのではないかといわれている。ラテン語でsagorum、sage、sagaeとよばれていた兵士用の外套は現在のフランドル地方から供給されたものであったという[171]。中世のジェノヴァではsaga、sagia、sargia、salia、salieなどとよばれていた[172]。したがってセイ織はローマ以来の伝統的な技術にもとづいて、羊毛を梳毛処理してからまず梳毛糸を作り、それで織った梳毛織物であったとみられる。そしてそれから先これをどのように個性化していったのかとなると、ほとんどわか

っていない。

　中世のフランドルのセイ織には何種類かあったようで、アラスのセイ織、サン・トメールのセイ織（Sint-Omaers saie）、ヴァランスィエンヌのセイ織（valenchijnssche）、ホントスホーテのセイ織、ヒステルのセイ織（Ghistel-saye）、アールデンブルフのセイ織（Aerdenburgsche）というように生産地名を冠した製品がいくつかあり、その他にブルッヘの工業規約では薄手のセイ織（dinne sayen）、厚手のセイ織（dicken saeyen）、dicke warpine saye、weveline saye、dukers などがあった[173]。とくに地名のついた製品にはそれぞれはっきりした特徴や個性があったとみられるが、具体的な違いはよくわからない。13世紀以降のセイ織の基本的な組成は経糸、緯糸とも梳毛糸を使った純然たる梳毛織物であったと考えられるが、マンロは、フランドルの農村のセイ織についてははっきりしたことは分からないと断りつつ、都市では経糸が梳毛糸、緯糸が刷毛処理を施した上質の紡毛糸を使った混織物であったと述べている[174]。チョーリーによれば、刷毛技術と紡車が一組になってイスラーム世界から西ヨーロッパに伝えられたのは12世紀末ないしは13世紀初めのスペインであり、それからゆっくり北方にも伝えられたという[175]。刷毛技術と紡車の組合せによって織糸を作れば効率がよかったらしいが、あまり丈夫な糸は作られなかったようである。もしマンロの言うように、フランドルの都市で作られたセイ織の緯糸にこの新しい技術が使われたとしたら、それは梳毛糸だけで作る本来の毛織物とは異なるとして蔑視され、差別された可能性はある。これもセイ織工業が一人前扱いされなかったひとつの理由になるかもしれない。しかしチョーリーが主張するように、フランドルでは14世紀初頭までは刷毛に言及した史料がほとんど見つからないようであるから[176]、梳毛糸と紡毛糸の混織であったというマンロ説も引き続き検討が必要である。

　13世紀に都市で作られていたセイ織は農村の製品に比べてかなり上質のものであった。上質というのは本来の毛織物に似せて作られていたという意味であり、織糸に梳毛糸と紡毛糸の両方を使ったかどうかという点を問わなければ、いずれも綾織で、しっかりと縮絨して表面はフェルト状になり、それに起毛・

剪毛を施したものであった。こうして作られたセイ織は"本来の毛織物風に仕上げた〔上質の〕セイ織"(saye endrappée, saye drappée, gedrapponeert saey)とよばれていた。アラス、サン・トメール、ブルッヘの製品はこれであったとみられる[177]。ただしアラスのセイ織、サン・トメールのセイ織といわれたように両者を区別する、何かもうひとつ違いがあったようであるが、それが何であったかは分からない。2～3本の梳毛糸に撚りをかけて作ったセイ糸(sayette, saiette)という特別の糸を経糸として使っていたかどうかもひとつのポイントである。ともかくこうして作られた上質のセイ織は、のちのイギリス式の区分でいえばウステッド〔梳毛織物〕というよりはウルン〔紡毛織物〕に似ているとマンロやチョーリーは言っており、こうなると本来の毛織物との違いが鮮明になるというよりは、ますます分かりにくくなる[178]。

これに対してリールで作られていたセイ織は"正真正銘の"セイ織とか"本来の"セイ織とよばれて、上質品に比べ、いくぶん粗質であったようである[179]。逆にいえばアラスやサン・トメールのセイ織は本来のセイ織を意識的にさらに高級品化したものと言うことができる。ホントスホーテやヒステルといった農村工業の製品はこれよりもさらに粗質であったとみられる。

セイ織工業はすでに1章でも触れたように、14世紀に入るとまもなくして低迷し、輸出もほとんど止まってしまう。これは都市工業でも農村工業でも同じであった。そして100年余のブランクを経て、15世紀半ば頃から蘇っていく。まずその先頭に立ったと見られるのが農村工業のホントスホーテで、その雌伏期間にさまざまな技術的改良を加えたようで、例えば2～3本の糸をまとめて撚った丈夫なセイ糸を経糸に使ったり、煮絨(conreden、corroyer)や艶出しという工程を付け加えたりしている[180]。コールナールは、ホントスホーテは他ではみられない特異な技術を発展させ、製品価値を高めたことを強調している[181]。16世紀にはblanches、listeという名称のセイ織も作ったようである[182]。その意味でも15世紀後半以降のホントスホーテのセイ織も新・軽毛織物と言っていい。ただピレンヌは新・軽毛織物工業には当時注目され始めていたスペインのメリノ羊毛が使われたとしているが、少なくともセイ織に関してはコール

ナールやマンロはこれを強く否定している[183]。

　こうしたホントスホーテの動きに刺激されたように、大都市も相次いでセイ織工業の再興を目指す。リールは16世紀以降ホントスホーテと並んでセイ織の一大生産地へと躍進する。アラス、サン・トメールでもセイ織工業は活況を呈する。ブルッヘやイーペルはホントスホーテの技術を導入して成功を収める。興味深いことは、大都市のセイ織工業はいずれもホントスホーテをかなり意識していたらしいということで、デルヴィルは、リールをはじめアラス、サン・トメールもおそらくはホントスホーテ風セイ織を作る特許状を入手していたのではないかと言う[184]。その結果、都市工業の製品も経糸、緯糸の両方に梳毛糸を使った純然たる梳毛織物になっていた[185]。マンロの言うように、もし13世紀のセイ織が梳毛糸と紡毛糸の混織であったとするならば、15世紀後半以降のセイ織は都市工業においても純然たる梳毛織物に純化していったことになる。そのため都市工業の製品と農村工業の製品は品質上かなり接近し、かつてのような都市ごとの製品の差別化もかなり小さくなっていったのではないかと思われる。その分都市、農村を問わず生産地間の競争は激化していったのではないか。新・軽毛織物工業は全体的には製品の差別化を推し進め、その結果さまざまな新製品を生み出したが、このセイ織に限って言えば、その反対に差別化が消えて、単一の製品に集中していった感がある。都市工業が農村工業の技術に追随していった好例といえるかもしれない。その意味でも16世紀のセイ織はかつてのセイ織の単純な復活ではなく、新・軽毛織物とよぶにふさわしい。

　この復活したセイ織もかつてのセイ織と同じように、大量に外国市場に輸出された。その中心は圧倒的にイタリアとスペインで、さらにそこから地中海沿岸やレヴァント地方へ、またスペインからは新大陸へも流れた。もちろんドイツ、フランスにも輸出された[186]。

　16世紀の後半、フランドルを襲った騒乱の中でこのセイ織の製造技術をはじめとして、各種の新・軽毛織物の技術はイギリス〔イースト・アングリア、デヴォンシャー〕、オランダ〔レイデン、アーメルスフォールト〕、ドイツ〔フランケンタール、シェーナウ、カルフ〕、フランス〔アミアン〕などに伝えられ、

それぞれの国で一大工業を開花させる[187]。こうして17世紀の西ヨーロッパはこのフランドル伝来の新たな梳毛織物〔新・軽毛織物〕工業の時代を本格的に迎えることになる。おそらくその製造技術の新しさ、その製品の目新しさ、ファッション性のほかに、2章で見たようなフランドルの毛織物生産に見られた生産者の意識や価値観、さらにはそれに裏付けられた先進的な組織や体制が地域差を超えて歓迎されたからであろう。それゆえフランドル伝来のセイ織工業やその他の新・軽毛織物工業が国境を越えて広く受容されたという事実の中に、フランドル毛織物工業がもっていたひとつの先進性と普遍性を見てもよいのではないか。

　最後にセイ織とセルジュ（サージ）（serges, sarge, sargies）織の相違について簡単にふれておきたい。この両者はしばしば混同されることがあるが、コールナールによると、セイ織にはセイ糸（fil de sayette）が使われるが、セルジュ織にはそれはまったく使われないという。しかしフランスでは次第に両方の言葉が混同して使われるようになり、やがてセルジュ織の方が優勢になってセイ織という語は使われなくなったともいう。ともに綾織であったかららしい。17世紀にフランスでは"ホントスホーテ風のセイ織工業"が普及するが、これは"serge façon d'Ascot"とよばれていた[188]。しかしドゥ・プルクは、この両者は元来同義語で、北部〔つまりオランダ語圏〕ではセイを、南部〔つまりフランス語圏〕ではセルジュが使われており、地理的な違いだと言う[189]。これに対してマルコヴィッチは、エノー伯領では17世紀末にセイ織工業に代わってセルジュ織工業が台頭した、として両者を区別している[190]。イギリスでは17世紀以降セイ織とサージ織ははっきりと区別されていたようで、ノーフォーク州で作られていたセイ織は梳毛糸だけの梳毛織物、デヴォンシャーで作られていたサージ織は梳毛糸と紡毛糸の混織であった。フランドルのセイ織を英語でsergeと表記する人がいるが、これは混乱を招きやすい。日本語で"セル"と言った毛織物はオランダ語のsergeに由来するといわれているから、17世紀以降のオランダ語でもやがてserge〔セルジュ、セルヘ〕の方が優勢になってい

ったのではないかと考えられる。

註

1) Pirenne [1905, rep. 1951], p. 624. 参照頁は [1951] の頁。ピレンヌ [1955] 大塚・中木（訳）、66頁。
2) Pirenne [1905, rep. 1951], p. 628. 参照頁は [1951] の頁。ピレンヌ [1955] 大塚・中木（訳）、76-7頁。
3) Abraham-Thisse [1993], p. 186.
4) Abraham-Thisse [1993], pp. 171-3.
5) Strieder [1930], Nr. 184-587 (pp. 141-302). ここにはアントウェルペンのある公証人が1542～1556年の14年間に93件にも及ぶイギリス産毛織物の欠陥について記録したものが収録されている。さらには Posthumus [1927] も参照されたい。これについては、佐藤弘幸 [1971] が取り上げている。
6) Van Houtte [1982], p. 84.
7) Heins [1894], p. 70.
8) Merlevede [1982], p. 34; Chorley [1987], pp. 362-3: Peeters [1983], p. 14; Van der Wee [1975], p. 208.
9) Howell [1994], p. 109; Espinas [1901], p. 83.
10) Wyffels [1950], pp. 200-6.
11) Wyffels [1950], p. 201.
12) Van Houtte [1982], pp. 62, 146.
13) Espinas & Pirenne, IV, 912 (pp. 2-5); Peeters [1983], p. 16.
14) Wyffels [1950], p. 212.
15) Espinas & Pirenne, I, 137 (pp. 348-62).
16) Espinas & Pirenne, I, 138 (pp. 362-8); do., 139 (pp. 369-88); do., 140 (pp. 389-97); do., 141 (pp. 397-442); do., 141bis (pp. 442-54).
17) Van Houtte [1982], pp. 62-3.
18) Espinas & Pirenne, I, 144 (pp. 463-502); do., 144bis (pp. 502-22).
19) Van Werveke [1947b], p. 34.
20) Espinas & Pirenne, II, 406 (pp. 387-93).
21) Van Uytven [1975a], p. 66; Nicholas [1976], p. 15; Wyffels [1951], p. 83.
22) Espinas & Pirenne, III, 753 (pp. 458-65), 754-5 (pp. 466-70), 766 (pp. 504-5).
23) ギルドは作られなかったと言う人もいる。Wyffels [1951], p. 114.

24) Espinas & Pirenne, III, 651 (pp. 234-71).
25) Espinas & Pirenne, I, 69-117 (pp. 182-262), p. 105; 山瀬善一 [1959]、71頁。
26) Espinas & Pirenne, II, 275-28 (pp. 126-35).
27) Stabel [1995], p. 90.
28) Coornaert [1930a], p. 66; Derville [1972], p. 354.
29) Espinas & Pirenne, I, 96 (pp. 219-23).
30) Van Houtte [1969], p. 22.
31) Willems [1842], pp. 3-20.
32) Espinas & Pirenne, II, 531-40 (pp. 579-602).
33) Boone [1988], pp. 22-43.
34) Espinas & Pirenne, II, 460 (pp. 487-92), 477 (pp. 516-7).
35) Espinas & Pirenne, III, 767-8 (pp. 502-24), 772 (pp. 549-62), 777-8 (pp. 562-83), 781-2 (pp. 591-3).
36) Espinas & Pirenne, III, 696 (pp. 308-12), 704 (pp. 328-31).
37) D'Hermansart [1879-81], pp. 541-2; Coornaert [1930], p. 234.
38) De Pas [1912-13], pp. 53-5.
39) Espinas & Pirenne, II, 371 (pp. 296-301), 373 (pp. 305-8), 380-90 (pp. 319-45).
40) Peeters [1983], p. 6; Derville [1972], p. 354.
41) Espinas & Pirenne, II, 559 (pp. 650-1).
42) Espinas & Pirenne, II, 590 (pp. 703-6).
43) De Sagher et al., II, 287 (pp. 346-60).
44) De Sagher et al., II, 290 (pp. 362-78).
45) De Sagher et al., II, 291 (pp. 378-86).
46) Coornaert [1930a], pp. 111, 113.
47) Posthumus [1938], p. 392.
48) Van Houtte [1979], p. 136.
49) De Sagher et al., II, 287, §2, 16 (p. 351).
50) Wyffels [1951], pp. 22, 57; Van Waesberghe [1969a], p. 158. しかしまったく使われなかったわけでもない。ブルッへの規約 [1494年] には、"gilde vander wevers" という表記もみられる。S. A. B., *Hallegeoden* (1490-99), fol. 184.
51) De Sagher et al., II, 290, §3, 14 (p. 365), 291, §3, 14 (p. 380).
52) Coornaert [1930a], pp. 125, 128.
53) De Sagher et al., II, 287, §2, 23 (p. 352), 290, §3, 18 (p. 365).

54) Coornaert [1930a], p. 29.
55) Aerts, Dupon, Van der Wee (red.) [1985], pp. 185-6.
56) De Sagher et al., I, 34 (pp. 97-8).
57) De Sagher et al., III, 552 (p. 450), 553 (pp. 451-2), 554 (pp. 454, 458, 475, 478), 585 (p. 532). このように都市と農村の区別がむずかしいことについては、森本芳樹 [1978]、205-241頁をぜひ参照していただきたい。そこでは「半都市的集落」、「農業都市」、「都市と村落の中間形態であるブール」といった興味深い言葉で、この問題を論じている。
58) Espinas & Pirenne, III, 744 (pp. 419-21).
59) De Sagher et al., III, 554 (pp. 452-78).
60) De Sagher et al., III, 586 (pp. 532-82).
61) Espinas & Pirenne, I, 183 (pp. 619-23); De Sagher et al., II, 220 (pp. 30-8).
62) Espinas & Pirenne, III, 615 (pp. 51-3); De Sagher et al., III, p. 4; do., 400 (pp. 42-9).
63) Munro [2003b], p. 258. ウェルヴィクについては、Defrancq [1960], pp. 45-6.
64) De Sagher et al., III, 585 (p. 532), 586 (pp. 574-81), 589 (p. 589), 502 (pp. 301-2); do., II, 219 (pp. 29-30), 221 (p. 39); Espinas & Pirenne, I, 183 (pp. 619-23).
65) Espinas & Pirenne, I, 183 (pp. 619-23).
66) De Saint-Léger [1906], p. 372. バイユール〔ベレ〕は城壁をもつ都市と言う人もいる。Coornaert [1950], p. 63.
67) De Sagher et al., I, 35 (pp. 101-20).
68) De Sagher et al., I, 36-8 (pp. 102-43), 41 (pp. 146-68), 43 (pp. 168-79), 45 (pp. 181-91).
69) Espinas & Pirenne, III, 618 (pp. 59-60).
70) Mus [1993], p. 75.
71) De Sagher et al., III, 420 (pp. 112-20).
72) De Sagher et al., III, 443 (pp. 152-6), 445 (pp. 177-88).
73) Verlinden [1936], p. 15.
74) Chorley [1997], p. 21; Gilliodts-van Severen, *Estaple*, vol. III, 1988 (p. 294).
75) Van Waesberghe [1972], pp. 44-6; L. T. N., III, no. 292, §7 (p. 524).
76) Stabel [1995], p. 131; Lis/Soly [1997b], pp. 18-9, 36. リスとソリーは、手工業ギルドは小生産者の利害を平等に守っていくために組織されたものではない、とも言う。
77) 田北廣道 [1997]、6頁。

78) De Sagher et al., III, p. 94.
79) De Sagher et al., II, 291 (p. 383).
80) De Pauw [1899], p. x; Munro [1977], p. 233; Van Werveke [1951d], p. 14.
81) Holbach [1993], p. 238.
82) Nicholas [1992], p. 281.
83) Espinas & Pirenne, II, Appendice, I, A, pp. 606-21.
84) Stabel [1995], p. 139.
85) Munro [2003b], p. 252.
86) Clauzel/Calonne [1990], p. 553.
87) Nicholas [1992], p. 184.
88) De Sagher et al., I, 24 (p. 76).
89) Espinas & Pirenne, III, 884 (p. 746).
90) Munro [2003b], p. 251.
91) De Pauw [1899], pp. VII-XII, XXIV-XL, Bijlagen, VI, X, XII, XIV, XVII, XVIII, XX, XXI; Espinas & Pirenne, III, 895 (pp. 777-81).
92) De Pauw [1899], pp. XLII.
93) De Pauw [1899], Bijlagen, XXIII; De Sagher et al., I, 1 (pp. 3-7).
94) Espinas & Pirenne, III, p. 58.
95) Dambruyne [1996], p. 226.
96) Stabel [1995], p. 139.
97) Dambruyne [1996], pp. 158, 226; Demey [1950b], p. 227.
98) Clauzel/Calonne [1990], pp. 552, 549-50, 555; Trenard [1972], p. 206; Stabel [1995], p. 117.
99) Van Werveke [1982], pp. 48-52.
100) Van Houtte [1941, p. 24; Clauzel/Calonne [1990], pp. 554-5; Nicholas [1971], p. 109.
101) Coornaert [1930a], p. 9.
102) Espinas & Pirenne, I, 165 (pp. 571-5); Van Houtte [1982], pp. 111, 123.
103) Abraham-Thisse [1993], p. 167.
104) Clauzel/Calonne [1990], p. 554; Nicholas [1992], pp. 211-2; Derville [1987], p. 720.
105) Nicholas [1992], pp. 211-2, 363-5.
106) 星野秀利 [1995]、132頁。

107) 星野秀利 [1995]、85、140頁。
108) Stabel [1995], p. 136.
109) Coornaert [1930a], p. 20; D'Hermansart [1879], p. 212; Chorley [1997], pp. 20-1.
110) De Poerck [1951], pp. 293, 300; Espinas & Pirenne, III, 778, §14 (p. 569). ただしこの史料では、Ypersche, Popersche, とコンマになっている。
111) Ferrant-Dalle [1967], p. 41; Defrancq [1960], p. 56.
112) Chorley [1988], p. 2; Van Houtte [1979], p. 36; Ashtor [1988], p. 247.
113) Derville [1994], p. 106.
114) S. A. B., *Hallegeboden* 1490-1499, fol. 179-85.
115) *L. T. N.*, I, no. 12, §147.
116) Van Waesberghe [1969b], pp. 224-5; Gilliodts-van Severen, *Estaple*, vol. II, 1352 (p. 366), 1367 (pp. 376-7); De Sagher et al., III, 425 (pp. 126-8).
117) Gilliodts-van Severen, *Estaple*, vol. II, 1350 (p. 365); Van Houtte [1982], p. 441.
118) Van Waesberghe [1969b], pp. 231-2; Vermaut [1988], p. 190; S. A. B., *Hallegeboden* 1503-1513, fol. 393-395.
119) S. A. B., *Hallegeboden* 1530-1542, fol. 84.
120) S. A. B., *Hallegeboden* 1513-1530, fol. 345.
121) Van Waesberghe [1969b], p. 233; Gilliodts-van Severen, *Estaple*, vol. II, 1415 (pp. 444-5).
122) S. A. B., *Hallegeboden* 1574-1583, fol. 126-38.
123) Van Houtte [1982], p. 444.
124) Gilliodts-van Severen, *Estaple*, vol. II, 1426 (pp. 451-2).
125) S. A. B., *Hallegeboden* 1513-1530, fol. 91.
126) Van Waesberghe [1969b], pp. 228-9.
127) Willemsen [1921], pp. 228-9.
128) Gilliodts-van Severen, *Bogarde*, vol. 1, 1620 (vers) (pp. 388-90); Munro [1977], p. 253.
129) Van Houtte [1982], pp. 441-2; Gilliodts-van Severen, *Estaple*, vol. III, 1737 (pp. 56-8); S. A. B., *Hallegeboden* 1542-1553, fol. 368-72.
130) Gilliodts-van Severen, *Bogarde*, vol. 1, 1583 (pp. 366-87).
131) Gilliodts-van Severen, *Bogarde*, vol. 1, 1646 (pp. 390-400).
132) Van Waesberghe [1972], pp. 33-4.
133) Van Waesberghe [1972], pp. 44-50.

134) Dambruyne [1996], p. 163; Hasquin [1979], p. 144.
135) Dambruyne [1996], p. 160.
136) Van Houtte [1969], p. 70.
137) Van Waesberghe [1972], p. 34; Mertens [1981], pp. 194-5.
138) Van Waesberghe [1972], pp. 28-30.
139) S. A. B., *Hallegeboden* 1490-1499, fol. 177.
140) S. A. B., *Hallegeboden* 1490-1499, fol. 183.
141) S. A. B., *Hallegeboden* 1503-1513, fol. 393.
142) Willemsen [1921], p. 5.
143) Gilliodts-van Severen, *Estaple*, vol. II, 1415 (pp. 444-5).
144) S. A. B., *Hallegeboden* 1513-1530, fol. 345.
145) S. A. B., *Hallegeboden* 1530-1542, fol. 84.
146) S. A. B., *Hallegeboden* 1542-1553, fol. 368.
147) S. A. B., *Hallegeboden* 1574-1583, fol. 127.
148) Gilliodts-van Severen, *Bogarde*, vol. 1, 1583, §2 (p. 367), 1646, §2 (p. 391).
149) Van Waesberghe [1972], p. 44.
150) Van Uytven [1972], p. 32.
151) S. A. B., *Hallegeboden* 1503-1513, fol. 393, §13, fol. 395, §33.
152) Van Waesberghe [1972], p. 45.
153) Demey [1950b], pp. 230-1.
154) De Sagher et al., I, 219 (pp. 29-30), 221 (pp. 38-9).
155) Coornaert [1930a], pp. 30, 38, 227, 244; Posthumus [1938], p. 389; Pilgrim [1972], p. 260.
156) Coornaert [1930a], pp. 5, 14, 225, 251.
157) Van Waesberghe [1972], p. 39.
158) Espinas & Pirenne, I, p. xiv.
159) De Poerck [1951], vol. I, p. 272.
160) Van der Wee [2003], p. 430; Derville [1987], p. 719.
161) Coornaert [1930a], pp. 199-200; Derville [1972], pp. 364-5.
162) Kaptein [1995], p. 16.
163) Coornaert [1930a].
164) Coornaert [1950a].
165) マンロの最新の成果が、Munro [2003b].

166) Coornaert [1930a], pp. 244-5; Craeybeckx [1976], p. 43.
167) Munro [1971], p. 2; Coornaert [1930a], pp. 23, 251.
168) Van Houtte [1952], p. 207.
169) Munro [1997], pp. 54, 61; do. [1991], p. 112; Chorley [1987], p. 362; Krueger [1987], p. 738; Reynolds [1929], p. 846.
170) Chorley [1988], p. 7; Ashtor [1984], p. 2.
171) Pirenne [1929], p. 21; Trenard [1972 (reimp. 1984)], p. 32; Munro [2003b], p. 242.
172) Munro [1997], p. 104, note 71; Reynolds [1929], p. 846; Krueger [1987], p. 738.
173) Espinas & Pirenne, I, 141bis, I, §2 (p. 449), 144bis, D, §6 (p. 509), 149, §1-13 (pp. 533-4).
174) Munro [1997], pp. 90-2; do. [2003b], p. 184.
175) Chorley [1997], p. 53.
176) Chorley [1987], p. 72; De Poerck [1951], vol. I, p. 12.
177) Munro [2003b], pp. 312-3; do. [1997], p. 91; Espinas & Pirenne, I, 57 (p. 139).
178) Chorley [1987], p. 372; Munro [1997], p. 90.
179) Coornaert [1930a], p. 214; Munro [1997], p. 92; Favresse [1952, 1961], p. 85. 参照頁は [1961] の頁。
180) Coornaert [1930a], p. 209.
181) Coornaert [1930a], pp. 6, 7, 27, 72.
182) Coornaert [1930a], pp. 218, 222.
183) Coornaert [1930a], pp. 190, 214; do. [1950], pp. 64, 83; Munro [1997], p. 51; De Sagher et al., II, pp. 342-6. ただしクラーイベックスは17世紀のリールのセイ織工業にはスペインのメリノ羊毛は不可欠であったと言う。Craeybeckx [1976], pp. 23, 36-7.
184) Derville [1987], p. 719.
185) Munro [1997], pp. 53, 88, 91, 124.
186) Coornaert [1930a], p. 251; Craeybeckx [1976], p. 36; DuPlessis [1991], p. 89; Stabel [1995], p. 109; Dambruyne [1996], p. 157; Munro [1992], pp. 84-5; Van der Wee [2003], p. 430.
187) De Sagher et al., II, p. 344; Coornaert [1930a], pp. 227-8; De Poerck [1942], p. 160.
188) Coornaert [1930a], pp. 38, 227.
189) De Poerck [1942], p. 155.
190) Markovitch [1976], p. 185.

第3章

レイデン毛織物工業の展開と脱ギルド

　オランダの古都レイデン（Leiden）は、今でこそオランダ最古の大学都市として知られているが、17世紀には西ヨーロッパ最大の毛織物工業都市であった。このことは意外に知られていない。実際旧市内を歩いてみても、そのことを実感できるようなものはほとんど何もないから、これも無理からぬところである。運河沿いに立つ市立美術館ラーケンハルが実はその貴重な名残のひとつなのだが、その前に佇んでみても、かつての毛織物工業の活気を感じさせてくれるものは何もない。
　レイデンが17世紀には西ヨーロッパ最大の毛織物工業都市であったことは、現在多くの研究者が認めていることで、オランダ史を考える場合、当然レイデンの毛織物工業史は避けて通れない重要な論点になる。現在のオランダに相当する地域には、中世後期以来レイデン以外にもいくつか毛織物工業の見られた都市があったが、経済的に見て突出していたのはレイデンのみであった。したがってオランダの毛織物工業史はレイデンのそれを語ることによって、ほぼ尽されると言っても過言ではない。そこがあまたの都市工業や農村工業が入り乱れていたフランドル毛織物工業史との大きな違いでもある。またレイデンの位置するホラント伯領も低地諸邦のひとつであるから、低地諸邦の毛織物工業史を全体的に論じようとすれば、レイデンにふれないわけにはいかない。しかもレイデンの毛織物工業は、歴史的に見れば、フランドルとの関係はきわめて密接であり、レイデンを見ることで、フランドル毛織物工業史の理解に資するところも少なくない。そう考えられる。
　本章のタイトルに"脱ギルド"という聞き慣れぬ語を使ってみたが、その意味は本章全体の中で明らかにされるはずである。先走ってごく簡単に言ってし

まえば、レイデン毛織物工業史は手工業ギルドに対する抵抗の歴史であり、若干の例外はあるものの、基本的にはレイデンの毛織物工業は手工業ギルドに支配されることがなかった、という意味である。

1. レイデンの旧毛織物工業の歩み

1）梳毛織物工業の単一的構成と軽毛織物工業の欠如

　レイデンの毛織物工業は1580年前後を境に断絶を経験しており、それ以前を旧毛織物工業（Oude Draperie）、以後を新毛織物工業（Nieuwe Draperie）と呼ぶのが一般的であるから、ここでもそれに従ってまず旧毛織物工業から見ていくことにしたい。

　レイデンの毛織物工業の歴史は以外に新しく、泰斗ポステュムスによれば14世紀に入ってからと言う。輸出が始まったのは世紀後半になってからで、フランドルに比べ、かなり遅れをとっていたことは間違いない。マンロも1360年代初頭から台頭してきたと言う。ただしドゥ・ブールはもっと早く13世紀の第4四半期には輸出できる段階に達したと言う[1]。

　14世紀半ば頃になって、なぜレイデンの毛織物工業が成長していくのか、その理由ははっきりしないが、イングランド産の上質羊毛が入手可能になったことが、その転機になったようで、ポステュムスによれば1396年以降である[2]。その結果、1414年にはスコットランド産羊毛の使用が禁止され、1417年には地元産やフランドル産の粗質羊毛まで禁止され、イングランド産の上質羊毛に大きく依存していくことになる。本来的毛織物工業を示す draperie という語はそれ以降使われるようになったと言う人もいる[3]。

　他方ブラントは最近の研究で、レイデンの毛織物工業は1350年頃に"新毛織物工業"に切り換えられたと言い、これをひとつの転機と見ている。そしてマンロやクラーイベックスも14世紀のレイデンの毛織物工業は"新毛織物工業"であったと言う。クラーイベックスだけはそれがフランドル起源の新毛織物工

業であったと言っているが、あとの２人は、それが例のレイエ川沿いの新毛織物工業と同じものなのか、もっと別の意味で新毛織物工業であったのか、はっきり言及していない[4]。またそれ以前の毛織物工業がこの"新毛織物工業"とどう違っていたのかもはっきりしない。ただひとつの興味深い事実は、レイエ川沿いのウェルヴィクの新毛織物工業規約が地元にではなく、なぜかレイデンの公文書館に伝えられていることで、そこからレイデンがなんらかの理由でウェルヴィクの新毛織物工業を導入したのではないか、と推測することはできる。しかしその規約は1466年から1480年の間に出た、もっとのちの時代のものであるから、これを14世紀にまで遡らせるには無理がある[5]。

　現在伝えられているレイデンの最古の全般的毛織物工業規約は1363～84年のもので、そこでは刷毛をはっきりと禁止し、梳毛だけを認めているから、当時の毛織物工業は基本的には梳毛織物工業であった[6]。この点では当時のフランドルの毛織物工業とは変わりがない。しかも刷毛の禁止はそれから約200年後の1568年の毛織物工業規約でも依然として謳われており、レイデンの毛織物工業はほぼ一貫して梳毛織物工業を守り続けたと言ってもいい。逆に言えばその間重要な技術革新はなかったということになる。1538年に毛織物製品の耳に使う羊毛に限り刷毛は認められたが、製品そのものには認められなかった[7]。最古の規約でも刷毛の禁止が謳われていることは、その技術がすでに知られ、それを使う人がいたことを示しているが、少なくともレイデンではその利用は、紡車ともども16世紀にいたるまで一貫して禁止されていた〔紡車はひと足早く1527年に認められた〕[8]。しかしこの点に関しては、ポステュムスも曖昧さを残しており、レイデンでは緯糸に刷毛処理した紡毛糸を使ったことにより、原料羊毛を無駄なく使い、かつ製品の質を高めることができたとも言う。粗質品毛織物ではこうしたことも考えられるが、具体的にどの製品についてなのか明言はない[9]。

　初期の規約に出てくる製品は単に高級品毛織物（laken van so(o)rten）と呼ばれているだけであるが、15世紀に入ると、具体的にパイク・ラーケン織（puik laken, puuc laken）やフォールウォレン・ラーケン織（voorwollen laken, voirwollen laken〕という名称で登場する。パイク・ラーケン織はイングランドのコッツウォルド産やマーチ産の第一級品羊毛の、しかもその最上質の部分だけを選り分けた羊毛〔これをレイデンではパイク羊毛（puik wolle, puuc wolle）と称していた〕を使った極上品で、1人あたり1年に半反までしか製造を認められなかった10)。したがってパイク・ラーケン織は例外中の例外ともいうべき製品で、全体的に見てどれほどの重要性をもっていたか分からない。ただ超高級品を作る技術はすでに確立されていたものと考えられる。もっとも多く作られていたのは、フォールウォレン・ラーケン織の方で、これもイングランド産の上質羊毛〔"voir wolle" とか "bester wolle" と呼ばれていた〕を使った高級品毛織物であった。ブラントやカプテインによれば、当時フランドルの都市で作られていた高級品毛織物より質的にはやや劣るものであったらしいが、バルト海地方では人気が高く、重要な輸出品になっていた11)。当時の標準的な毛織物1反は、長さが40エル〔約27.5m〕、幅が3エル〔約2m〕、重さが65ポントであったが、レイデンでは半反もの（halflaken）〔長さ20エル〕が奨励されたという。とくにバルト海向けにはこのサイズが好まれたらしい12)。

　この他に粗質品毛織物として voering laken（voedervoering laken）というものが作られていたが、これは経糸に亜麻糸、緯糸に粗質の羊毛を使った小幅の混織物であった13)。こうした粗質品毛織物には刷毛処理した紡毛糸が使われた可能性がないわけではないが、はっきりしたことは分からない。またこうした粗質品毛織物を作る部門を、フランドルのように、粗質品毛織物工業（petite draperie, kleine draperie）とか軽毛織物工業（légière draperie, lichte draperie）として範疇的に区別することはなかったようで、そうした言い回しは史料にも出てこない。また、残されている毛織物工業規約を見るかぎり、フランドルではあちこちで見られた軽毛織物類、とりわけセイ織（サーイ織）がまったく姿を見せないのが気になる。どうもレイデンではセイ織はまったく作られていなかたようで、その理由ははっきりしない。コールマンは1490年代にはたしかにセイ織が作られていたと言うが、その根拠は示されていない14)。このようにレイデンの旧毛織物工業ははっきりした複合的構成ではなく、単一的

構成に近かったと言っていい。

　レイデンの毛織物工業は14世紀末頃より順調に産出量を伸ばしたようで、1400年頃には年間9千反を越えた。その後しばらく産出量は不明であるが、1470年代には1万5千反前後となり、1480年代から1520年代にかけては2万5千反前後と着実に発展したとみられる。最大の産出量を記録したのは1521年で2万9千反に近づいた。その後1530年代、1540年代前半は1万反の水準を維持していたが、1548年以降は1万反を割り込み、世紀後半にはそのままずるずるとじり貧になっていった[15]。しかし1480年代から1520年代にかけては、イギリスの毛織物製品の輸出攻勢が続く中ではかなりよく健闘したと言っていいであろう。1530年頃のレイデンでは、1反の毛織物を作るのに必要なイングランド産輸入羊毛の価格が、同じくイギリスから輸入された未染色毛織物1反の価格とほぼ同じであったというから、勝負は最初からついているようなものであった[16]。それにもかかわらずレイデンがなんとかイギリスの攻勢に耐えてゆくことができたのは、レイデン産の毛織物の品質が優れ、とりわけ染色技術が優れていたからという[17]。ポステュムスによると、レイデンの毛織物製品はパリをはじめ、フランドルのヘントやブルッヘ、ドイツのハンブルクやリューベックなどで模倣されていたほか、レイデンの検印までが偽造されていたという[18]。これはとりもなおさずレイデンの製品が外国市場で信用を得ていたことを示している。

　レイデンの毛織物工業が比較的割安なスペインのメリノ羊毛を本格的に使い始めるのは1522年からで、それほど早くはない。すでに1490年代からイングランド羊毛が品薄のときだけ代替品として若干使われていたが、その利用に本腰をいれることはなかった[19]。スペイン羊毛は、マンロによれば、イングランド羊毛よりも25％ぐらい安かったというし、ポステュムスによれば約40％も安く、コスト的にはあきらかに有利であったにもかかわらず、その利用が進まなかったのは、いかにイングランド産羊毛へのこだわりが強かったかを示している[20]。1521年に過去最大の産出量を記録した頃からイングランド産羊毛は供給が追いつかなくなり、加えて価格も高騰していったことが窺える。それに1493年以来

ブルッヘがスペイン羊毛の指定市場になっていたことも、スペイン羊毛には追い風になったと考えられる。しかしスペイン羊毛が全面的にイングランド産羊毛に取って代わることにはならなかった。スペイン羊毛の使用量は最初から一定の枠内に制限されていたうえ[21]、1530年代以降毛織物工業の不振が続くなかで、1562年にはとうとう昔に逆戻りしてスペイン羊毛の使用が禁止されてしまったからである[22]。1558年イギリスが大陸における唯一の拠点カレーを失い、イングランド産羊毛の指定市場をより近いブルッヘに移したことも関係があったのかもしれない。いや、それ以上に、スペイン羊毛の使用に踏み切ったことが結果的には毛織物の品質を低下させ、ひいては売れ行きの減少につながった、と考えたからではないか。ともかくフランドルの大都市の高級品毛織物工業でもそうであったように、レイデンでもイングランド産高級羊毛へのこだわりには並々ならぬものがあった。

　1530年代、1540年代とレイデン毛織物工業はじり貧状態が続いた。最近の研究では隣町ハールレムの毛織物工業はこの時期かなり健闘していたようであるから、ホラント伯領全体で見れば、総崩れというわけではなかったが、レイデンの凋落は誰の目にも明らかであった。その間事態の打開に向けた動きはいろいろあったのであろうが、1560年頃になってやっと新たな動きが具体化した。それはレイデンでは従来見られなかった新しいタイプの毛織物の生産を認めるもので、具体的には voerlaken、schorte(cleet)laken、tierentein、baai、warp といった製品である。これらが地元産の羊毛で作られることに戸惑いを見せつつも、市当局は1562年5月「これにより市内に大きな産業が創出される可能性がある」との期待感をこめて、これらの製造を認めた[23]。この頃になってやっと市政担当者の間にも従来の発想を転換して、とりあえず毛織物工業を2つの異なる部門からなる複合的な構成にしていかなければ、事態は打開されない、という切迫感があったのかもしれない。ただ「暫定的に」認めると断っているところに、まだ逡巡の跡が見られる。

　これらの毛織物は、ポステュムスによれば、本来の毛織物製品とは認められなかったというから、フランドルでいう軽毛織物工業の製品に近かったと思わ

れる[24]。tieretein、baai、warp などは実際フランドルでも見られた製品で、いずれも高級品ではなく、粗質な安価品であった。この新しい毛織物がどこから伝えられたのか、この点ははっきりしない。もちろんフランドルからの可能性は否定できない。しかしレイデンの周辺農村からの可能性もある。レイデンは長い間執拗に周辺農村工業を禁圧してきた。それにもかかわらず、voorlaken、schortecleetlaken、tierentein（thierenteyn, tierliteyn）、lappen などの粗質品が周辺農村では作られ続けた[25]。1530年代以降毛織物工業の不振とともに、レイデンは一段と農村工業の禁圧政策を強化し、1531年には名高い「農村工業禁止令」を領邦君主から手に入れる。こうした締め付けにより、都市にもぐりこんで生産を続けざるをえなくなった農村住民もいたのではないか。農村工業と同じ名称の製品が２つ顔を出していることも、そのことを窺わせている。フランドルでも農村工業に手を焼いたイーペルが逆に周辺農村の技術を採り入れたように、レイデンも農村工業の抱きこみを図った可能性はある。

　1562年５月の決定は、先に挙げた５つの製品の規格や品質検査の方法、鉛印などについて規定している。ここまでは従来の規約と変わるところがない。しかしその生産者にはイングランド産羊毛を売買したり、使用することを禁止したほか、従来の高級品毛織物工業に関わることも禁止した[26]。あくまでも従来の高級品毛織物工業は別個に維持し、この新しい毛織物製造業がなし崩し的に前者の領分を侵したり、それに取って代わるような事態を避けようとしていることが読み取れる。その代わり羊毛の刷毛処理を認めているから、この新しい毛織物は刷毛処理した紡毛糸を部分的に使っていたことが分かる。はたしてこれらはレイデン毛織物工業にとって本当に"新"毛織物であったのかどうか分からないが、これを機にそれまでのイングランド産高級羊毛やそれを使った高級品毛織物への強いこだわりから、ある程度は抜け出したと言っていいかもしれない。さらにまたそれまで強かった"刷毛アレルギー"を緩和するきっかけにはなったのかもしれない。その意味では、思いがけずも次にやってくる本格的な「新毛織物工業」の時代の下準備にはなったのであろう。しかしそれ以上のことは期待できず、この新しい毛織物製造業はその後も大きな発展を見るこ

とはなかった。したがってじり貧状態にあえぐレイデンの旧毛織物工業の構成を複合的な姿に変えるにはいたらなかった。そしてレイデンの旧毛織物工業は1570年代に事実上姿を消す。

2）都市当局主導の毛織物の品質管理

レイデンの旧毛織物工業には手工業ギルドは見られなかった。若干異論がないわけではないが、現在ではほぼこのように言っていい。とすると、フランドル毛織物工業で見られたような全般的な毛織物工業規制はレイデンでは誰がどのように行なっていたのか、とくに製品の品質管理の問題には、レイデンではどのように取り組んでいたのか、この点を次にどうしても確かめておく必要がある。

レイデンに手工業ギルドがなかったのは、領邦君主であるホラント伯ウィレム３世が1313年にレイデン市に対してギルドの結成を禁止したことに由来するという[27]。フランドルでは折りしもギルド闘争が荒れ狂い、フランドル伯が再三窮地に立たされていたことを知って、その二の舞を避けようとしたとみられている[28]。

レイデンでは毛織物商（wantsnijders）が中心となって都市権力を握ったと言われている。毛織物商というのは、未だ毛織物工業が盛んになる前から、大市や外国市場に出かけて毛織物を購入し、それを市内で小売りする商人で、なかには仕立屋を兼ねる人もいたらしい。そのうちレイデンでも次第に毛織物工業が発展してくると、彼らはカレーに出かけて原料のイングランド産羊毛を輸入し、それを市内の生産者に販売することもした。さらには市内産の毛織物製品の販売や輸出も手がけ、ついには織元として自らも毛織物生産にも乗り出した。こうした商人兼企業家が言うところの毛織物商で、織元（drapenier, drapenierder）と呼ばれることもある。織元とは言っても、生産には直接タッチせず、直接生産者である織布工、縮絨工、仕上工などを問屋制的に支配する問屋主であった。この商人兼企業家が同時に都市貴族としてレイデンの市政を牛耳っていた[29]。

こうした都市の支配者にとって、ホラント伯が手工業ギルドを禁止してくれたことはもっけの幸いで、おそらく彼らが裏でなんらかの働きかけをしていたのであろう。その後14世紀後半にいたり、毛織物工業が徐々に発展し、輸出工業に成長していくと、縮絨工を中心にギルド結成の動きが表面化する。縮絨工は1372年、1391年、1393年とストに打って出たり、集団で市外に去るといった形で圧力を強める[30]。これに押されて市当局は1393年にいったんギルドを認める決定を下すが、新しい領邦君主たるバイエルン侯が介入してこれを覆し、この動きをつぶしてしまう[31]。市の支配者たる織元の利害と直接生産者の利害がぶつかりあうなかで、前者の利害が優先され、直接生産者の要求は退けられたということになる。この点は、後者が勝利を占め、手工業ギルドを結成し、しかも市政にまでも発言権を確保した、同時代のフランドルの都市とは大きく異なる。

　手工業ギルドは認められなかったものの、オーフェルフォールデによれば、15世紀に入ると次第に兄弟団（broederschap）の結成が認められていった。最初は宗教的な目的を掲げた「愛の兄弟団（broederschap van minne）」であったが、15世紀後半以降宗教的装いを捨てて、同職者だけの手工業者兄弟団（ambachtsbroederschap）の結成が認められていくことになる[32]。仕立屋は例外的に早く1458年に認められ、続いて1470年に縮絨工が認められた。1508年には乾式仕上工（droogscheerders）が認められた。その規約でははっきりと兄弟・姉妹団（ambochte ende tbroderscap ende zusterscap van Sinte Ursula）であることを謳っている。しかもこれらの兄弟団に加入しないかぎりその仕事は認められないという一種の加入強制もある[33]。この加入強制をギルド化のメルクマールのひとつと捉えて、これでもって毛織物工業にも手工業ギルドが事実上成立したと見る人もいる[34]。しかし市当局の厳しい監視下におかれ、その役員らは市当局に任命され、自治的な権利の行使はまずできなかった。その意味では手工業ギルドに一歩近づいたが、ギルドと見るにはやや無理がある。
1）ですでにふれたように、1562年に新しくいくつかの毛織物製造が認められたが、実はこれらの毛織物を作る人たちも手工業者兄弟団（ambacht of broe-

derschap）を組織するという形で認められた[35]。この場合は織元ないしは織布工の兄弟団であったとみられる。亜麻織布工は1563年に別途兄弟団を認められた。ここでも加入強制がある[36]。

　このようにレイデンの旧毛織物工業では手工業ギルドが組織されるところまではいかなかった。そのように言っていいであろう。手工業者や職人のあいだには手工業ギルドを求める動きはずっと続いていたとみられるが、領邦君主や市当局は巧みにその動きを抑え、兄弟団という宗教を装った組織にそのエネルギーを封じ込めることに成功した。そのことが、結果的にはレイデンの毛織物工業の発展につながったと言えば、飛躍のし過ぎであろうが、ギルドのなかったレイデンのみが中世後期のホラント伯領において、毛織物工業を一大輸出工業に発展させたというのも紛れもない事実で、そこになんらかの因果関係を見てもいいような気がする。

　手工業ギルドの結成が禁止されたレイデンでは、市当局が全面に出て毛織物工業を規制し、取り仕切っていった。レイデンの旧毛織物工業で知られている最古の規約は1363年の縮絨業に関するもので、おそらく簡単な規約はもっと前からあったのであろうが、伝わっていない。1363年以降1384年にかけて段階的に規約の整備が図られ、あまり体系的ではないが、各分野にわたって約141条の条文にまとめられた[37]。その後1406年に全般的毛織物工業規約全70条が公布され、1415～35年に全135条、1436/37～45年に全143条、1446～51年に全160条、1453～72年に全206条、1472～1541年に全335条、1541～64年に全257条というように規約の手直し、整備が続いた[38]。とくに15世紀の前半にはしばしば手直しがなされ、次第に条文数が増えて、念入りなものになっていった。旧毛織物工業に関する最後の規約は1568～85年のもので、さすがにこの頃になると、毛織物工業の退潮はいかんともしがたくなっていたためか、ほとんどの条文を新たに作り直し、条文数も全174条と減らして簡潔にし、新規出直しを図った観がある[39]。これらの全般的な毛織物工業規約の制定に直接生産者や職人の声がどれだけ反映されているか定かではないが、市当局が条例もしくは布告として規約を上から与えているから、都市権力を握っている商人兼企業家〔織元〕

の利害や考えが色濃く反映されていることは間違いない。

　規約の多くは、原料、製品規格、品質、製法、検査、鉛印、加工賃〔あるいは労賃〕、就業〔あるいは営業〕資格などに関するもので、この点ではフランドル各地にみられた毛織物工業規約とほぼ共通している。もちろん作っている毛織物の種類が違っているから、細部は当然異なる。1）でも少しふれたように、レイデン毛織物工業は原料としてイングランド産の高級羊毛への強いこだわりを見せ、また刷毛処理をほぼ一貫して禁止して、梳毛織物の枠内にとどまろうとしていたから、この2点を軸にすえて、品質管理を徹底し、製品の品質を維持していこうとする姿勢が鮮明に出ている。当然それに合わせて監視体制も作られ、規約が守られているかどうか監視する役人が企業家の中から数人任命されることになっていた。こうした体制が有効に機能して、レイデンの毛織物は高い信用を得たと言っていい。

　ただし規約の中には手工業ギルドを思わせるような特徴的な条文もある。もっとも手工業ギルド的色彩の強い条文は、織元や織布工には織機の所有を2台までと制限し、年間の生産量も半反もので160～240枚と上限を定めた条文である[40]。生産量の上限は少しずつ緩和されていったが、織機台数の制限はほぼ一貫して守られていたようである。ただ問屋制支配を繰り広げる大織元の場合、自分では2台しか持てなくても、問屋主として支配する織布工の数には制限はなかったとみられるから、こうしたギルド的制限が経営上の障害になったのかどうか分からない。また縮絨工は縮絨桶（gespan）を4個まで、仕上工は仕上台を2台まで〔1552年〕、染色工は青色の染色桶を2個まで、というように道具数の制限があった[41]。興味深いのは、織元や織布工には生産量の下限も設定されていることで、年に半反ものは80枚以上作るべし、という規約も見えている[42]。またそれぞれの毛織物製品を規定以上に著しく上質に作ってはならないという規約もある[43]。こうした規約は非常に珍しく、他ではあまりお目にかかれないが、何が意図されているのかよく分からない。またイングランド産羊毛を使う生産者とその他の羊毛を使う生産者は峻別され、勝手に別の原料羊毛を使うことは許されなかったし、縮絨工や仕上工もどちらか一方で作られた製

品しか扱うことができなかった[44]。また毛織物の生産者は亜麻用の織機を自宅に置くこともできなかった[45]。手工業ギルドの一人一職の原則を取り入れているようにもみえる。ハウエルは、織元はどんな種類の毛織物も自由に作ってよく、生産量の上限と品質の基準を守るかぎり、兼業も認められていたと言うが[46]、違うのではないか。すでにふれたように、1393年レイデン市当局が手工業ギルドの結成をいったんは認めながら、バイエルン侯の意を受ける形で、それを取り消したとき、市民には"手工業や商売（ambachte ende neringhe）をする自由はある"と一方では述べていたが[47]、もしこれを根拠に営業の自由が当時の毛織物工業にも広く認められていたと理解するなら、毛織物工業規約の内容とは整合性がとれないことは疑いようがない。

　ただ問題はこうした、いかにもギルド的な規約をどう解釈するかということである。ひとつの解釈は、生産者間に経済的格差が広がるのをできるだけ抑え、ギルドは認めないものの、ギルド的な対内的平等の原則だけは維持し、バランスのとれた都市経済を目指した政策ではないか、と見るものである。つまり1人あたりの生産量の上限を決めておけば、過剰生産を抑えて、値崩れを防ぎ、製品価格を安定させることにもなる。そうすれば規模の小さい織元や織布工にも相応の収入が確保され、社会の安定化にもつながるというわけである[48]。ある意味では平均的な中世都市の経済像に見合った理解と言っていいであろう。しかしこれらのギルド的規約は、毛織物の粗製濫造を防いで、製品の品質を維持し、それで毛織物工業の信用を高め、ひいて都市経済の安定に貢献したのではないか、と見ることも可能である。つまり量より質を重視した結果だと見ればよい[49]。レイデンの製品は早くからドイツのハンザ同盟の商業圏に食い込み、そこからさらにバルト海地方に奥深く進出していたことはたしかで、ハンザ商人はまた取り扱い商品の品質には非常にやかましかったことでも知られている。それゆえこうした規約でもって製品の品質管理を厳格にし、ハンザ商人の要求に柔軟に応えていったとしても、別に不思議はない。前者の解釈も一概に捨てがたいが、市当局が一貫してギルドの設立を認めなかった事実をもっと重視すれば、後者の見方の方がより説得力をもつのではないか。もし前者の解釈のよ

うなバランスのとれた、いうなれば単純再生産的な都市経済を目指すのであれば、ギルド制を導入した方が手っ取り早いとも思われるからである。

　レイデンの全般的毛織物工業規約でもうひとつ見逃せないのは、周辺の農村工業に対する一貫した厳しい対応である。それは最古の規約からすでに見られ、市民や住民がレイデンの市外で毛織物を織布させたり、縮絨や染色させたりすることは禁止されていた[50]。また市民や住民が市外に住み着いて毛織物を作ったり、農村住民に便宜を図ることも禁止されていた[51]。織機などを市外に持ち出すことも認められなかった[52]。また市外の農村で作られた毛織物を市内に持って来て仕上げなどの加工をすることも禁止されていた[53]。ただ市の周辺農村とは言ってもレイデン市の禁制圏〔バンマイレ〕内は除かれ、最初は毛織物を作ることは認められていたが、1457年以降は禁止された[54]。本来ならば手工業ギルドが掲げるべき原則を、市当局が肩代わりしている。

　しかし周辺農村工業を禁止すれば、それで事足りるというものでもなかった。中世や近世の毛織物工業で一般的にもっとも大きな問題は、紡糸工程〔織糸作り〕の生産性が低くて、都市の内部だけでは十分な織糸が確保できなかったことである。紡車の普及によって徐々に生産性は上がっていったものとみられるが、それでも広幅織機1台〔織布工は2人〕につき7～8人の紡糸（女）工が必要であったといわれている[55]。そのためレイデンのような毛織物工業都市では織糸を十分確保するためには、いきおい周辺農村に頼らざるをえなくなる。また農村の婦女子の労働力となれば、都市の内部より加工賃は当然安く済んだはずで、織元〔企業家〕にとってはそれだけでも魅力的であった。ポステュムスによれば、16世紀のレイデンは周辺の37の農村や市場町に織糸の供給を仰いでいたという[56]。おそらくレイデンの毛織物工業は周辺の農村住民の助けなしには基本的には成り立たなかったものと思われる。梳毛処理も周辺の修道院などに依存することが多かったという[57]。これはなにもレイデンだけに限ったことではなく、フランドルの大都市でも多かれ少なかれ事情は同じであったと思われる。

　周辺農村の住民に織糸作りを認めてしまえば、労働コストの安い農村である

だけに、それに先立つ梳毛処理や次に来る織布や縮絨も、機会があれば、委ねようという人が出てくるのはほとんど避けがたいし、農民のなかにも織糸作りばかりでなく、それを機に織布工程なども手がけてみようとする人が現われてもなんら不思議はない。都市自らが農村工業の種をまいている以上こういう事態は避けがたい。それにまた都市と農村はそれぞれ隔絶した世界ではなく、週市には近隣農村から農民が都市に入ってくるし、戦争などともなれば、周辺農村から農民が大挙して城壁をもつ都市に流れ込むことは珍しくはなかったから、技術の流失を食い止めることなど至難の業であったにちがいない。こうしていつのまにか農村にライヴァルの毛織物工業が姿を見せるようになる。たえず織糸不足に悩まされていた都市の毛織物工業にとっては、農村はなくてはならない存在ではあったが、他方では何かきっかけがあれば、いつでも簡単に競合者として現われる可能性を秘めたやっかいな存在でもあった。レイデンの場合、こうした不安な状況は早くも14世紀半ばには深刻になっていたようで、レイデン市は1351年にホラント伯ウィレム5世から、市の周辺3メイル〔5,000ルーデ、約19km〕以内の農村毛織物工業を禁止する特権を得ている[58]。やっとレイデン毛織物工業が輸出工業の域に入るか入らないかの頃で、その頃からもうレイデンは農村毛織物工業に対して危機感を強めていたことになる。フランドルでみられたような、実力による農村の織機狩や織機の破壊などはなかったものの、農村工業問題は次の15、16世紀にも引き続き現われているから、都市の思惑通りに事が運ばなかったのははっきりしている。とくに1530年代には戦争によりバルト貿易が深刻な打撃を受け、レイデンの毛織物工業は不振を余儀なくされた。その結果ホラントの諸都市は1531年に有名な"農村工業禁止令"を領邦君主より手に入れ、農村工業を禁圧するお墨付きを得たが、ブルネルによれば、ほとんど効果はなく、10年ほどで禁止令の存在そのものも忘れられてしまったという[59]。そのためそれから10年後の1540年にレイデン市は改めて市壁から500ルーデ（約1,900m）以内の毛織物製造を禁止した[60]。この禁令に先立ち行なわれた調査では、農村には織機5台に縮絨桶まで備えて毛織物を作っていた農民がいたことが報告されている[61]。ちょっとしたマニュファクチャーと言

えなくもない。"農村工業禁止令"がむなしく響く。農村工業をやみくもに禁止することで、当面する事態を打開できるほど問題は単純ではなかった。それにもかかわらず禁止令という形で都市のエゴイズムを一方的に農村に押し付けようとしたところに無理があったと言うべきであろう。農村工業は都市にとって両義的存在であった以上、それに敵対したり、それを禁圧しようとしても、限界があったことをレイデンの旧毛織物工業の歴史は教えている。

2．レイデンの新毛織物工業

　レイデン毛織物工業の再興の機会は意外に早く訪れた。スペイン国王に反旗を翻したオランダの八十年戦争（1568～1648年）が始まってわずか数年後の1573年10月、レイデンは突如スペイン軍に包囲され、市民は塗炭の苦しみを味わった。しかし翌年10月やっとの思いで1年ぶりに解放される。のちにオランダ共和国の中心となるホラント州とゼーラント州は、このレイデンの解放を最後にスペインから直接軍事的脅威にさらされることはなくなり、平和と安全がひとまず回復された。壊滅的な打撃を受け、経済の再建に取り組むレイデンはこれを機に、戦闘が続く低地諸邦の南部から難を逃れて移住してくる人々に目をつけ、彼らにレイデンの毛織物工業再建の希望を託すことになる。レイデンがすでに16世紀前半に毛織物工業都市としてその名を馳せていたことが、南部の、とりわけフランドルの毛織物工業関係者には魅力であったと考えられる。レイデン市当局は1577年、戦乱を逃れてすでにフランドルからイギリス東部のコルチェスターやノーリッジに渡っていたフランドル人の毛織物生産者100人をレイデンに呼び寄せることに成功した[62]。さまざまな有利な条件を提示して、彼らに新しい毛織物の生産を促すためである。これが呼び水になったのか、1582年にかのセイ織の一大生産地ホントスホーテがフランス軍の焼き打ちに遭ったとき、ホントスホーテから大勢の難民がレイデンに流れ込み、その後もフランドルなどから難民や移民の流れは続いた[63]。こうしてレイデンは1580年代から毛織物工業都市として新たなスタートを切り、ほどなくして西ヨーロッパ

最大の毛織物工業都市に登りつめていく。レイデンの新毛織物工業はフランドル毛織物工業の遺産を引き継ぎながら、旧毛織物工業とは断絶した形で始まった。

1）新毛織物工業の複合的構成とネーリング制の成立

レイデンの新毛織物工業を制度面で特徴づけているのはネーリング制（nering）である。したがってまずこのネーリング制から取り上げていくことにしたい。

ネーリング制というのは多種多様な毛織物製品を、使用する原料や製法の違い、製品の種類などに応じていくつかのグループに分けて、それぞれのグループごとに規約を定め、品質の管理を図っていった制度で、バーイ織ネーリング、サーイ織ネーリングというように、全部で9つのネーリングが作られた。時期によりその数には増減があるが、大部分の毛織物製品はいずれかのネーリングに所属してその品質を管理されていた。以下成立順に見ておこう。

バーイ織ネーリング　1578年に最初に成立を見たのがこのネーリングで、これにはバーイ織（baai, baeyen）をはじめとして、ラーケン織（lakenen）もしくはドゥック織（doek, doucken）、ロル織（rollen）などが入っていたようで、のちにレイデン・ベレ織（Leidse belle, Leytsche bellen）、スペイン・デーケン織（Spaanse deken, Spaensche deecken）、スタメット織（stamet）、ケルサーイ織（kersaey、カージー織？）、ラップ織（lappen）なども加えられた[64]。それぞれどういう違いがあるのかはっきりしないが、バーイ織は基本的には経糸に梳毛糸、緯糸に紡毛糸を使った厚手で、どちらかというと粗質の製品であった。フランドルで言うベイ織（baie, bayes）と同じものである。ラーケン織は伝統的な梳毛織物とみられるが、レイデン・ベレ織の方は純然たる紡毛織物とみられる。したがってかなり異質の製品もここでは込みになっていたようにも思われる。1577年にイギリスから呼び寄せられたフランドル人がこれらの製品を作っていたと考えられる。

ネーリング規約は1577年に最初のものが作られ、後日その全面改訂が行なわ

れたとみられるが、それは残っていない。現在伝えられている規約は1598年4月の第3版全122条と、1606年12月の第4版全89条である[65]。その後部分的手直しが数度なされているが、以後全面改訂はなされていない。

サーイ織ネーリング　つづいて1582年ホントスホーテからの難民の到着を機に、11月に2番目のネーリングとして設立されたのがサーイ織ネーリングである。サーイ織（saai, saeyen）はフランドルで言うセイ織と同じものである。したがってレイデンではホントスホーテからセイ織がこのときはじめて伝えられたことになる。このネーリングには広幅サーイ織（dobbelsaeyen）、貴紳用サーイ織（heerensaeyen）、小幅サーイ織（smalle saeyen, fijne saeyen）、広幅レイスト織（dobbellijsten）、フロフレイン織（grogreinen）なども含まれていた[66]。これらはいずれも梳毛糸を使った梳毛織物であった。このうちフロフレイン織だけは羊毛以外の原料も混ぜて使った混織のようで、これはリールから伝えられたとみられる。

最初のネーリング規約はフレイン織（grein）も含めたものであったらしいが、これは残っておらず、その内容は不明である。その後1585年12月に新たに規約を作り、全83条にまとめられた。その後数回にわたって細部の手直しを行なった後、1591年に第5版として全111条にまとめられた。ここでは gekaerde saeyen、double armynen といった新しい製品も登場している。つづいて1594年11月に第6版全117条、1602年3月に第7版全126条、1612年11月に第8版全126条というように規約の見直しが進められた[67]。これ以後全面改定はないが、部分的な手直しは随時行なわれていた。

ベレ・ラーケン織ネーリング　1586年4月に第3番目のネーリングとして設立されたのがこれで、フランドルのベレ〔バイユール〕で作られていたベレ・ラーケン織（Bels laken, Belsche laeckenen）を対象としていた。これはすでに1章でもふれたように、フランドルではじめて純然たる紡毛織物として作られた製品で、直接ベレから伝えられたか、もしくはブルッヘ経由で伝えられたと考えられる[68]。バーイ織ネーリングに入っていたレイデン・ベレ織もこれと同じものであったとすると、なんらかの必要があってこれだけをバーイ織ネーリ

ングから分離して独立させたとも考えられる。規約は全32条とこぢんまりしたものである[69]。このネーリングはなぜかその後は不振が続いたようで、5年後の1591年11月にバーイ織ネーリングに吸収された[70]。また元にもどったと言えるかもしれない。

フステイン織ネーリング　同じ1586年の6月にもうひとつ、第4番目のネーリングとして設立されたのがこのフステイン織ネーリングである。このネーリングに入っている製品としては、サーイフステイン織（saaifustein, saeyfusteynen）、綿フステイン織（katoen-fustein, cottoenfusteynen）、cottoen vierschachten、negen oogen、breede ende smalle doppen、breede ende smalle rebben、gebendeerde、platte、Piemontsche など9種類におよぶ[71]。フステイン織は2章でもふれたように、イタリアもしくは南ドイツからブルッヘに伝えられた製品で、基本的には亜麻を経糸に、綿を緯糸に配した混織品で、厳密には毛織物ではないが、ブルッヘでは緯糸用の綿が不足したとき、羊毛を代用したといわれており、サーイフステイン織がこれである。したがってこれは亜麻と羊毛の混織品ということになり、ひとつの技術革新と呼んでもいい。羊毛は梳毛糸と紡毛糸の両方が使われたようである。亜麻と綿の混織品である本来のフステイン織は綿フステイン織の方である。残りの製品は3枚以上の綜絖を使って綾織、畝織など織り方にさまざまな工夫をこらした亜種と見ていい。

ネーリング設立時に全53条からなる最初の規約が作られ、その後1591年、1602年、1621年と全面改訂が行なわれ、条文数は52条、66条、76条と変わっていった。この間に cottoene bombasynen、legaturen、vijfschachten、termijn といった製品も新たに加わった[72]。なおこのネーリングは不振のため1674年に、のちに設立されるワルプ織ネーリングに吸収合併された。

ラス織ネーリング　このネーリングは1596年4月に5番目のネーリングとして成立した。ラス織（ras）はアルトワの古都アラス（Arras）で作られていたラス織と同じものとみられるから、これはアラスから移住して来た人が伝えたものと見て間違いない。1588年にはラス織を作る織元がすでに28人いたことが分かっている[73]。ラス織は〈付論1〉ですでにふれたように、基本的にはセ

イ〔サーイ〕織と同じものである。ただ羊毛に最初から付着している油脂を洗毛して落さずに梳毛糸を作ったところがセイ〔サーイ〕織とは違うところで、しかも織糸は数本撚って使った綾織という[74]。他にrasmollen、rasbonbazijnというのもあった[75]。

　最初の規約は全27条で出発し、1597年に全面改訂がなされたらしいが、これは残されていない。1602年と1608年にも全面改訂がなされ、条文数は53条、61条と増えていった[76]。このネーリングも不振続きで1662年にサーイ織ネーリングに吸収合併された[77]。

　カンジャント織ネーリング　このネーリングは1597年に6番目のネーリングとして設立されたと考えられているが、正確な日時は不明である。この頃から生産が始まったとみられる[78]。このネーリングには、レイデン・カンジャント織（Leidse cangeant, Leytsche cangeant）、オセット織（heel ossetten, halve ossetten）、トルコ・フロフレイン織（Turkse grogrein, Torcsche grogreynen）、綾サーイ織（gekeperde saeyen）、weerschynen、boratten（bouratten, baetsaeye bombasynnen）、trijpen、caffen、vaendoecken、bulteeldoeckenといった10種類ほどの製品が入っていた[79]。1602年の規約によれば、これらは「いずれもリールで行なわれている製法で」作ると謳われており、リールの新・軽毛織物工業に属す製品が伝えられたことが分かる。トルコ・フレイン織はリールの第一の産業であったといわれている[80]。これらの製品はその多くが絹と羊毛の混織であったり、絹に似せて作られた毛織物であったとみられるが、具体的な違いははっきりしない。このうちカンジャント（cangeant）という名称はリールのchangeantsから来ているとみられる[81]。トルコ・フロフレイン織についてはわざわざ模造品（geconterfeyte Torcsche grogreynen）であると明示している。フロフレイン織は経糸に山羊の毛で作った糸、緯糸には梳毛糸を使った混織であるが、トルコ・フロフレイン織では経糸にいわゆるトルコ糸〔山羊やラクダの毛で作った糸〕を使っていたとみられる。おそらくこのトルコ糸の模造品を使ったということであろう。サーイ織ネーリングにもフロフレイン織というのが入っているが、それほど大きな違いはなかったと考えられ

る。

　最初の規約はいつ作られたかはっきりしないが、カンジャント織業者は1597年から生産を始めていたので、その頃とみられる。1602年に規約の全面改訂版が全40条として出ている[82]。しかしこのネーリングに属す毛織物工業は不振続きで、1606年12月にはネーリングそのものが廃止されてしまった。今後はネーリングの規制を受けず、自由に作ってよいということになった。必要な原料が十分確保できず、高いものについたうえに、他で作られた製品が安く入ってきたためであると、その理由が述べられている[83]。アムステルダムが世界市場としてその地位を築きつつあったとはいえ、この頃はまだ南欧・地中海方面との貿易は、スペインとの戦争が続いていたことも手伝って、不安定で、絹をはじめとする地中海方面外来の原料が十分に入ってこなかったことが分かる。

　16世紀末までに設立されたのは以上の6つのネーリングである。そのうち2つはまもなく姿を消した。以後しばらくネーリングの新設はないので、これらを"初期のネーリング"と呼んでおきたい。これらのネーリングは、移民や難民の来住とともにフランドルの各地から相次いで伝えられたさまざまな種類の毛織物をいくつかのグループにまとめて規制し、無秩序に流れることを防ぐ狙いがあったものと思われる。とりわけ製品の規格や品質が生産地によってまちまちであるのを、レイデン産の製品として統一し、同時に製法にも共通性をもたせて、検査や品質管理をやりやすくしたと言っていいであろう。

　17世紀に入りしばらくはネーリングの新設はないが、半ば近くになって新たに3つが新設される。これでレイデン毛織物工業は新たな顔を見せ、新たな段階に入っていったと言うことができる。

　ラーケン織ネーリング　このネーリングは1638年5月に設立された。この年からラーケン織の産出量が急増して年に1万反を超えた事態に対応したものと思われる。規約ではラーケン織（laken, laeckenen）のほかに、カルサーイ織（karsaai, carsaye, kersaey）とスタメット織（stametten）が対象となっている[84]。最初のバーイ織ネーリングにもラーケン織が入っているが、これとは別

種のラーケン織とみられる。バーイ織ネーリングのラーケン織は梳毛糸で作られるもので、中世のフランドルやレイデンの旧毛織物工業で作られていた、いわば正統派の伝統的ラーケン織であったとみられるのに対して、この新しいラーケン織は紡毛糸で作る純然たる紡毛織物で、一時期ベレ・ラーケン織ネーリングで作られていたものと基本的には同じものである。したがってこのラーケン織ネーリングは、1591年にバーイ織ネーリングに吸収され、ごく短命に終ってしまったベレ・ラーケン織ネーリングの分離独立ないしは復活と言った方が正確のようである。15世紀も末に近づく頃フランドルのアルマンティエール、ベレ、ニーウケルケ〔ヌーヴエグリーズ〕にはじめて姿を見せた純然たる紡毛織物のラーケン織が今や異郷のレイデンで見事に花を咲かせたと言うことができる。

カルサーイ織というのは、イギリスの毛織物工業史に古くから出てくるでカージー織（kersey）をオランダ語に訳したようにもみえるが、実際どのような製品であったのか不明である。イギリスのカージー織は比較的粗質の紡毛織物であったから、もしこれと類似品であるなら、このネーリングに入っていても違和感はない。スタメット織についてはポステュムスはよく分からぬと言っているが、最近の説では紡毛糸を使った綾織とのことであるから[85]、これもこのネーリングでいい。このカルサーイ織とスタメット織は、それまではバーイ織ネーリングに所属していたのを、移したとみられる[86]。

最初の規約は1638年に全58条でスタートし、その後若干の手直しを経て、1661年に全面改訂がなされ、全81条となった。その後も部分的手直しがあり、1717年の全面改訂で全82条の規約となった[87]。このネーリング規約は最初から、織布〔製織〕直後に行なう製品の検査を重視する旨述べており、それがネーリング設立の大きな狙いであることを窺わせている。

ワルプ織ネーリング　このネーリングは8番目のネーリングとして1652年6月に設立された。このネーリングに入るのはワルプ織（warp, warpens）、ティーレンテイン織（tierentein, tierenteynen, tierentainen）、ブセル織（boesel）、フールラーケン織（voerlaken, voerlaeckens）、メソラーン織（mesolaan)、ドロヘット織（droget, dragetten)、モンク織（monk, moncken)、シャルジュ織〔サージ織？、chargen, chergen, sargen〕、バラカーン織（barakaan, barrakanen)、テルメイン織（termijn）といった製品である[88]。

このうちワルプ織は経糸が梳毛糸、緯糸が紡毛糸の製品で、風合いはバーイ織に似ているという。ティーレンテイン織は経糸が亜麻、緯糸が羊毛の混織で、これもバーイ織に似ていたという[89]。このワルプ織、ティーレンテイン織とフールラーケン織は、すでに前節の1）でもふれたように、1562年にすでにレイデンで製造を認められていた製品である。したがってそれから100年近く経ってネーリング制に組み込まれたことになる。その意味では旧毛織物工業の遺産の一部を受け継いでいるネーリングと言ってもいい。その他の製品についてはよく分からないが、いずれも高級品ではなかったようである。

全28条からなる最初の規約が1652年に出たあと、数度にわたって比較的大きな手直しがなされ、1663年にそれらを取り込んで全面改訂がなされ全70条の規約となった[90]。

トルコ・フレイン織ネーリング　最後に9番目のネーリングとして登場するのがこのネーリングで、1654年3月に設立された。ここに入る製品としてトルコ・フレイン織（Turkse grein, Turcxe greynen)、mediocedas、nompareylles、machayes〔モヘヤ？〕、saeyette greynen〔Leytsche Turckxe レイデン・トルコ織〕、bouratten（boratten)、baracan(n)en（barakaan)、picottes、basterden、polomyten などがあり、18世紀になるとさらに witte zayetten greyen（canganten)、trijpen、calamincquen、estamines、everlesten などが加わる[91]。トルコ・フレイン織というのはトルコ糸〔山羊の毛やラクダの毛で作った糸〕だけで織った織物ないしは一部トルコ糸を使った〔毛〕織物という定義が最初に与えられている。単にフレイン織（grein, greyn）と言うことも多い。その他の製品は具体的にどのような製品であったのかよく分からないところもある。mediocedas（medeacedos）は経糸が絹、緯糸が亜麻、ラクダの毛、サーイ糸などを混ぜて撚ったものという。bouratten は経糸が絹、緯糸がサーイ糸の混織で、別名 baetsaeye bombasynenn ともいう。baracanen はワ

第3章　レイデン毛織物工業の展開と脱ギルド　**149**

ルプ織ネーリングにも同じ名前のものがあるが、その異同は不明である[92]。

　このネーリングに所属する製品はほとんどが絹との混織か、あるいは絹に似せて作られた製品のようで、16世紀にフランドル、とりわけリールで開発された新・軽毛織物工業が中心になっているとみられる。基本的には1606年に廃止されてしまったカンジャント織ネーリングに所属していた製品と共通性が多く、したがって新設のネーリングというよりはかつてのカンジャント織ネーリングが復活したものと見た方がよさそうである。

　最初の規約は全39条であったが、その後ひんぱんに条文の追加や補正がなされ、1679年の改訂で全57条、1759年には全43条となった[93]。

　17世紀になって成立したネーリングは以上の3つであり、これらを便宜上"後期のネーリング"と呼んでおきたい。ここに出てくる毛織物製品は基本的にはすでにレイデンでも知られていたものとみられるが、それまでは生産が振るわず、ネーリング制の中に組み込む必要のなかった製品と言っていい。しかし17世紀半ば近くになって新たに脚光を浴び、それぞれ別個のネーリングにまとめられたということになる。1674年にフステイン織ネーリングがワルプ織ネーリングに吸収合併された後は動きはなく、以後"初期のネーリング"2つと"後期のネーリング"3つが18世紀末まで存続することになる。こうしたネーリング設立の動きを見ていると、フランドル各地のさまざまな毛織物工業がレ

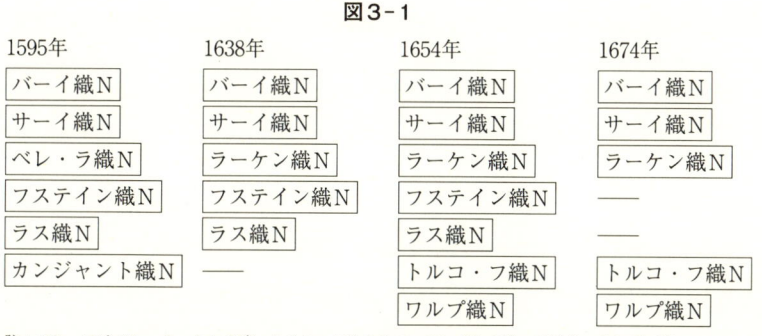

図3-1

1595年	1638年	1654年	1674年
バーイ織N	バーイ織N	バーイ織N	バーイ織N
サーイ織N	サーイ織N	サーイ織N	サーイ織N
ベレ・ラ織N	ラーケン織N	ラーケン織N	ラーケン織N
フステイン織N	フステイン織N	フステイン織N	—
ラス織N	ラス織N	ラス織N	
カンジャント織N	—	トルコ・フ織N	トルコ・フ織N
		ワルプ織N	ワルプ織N

註：ベレ・ラはベレ・ラーケンの略、トルコ・フはトルコ・フレインの略、Nはネーリングの略。

イデンというひとつの都市の中に凝縮された観がある。16世紀末以降のレイデン新毛織物工業は梳毛織物、紡毛織物、混織物というように複数の部門からなるはっきりした複合的構成になっていた。これが旧毛織物工業と比べてみた場合、レイデンの新毛織物工業の強みであったことは疑いを容れない。

以上のネーリングの推移は図3-1の通りである。

2）レイデン新毛織物工業の展開

ネーリング制下の新毛織物工業は16世紀末以降どのような展開を見せたであろうか。これが次の検討課題である。そこでまず各ネーリングの毛織物産出量の推移をポステュムスが作成した表をもとに、5年ごとに示しておきたい〔表3-1〕。

この産出量の数字は、おおまかな動向をつかむために、便宜上5年ごと〔1740年以降は10年ごと〕に示してあるが、ちなみに各ネーリングの産出量の最高記録は次のようになっている。

サーイ織	1623年	51,493反		ラーケン織	1698年	28,106反
ラス織	1637年	12,395反		フレイン織	1669年	67,335反
フステイン織	1624年	33,986反		ワルプ織	1765年	31,773反
バーイ織	1633年	23,785反				

産出量を単純に総計して最高を記録したのは1664年で144,723反となっている。また価額では1654年の約920万フルデンが最高となっている。後退の局面を見ると、10万反を割り込んだのが1675年頃、さらに5万反を切るのは1755年頃で、それほど急カーブを描いて衰退したとも思われない。おおまかに言えば、17世紀前半にピークを迎えたネーリングと後半にそれを迎えたネーリングの2つのグループに分かれている。

この7つのネーリングのうち、サーイ織、ラス織の2つは梳毛織物〔英語でいうウステッド〕、ラーケン織は紡毛織物〔英語でいうウルン〕、フステイン織と〔トルコ〕フレイン織は羊毛以外の原料を混ぜた混織物、というように3つに大別することができる。バーイ織とワルプ織は分類がむずかしく、梳毛糸と

第3章　レイデン毛織物工業の展開と脱ギルド

表3-1　各ネーリングの毛織物産出量

(単位：反)

年次	バーイ	サーイ	フステイン	ラス	ラーケン	フレイン	ワルプ
1585	4,000	34,000					
1590	6,000	39,500	±988				
1595	8,000	43,500	2,070				
1600	9,207	35,750	11,311	2,389			
1605	9,456	34,614	13,772	1,698			
1610	8,202	45,557	14,522	2,726	1,422		
1615	9,303	47,022	16,666	4,299	1,210		
1620	16,695	50,335	22,302	6,298	1,539		
1625	10,822	36,990	30,632	6,640	1,379		
1630	14,602	48,843	32,213	10,718	1,780		
1635	18,831	37,900	22,362	9,232	3,019		
1640	18,971	32,578	17,471	9,642	10,805		
1645	15,401	27,938	13,077	8,659	20,409		
1650	15,567	37,796	11,434	6,568	21,139		
1655	13,866	27,585	9,111	5,104	18,555	30,465	8,877
1660	15,573	34,230	6,866	3,383	20,041	38,000	9,400
1665	12,436	27,961	4,192	2,303	18,342	40,805	15,941
1670	9,687	19,493	2,065	1,200	16,412	54,979	10,079
1675	10,707		1,466		19,905		8,248
1680	9,768	(18,581)	861	(125)	21,275		8,427
1685	11,180	26,530	4,141	196	17,794		6,423
1690	(9,743)	(15,855)	4,896	(9)	16,831	(24,474)	5,678
1695	(9,642)	(21,658)	4,746	(4)	24,086	(24,795)	3,012
1700	6,059	8,450	5,563		24,782	36,902	3,249
1705	10,844	(6,333)	4,500		20,730	6,430	8,812
1710	9,041	5,788	2,208		23,645	20,231	9,282
1715	7,701	3,418	—		22,264	18,962	16,216
1720	6,792	3,864	1,429		17,022	24,156	14,300
1725	6,945	1,401	978		16,162	30,411	17,054
1730	7,746	1,439	513		11,552	21,013	16,617
1735	7,179	1,028	566		10,847	18,722	19,324
1740	7,391	979	326		7,391	15,469	18,000
1750	6,708	803	24		6,708	12,638	25,688
1760	8,549	498	182		3,822	5,181	30,287
1770	8,259	427	179		3,021	3,606	27,810
1780	9,063	612	140		3,722	3,358	24,364
1790	7,982		28		3,029	2,238	16,503
1800	11,716		4		3,319	1,578	12,816

典拠：Posthumus [1939], II, p. 129, III, pp. 930-1, 1198-9. (　) 内は近接年次。

紡毛糸の混織という意味では混織物に入るが、原料は羊毛だけである。

上の表からまず言えることは、バーイ織は産出量にそれほど大きな変動がなく、どちらかと言えば比較的安定していたこと、またワルプ織は18世紀に入って産出量を徐々に伸ばしている唯一の部門であるということである。

問題は残りの5つである。このうちサーイ織とラス織、つまり梳毛織物部門は17世紀の前半が最盛期で、後半以降は不振が続き、ラス織にいたっては完全に姿を消している。フステイン織もやはり1620〜30年代が山場で、後半には不振が続き、やがて没落する。つまり17世紀の前半に最盛期を迎えたのは梳毛織物部門とフステイン織ということになる。これに対してラーケン織とフレイン織は、言い換えれば、紡毛織物部門と今ひとつの混織物部門の2つは逆に17世紀半ば前後から急速に伸びていき、18世紀に入ってもそこそこ産出量を維持している。毛織物工業が複合的構成をとっていたことがレイデンにとり幸いしたことは明らかである。レイデンの史料にはしばしば「市の第一の産業（hoofdnering）」という言葉が出てくるが、ごく大づかみに言えば17世紀前半はサーイ織工業が明らかにこれに当たり、後半にはラーケン織やフレイン織工業であった。こういう動向が見て取れる。

そこで、なぜこうなったのか、必要な範囲内で研究史を若干振り返ってみたい。

レイデン毛織物工業史の自他共に許す大家であるポステュムスはこうした部門構成の変化に注目はするものの、その理由についてはとくにはっきりと自説を展開していないようにみえる。ただ原料の入手可能性如何が、より具体的にはスペイン羊毛やトルコ糸が入手可能になったことが関係していたのではないか、と指摘しつつも、他方では1630年代前後からのラーケン織部門の発展は当時のイギリスの製品をモデルにし、その技術を導入した結果ではないかとも示唆している[94]。ポステュムスははっきりと述べているわけではないが、当時のイギリスの代表的製品といえばかの有名な白地広幅織（white broadcloth）で、これは純然たる紡毛織物であった。とくに16世紀には未染色・未仕上げの半製品の形でアントウェルペンやアムステルダムに大量に輸出されていた毛織物で

あった。この毛織物はフランドルの毛織物工業にとっても、またレイデンの旧毛織物工業にとっても手強いライヴァル製品であったことはまちがいなく、レイデンの業者がこれに目をつけたとしても不思議ではない。同じようなことはファン・ディレンも示唆しており、またベルギーのファン・ハウテも、レイデンのラーケン織部門の急成長はイギリスの毛織物製品の模倣であると、同じようなことを述べているが、はっきりとした根拠は示していない[95]。しかしイギリスの羊毛戦略により、その輸入が絶望的になっていたときに、そのイギリス羊毛をベースにしたイギリス毛織物工業の技術を導入するというのは、常識的には考えにくいのではないか。

　ところで最近これに異を唱えているのがロンドン大学のチョーリーで、彼はレイデンの純然たる紡毛織物であるラーケン織の技術はフランドル、つまりベレやアルマンティエールから伝えられたもので、この技術にさらに改良を加えてレイデンは優れたラーケン織を作り出したと言う。レイデンで改良されたのは何よりも刷毛と紡糸の技術で、とりわけ刷毛技術の改善は重要であったと彼は見る。それはラーケン織の経糸数の変化に現われており、1585年には1反あたりの経糸数は1800本であったのが、1650年にはその倍の3600本に増えているという[96]。つまり経糸が格段に細くなり、1反あたりの経糸の密度が増しているのは刷毛と紡糸の技術の向上を示すものにほかならない。チョーリーは、コルベールが1667年に南仏カルカッソンヌに王立マニュファクチュールを設立したとき、オランダ人の熟練技術者を引き抜き、刷毛、紡糸などの準備諸工程を一新した、と言う。「……オランダ人は1/3の羊毛でフランス人と同じ毛織物を作る技術をもっている。……フランス人なら1週間かかる仕事をわずか1日でする」というある人の証言〔ただし1852年のもの〕を引用している[97]。もしこの通りなら原料の節約と作業の効率という点ではレイデンの技術は際立っていたことになる。またフランスの紡毛織物の生産地として知られているスダン（Sedan）、アブヴィル（Abbeville）、ルヴィエ（Louviers）にもオランダ人職人を通じてこの新しい技術は伝えられたという[98]。しかもさらに興味深いことは、レイデンで改良されたこの技術はイギリス西部の毛織物工業にも伝えられ

たふしがあるという。当時イギリスの西部地方ではスペイン織という新たな高級品毛織物が作られつつあったが、どうもこれと関係あるらしい。この点についてはドゥ・レイスィー・マンもすでに早くから指摘している[99]。

これに対してもう少し古くなるが、別の踏み込んだ解釈を試みたのがケンブリッジ大学のウィルソンで、彼は1960年の論文でイギリス毛織物工業とレイデン毛織物工業の競合という視点からこの問題を捉えた。イギリス毛織物工業史でいう新毛織物工業（New Draperies）とは、すでにふれたように、基本的にはフランドルから難民や移民の手で伝えられた新・軽毛織物工業の技術であり、その意味でレイデンと共通の根をもっていた。ただそれを一大工業に発展させるのに若干の時差があったようで、陸続きのレイデンの方が先行して、イギリスはやや遅れた。しかし17世紀半ば頃になるとイギリスが追いつき、輸出市場では次々とレイデンの製品に競争を挑んだ。イギリスのスタッフ織（stuff）やセイ織（say）、アラス織（arras）、ベイ織（bay）などがレイデンのサーイ織やラス織、バーイ織などと国際市場で1対1の競争を繰り広げ、圧倒した。やがてそれらはオランダにも大量に流れ込んだ。それがレイデンのサーイ織やラス織といった梳毛織物部門の17世紀後半以降の衰退となって現われた。逆にそうした厳しい競合関係を免れたラーケン織と〔トルコ〕フレイン織が17世紀後半以降レイデンでは大きく伸びていった。ラーケン織の原料となるスペイン羊毛とフレイン織の原料たるアンゴラヤギやウサギ、ラクダの毛をオランダ人はイギリス人よりも有利に手に入れることができたからである。とくにレイデン産のフレイン織のライヴァルとなるべき製品———これはイギリスではキャムレット織（camlet）と呼ばれ、リールのカムロ織（camelots）が伝えられたものとみられる———はイギリスではあまり育たなかった。ウィルソンはあらましこのように言う[100]。17世紀にレイデン毛織物工業の部門構成に見られた変化は結局イギリス毛織物工業と競合するなかで、レイデンが押し捲られた結果にほかならない。これがウィルソンの理解である。

なかなか意欲的な解釈である。おそらくある程度はこういうこともあったであろう。しかし史料の読み方という点では彼の理解はいくつか疑問を残してい

る。とくにイギリス製品が大量にオランダにも流れ込んだと彼が言う根拠になっている1661年の史料はとてもそう読めないのではないか。くわしく述べるゆとりはないが、この史料は、これこれの毛織物製品がしかじかの数量、ロンドン港から輸出されたということを述べているだけであって、それがオランダ向けであったとはどこにも出てこない。たまたまレイデン側にそのような情報を載せた史料が残っているだけの話である。また絹の靴下やセイ糸で編んだ靴下の1足を新毛織物〔梳毛織物〕1反とみなしており、イギリスからの梳毛織物の輸出量を極端にふくらませる結果になっている[101]。

　しかしそれよりももっと大きな問題は、ウィルソンの場合あまりにもイギリス中心に議論が進められていることで、イギリス人が読めば痛快であろうが、現実はそれほど単純ではない。レイデンのサーイ織などの梳毛織物が振わなくなった理由は必ずしもイギリスの競争ばかりによるのではない。1620～40年代にかけてかのホントスホーテのセイ織工業が戦乱の中からかなり立ち直ったことはコールナールの研究ですでに明らかになっており、これはレイデンにとり重大な脅威であった。この他にリエージュ市やリールも着実にセイ織の産出量を伸ばしていった。また南西ドイツ、シュヴァルツヴァルトのカルフ（Calw）も同じくフランドル移民の助けをかりて梳毛織物を一大工業に成長させた。したがってイギリスばかりがライヴァルであったのではない。またフステイン織では17世紀にブルッヘやヘントが大きく生産を伸ばしたし、オランダ国内でもアーメルスフォールト（Amersfoort）がレイデンのライヴァルとして立ちはだかった。レイデンの毛織物工業の動向を論ずるときにはこうした周辺の動きをも考慮に入れなければならない。レイデンの新毛織物工業はフランドル毛織物工業の遺産の一部を引き継いだだけであって、それを独占したわけではなかった[102]。

　紡毛織物のラーケン織や混織物のフレイン織の動向については、ウィルソンも原料の入手可能性に言及しているが、最近ではロンドン大学のイズレールがこの点を強調している。スペインとの八十年戦争がようやく終結に近づいた1635年頃からオランダ商人にとってスペイン羊毛の入手が容易になり、1648年

の講和以降はオランダ船が直接スペインの港に乗り入れた。地中海、レヴァント地方との通商もこれで大きな障害が取り除かれ、その結果スペイン羊毛をはじめ、絹やいわゆるトルコ糸が安定的にオランダに入るようになった。レイデンのラーケン織やフレイン織が17世紀後半以降伸びていく背景には、こうした国際情勢の変化があったと考えられている[103]。ラーケン織やフレイン織はサーイ織などに比べて製品単価がだいぶ高かったので、こうしたチャンスが訪れた以上そちらにシフトしていくのは自然な動きで、梳毛織物部門から紡毛織物部門や混織物部門への移行はやむをえない苦渋の選択ではなく、むしろ進んでそうしたということになる。ただこうした国際貿易の変化になぜかイギリス商人はうまく適応できなかったようで、スペイン羊毛やトルコ糸を自国の産業発展に十分結び付けられなかったようにもみえる。イズレールによれば、やがてレイデンのラーケン織やフレイン織にとって真の脅威となったのは、コルベール時代に強力に保護育成されたフランスの毛織物工業で、しかもその技術はオランダから直接導入したものであったがゆえに、オランダは苦戦を強いられたという[104]。慧眼のコルベールの目に留まったところがオランダの不運と言うべきであろうか。

　レイデンの毛織物工業はフランドルの生産者や技術を積極的に受け入れて見事に再生に成功したと言っていいであろう。しかしそれだけに甘んずることなく、新たな技術開発や商品開発に努めたことも確かで、チョーリーやイズレールはこの点を高く評価している。サーイ織ひとつとってみても、レイデンでは1630年代から50年代にかけて heerensaai〔貴紳用サーイ織〕、monnikensaai (munnickesaeyen)〔修道士用サーイ織〕、armijnsaai (ermijnsayen)〔軍隊用サーイ織？〕、kronensaai〔最高級品サーイ織？〕、naturelle saai〔イタリアのカルメル会修道院向けの未染色サーイ織〕、veruwesaai、perpetuanen というように製品の差別化が進み、フランドルではみられなかったような製品が現われた[105]。それまで絹と羊毛の混織であった〔フロ〕フレイン織は、1620年代以降人気がかげり始めるが、レイデン毛織物工業は1640年代からアンゴラヤギやラクダの毛を混ぜた製品を開発し、新たな飛躍のきっかけをつかんだという。

これは非常に需要が多く、しかも競合的な製品は他の国ではしばらくは作れなかったともいう[106]。ポステュムスはレイデンでは1580年から1795年までの200年余りの間に191種類の毛織物が作られたと言う[107]。それらが本当にひとつの種類と言っていいものなのか確かめようがないが、多少割り引きしたとしても、新製品を目指して不断に技術革新が進められたことは、低地諸邦の毛織物工業の長い伝統を引き継いだもので、西ヨーロッパ最大の毛織物工業都市の誕生はその延長線上にあったと言うことができる。

3．新毛織物工業のネーリング制

レイデンの旧毛織物工業では、すでに見たように、ギルドの設立が禁止されていた。それでは新毛織物工業ではどうであったか。ギルドと何か関わりをもったのか、相変わらずもたないままだったのか、ここではこの問題を取り上げ、本章のタイトルに掲げた「脱ギルド」の意味を改めて考えてみたい。

1）ネーリング制はギルドか

ネーリング制は、これもすでに見たように、多種多様な毛織物製品を似通ったものどうしいくつかのグループに分けて品質を管理した制度で、1578年のバーイ織ネーリングから始まり、次第に広がっていった。ネーリングが設立されると、市当局から総括理事（superintendent）とでも訳すべき役人が2人ずつ市代表として派遣され、さらにそのネーリングに所属することになる有力な生産者もしくは企業者の中から幹事（gouverneurs）が数人から数十人選ばれる。この両者がネーリングの管理責任者となり、その下で働く検査人などを任命する。市代表としての総括理事は発言力が強く、市の意向が容易に反映される仕組みになっている。また各ネーリングが掲げるネーリング規約も市当局から与えられる形をとっており、各ネーリングが独自に作るものではなかった。ここでも市当局が前面に出ており、ネーリングは自治的な独立した組織とはなっていなかった。

各ネーリングは市内に管理事務所として会所（hal, halle）をおき、そこをネーリング管理の拠点としていた。したがってバーイ織ネーリング会所、サーイ織ネーリング会所というように、ネーリングの数だけ会所があった。今に残るラーケンハル（Lakenhal）〔市立美術館〕も、かつてはこうして作られたラーケン織会所であった。そこでは主として製品の検査が行なわれたので、それは検印会所（looihal）とも呼ばれた。この会所には製品の販売のための販売会所（venthal）が併設されていることもあった。いわば会所はネーリング制の顔であり、同時にレイデン市の一種の出先機関のようなものであった。ポステュムスは「会所〔ハル〕のないネーリングはないし、ネーリングのない会所もない」と両者が密接不可分であることをことさら強調し、会所制（hallensysteem）という語も使う[108]。しかし会所はネーリング制とともに始まったものではなく、実際は旧毛織物工業の時代にも"ラーケン織ハル（lakenhalle）"としてあり、その頃は毛織物工業全体を管理するものとして市庁舎の中におかれていた[109]。毛織物製品の種類に応じて細分化されているかいないかの違いはあったものの、その目的には大きな違いはなかったのではないか。

各ネーリングが市当局から与えられたネーリング規約を見ると、幹事や検査人などネーリングの管理運営にあたる人たちの選任方法、任期、その任務がまず規定され、残りは原料、道具、製品の規格、製法、検査、鉛印などに関する技術的な規定が大部分であることが分かる。それに違反した者がいれば当然処罰される。したがって各ネーリングは何よりもまず製品の品質管理に重点をおいていることがはっきりと読み取れる。ネーリングの狙いはそこにあり、それ以外のものではないと言っていい。使用する道具数や雇職人数の制限はないし、産出量の制限もない。問屋制も禁止されておらず、遠く離れた市外の農村工業を下請けに使って生産を行なうことは広く行なわれていた。したがって経営の拡大も規制されておらず、数は多くないがマニュファクチャー経営も現われている。ただ徒弟の受け入れは２人までという制限や織機の市外への持ち出し禁止という規定はあるが、これがネーリングの性格を大きく規定していたとは思われない。要するに、ギルド規約に一般的に見られる原則〔対内的平等、対外

的独占、一人一職〕はまずないに等しい。こう言っていいと思う。

　これはネーリングと生産者、職人などとの関係を見てもはっきりしている。ネーリングは兄弟団やギルドのような同業者の会員制組織ではなく、ある種の毛織物製品の生産に携る人は基本的にはそのネーリング規約に服さねばならず、その外にいることは許されない仕組みになっている。ギルドのように就業資格があって、入職を拒否されたり、恣意的に排除されるということはない。つまり入会とか退会とか、ネーリングの会員ということはない。ただ入職時に若干の登録料を払う場合があった[110]。ネーリング制では織元、織布工、縮絨工、染色工などが一緒になってこの規約の下にあり、ギルドのように職種別に同業者が組織されているわけでもない。この点から見てもネーリングはギルドとは原理原則を異にしている。あるネーリングから別のネーリングへの移動は自由であり、同じネーリング内であれば２種類の製品を作ることも可能であった[111]。また毛織物生産に関わりながら、商人として営業することもできた[112]。ただ同時に異なる２つのネーリングにまたがって仕事をすることは認められていなかった[113]。

　しかし当時の毛織物製品すべてがネーリング制の下で規制されていたわけではなかった。例えば旧毛織物工業に属する製品は取るに足りなかったせいか、ネーリング制には組み込まれていなかったし、1606年にカンジャント織ネーリングが廃止されたとき、「以後スタメット織、ブラット織、カルペット織などは規制から解放される」として、同じように扱われている[114]。また織布工程以前の諸工程、例えば洗毛、混毛、梳毛、刷毛、紡糸などは規制の対象外で、製品の品質管理上、これらは重視されていないことが分かる[115]。これらの多くは市外で行なわれていたという事情も関係あるのであろう。また仕上工もネーリングに組み込まれている人とそうでない人がいた[116]。したがって織布工程、縮絨工程、染色工程が重点的にネーリング制の下に規制され、品質管理上重視されていたと言うことができる[117]。

　このように見てくると、ネーリング制はまずギルドとは考えにくい。ギルドをどのように概念規定するかにもよるが、ギルドの基本的な要件を満たしてい

ないと言っていいのではないか。ポステュムスは、レイデンがスペイン軍の包囲から解放されたあと、織物工業部門でギルドが設立されなかったのは注目に値すると述べており、これが彼の基本的な認識と思われる[118]。品質の管理をするという点ではたしかにギルドと共通するところもあるが、そこだけをとらえてこれをギルドというには無理がある。このように考えている人の方が多い。当時の関係者の中からもちらほらそういう声が聞こえてくる。17世紀の半ば前後から商人と織元を兼ねるレーデルと呼ばれる大企業家が台頭し、風当たりが強まったとき、彼等は商業をやめて毛織物生産だけに専業するようになれば、「それはひとつのギルド（gilde）に堕するほかない」と反論した[119]。彼らがネーリングをギルドと観念していなかったことはたしかである。また時代がやや下がって18世紀になるが、ラーケン織ネーリングの幹事の1人はある機会に「人々はラーケン織会所をギルドと混同している」と述べ、ギルドとは違うことを強調している[120]。レイデン市当局はネーリング制を導入することによって、毛織物工業がありふれたギルド制に陥ることを避けたと言っていい[121]。

しかしギルド説をとる人がまったくいないわけでもない。ごく最近ではレーヴェン大学のファン・デル・ウェーがそうで、彼はレイデンのネーリング制を"textile guild"と表現している[122]。日本でもかつて大塚久雄氏は"ギルドが再編され〔た〕"と捉えていた[123]。どこがどう再編されてギルドになったのか、その点は残念ながら明示されてはいない。

2）ネーリング制の起源

ネーリング制が以上のようなものであったとすると、その起源はどこにあったのか、この点にも少しふれておきたい。すでに2章で見てきたように、フランドルでは都市工業はもとより農村工業でも、手工業ギルドのあるなしにかかわらず、きわめて詳細な規約を定めて毛織物工業を営んでいた。そう考えると、フランドルからの移民や難民が、各々がすでに故郷でもっていた規約ないしは、やや大げさに言えば、ものづくりの精神をレイデンに持ち込んだとしても別に不思議ではない。いや、別にフランドル人を持ち出さなくても、レイデンの旧

毛織物工業でも慎重にギルドを避けて製品の品質管理を行なってきたのだから、スペイン軍の包囲からの解放を機に、ギルドとは一線を画したこうしたネーリング制を改めて作り出したとしても、これも不思議ではない。

ネーリング（nering）という言葉は、今でこそほぼ死語になっているが、中世にはごく当たり前の普通名詞であったと思われる。"生業、職業" あるいは "産業、……業" というほどの意味で、ドイツ語の Nahrung に通じており、史料でもよく目にする。"die neringe van der draperie"〔毛織物業〕とか "hooftneyringe der draperye deser stede"〔当市の基幹産業たる毛織物業〕、"buitennering"〔農村工業〕といった具合で、この "nering" はいずれも普通名詞であって、"ネーリング制" という意味ではない。これはフランドルでも同じであったと考えられる。例えば規約に違反すれば "仕事（nering）" を1年間禁止という場合などに使われている[124]。

しかしポステュムスは、ヘントではギルドは "nering" と呼ばれていたし、ブルッヘの4つの "neringen"〔織布工、縮絨工、仕上工、染色工〕はいずれもギルドであり、フランドルでは "nering" といえばギルドかギルドの複合体の意味であった、と言う[125]。たしかにヘントで59の "kleine neringen" といえば、小ギルドのことであったし、ブルッヘの4大ネーリングもギルドであった。そうした理解が前提にあったためか、彼はレイデンの新毛織物工業にみられたバーイ織ネーリングやラーケン織ネーリングなどのネーリングという語にはフランドルで使われている意味とは区別しなければならなかった。レイデンのネーリング制がギルドでない以上、"nering" にもうひとつ別の意味を与えねばならなかった。そこで彼はそれに "stelsel〔制度〕" や "systeem〔制度〕" という語を付け加えて、"nering-stelsel〔ネーリング制〕" とか "neringsysteem" と表現した[126]。"nering" という語を普通名詞から半ば固有名詞に変えてしまったのである。それが彼の言うネーリング制である。ここにはギルドの意味は入っていない。ヘントやブルッヘとの違いをはっきり意識して使っている。

そこで彼はネーリング制の起源を追求する際、最初からフランドルにそれを

求めることを断念したように思われる。もしフランドルに求めれば、ギルドの意味も入ってしまう恐れがあるからである。その結果彼が注目したのはイギリスで、ネーリング制は、レイデンにやって来る前にまずイギリスに渡ったフランドル人難民や移民がなんらかの形で一枚嚙んで、まずイギリスで最初に成立したのではないか、と推測した[127]。事実彼はノーリッジ市の公文書館でフラームス語で書かれたバーイ織工業規約と英語で書かれたサーイ織工業規約を見つけている[128]。しかし前者は1581年8月に作られたもので、レイデンで最初のバーイ織ネーリングが成立した後のものである。その中には一部1574年の条文も入っているが、はたして1574年にネーリング規約として作成されたものかはっきりしない。もしそうだとしてもレイデンと同じ年ということになり、イギリスからレイデンに伝えられたものかどうか非常に微妙になる。後者のサーイ織工業規約の方は1583年8月の日付をもっており、1582年11月に成立したレイデンのサーイ織ネーリングよりも明らかに後のものである。一部1580年の条文も入っているにはいるが。もとよりこのことからイギリスで最初に作られたことを完全に否定することはできないが、さりとてネーリング制がレイデンにオリジナルなものではないとも言い切れないようである。

　可能性としてはおそらく次の3つが考えられるのではないか。まずフランドル人がフランドルから直接持ち込んだ可能性、次にフランドル人がイギリスで作り、そこから持ち込んだ可能性、最後はフランドル人の考えなり要望を受け入れてレイデンで独自に作られた可能性、この3つである。いずれにしてもフランドル人の考えが反映されていることはまず間違いない。フランドルからの移住者を受け入れるにあたって、レイデン市当局は彼らが提示した条件を認め、彼らを優遇したことははっきりしている。ポステュムスによれば、フランドル人は市民権の獲得で優遇されたほか、ambacht〔同業者兄弟団もしくはギルド〕への加入強制ないしはその規約の押し付けを免除され、職人の資格審査も免除された[129]。ambachtという語はギルドか否か、その解釈は微妙でむずかしいが、フランドル人がレイデンへの定住にあたって、何をもっとも求めていたか、あるいは何をもっとも避けようとしていたか、ここから窺うことができ

る。ギルドの有無には関係なく、異郷の地において地元住民の組織や慣例、伝統、規範にしばられること、つまり「郷に入っては郷に従う」ことをフランドル人はもっとも恐れたのではないか。ギルドはそのメンバーになれば、こぢんまりとはしているが、ともかく安定した生活は保障されたはずである。しかしフランドル人はあえてそれを求めず、自らのやり方を貫こうとしたのではないか。彼らの自信の表れと言うべきか、プライドと言うべきか。

　そう考えると、ブルッヘ市のとった工業政策がひとつのヒントを与えてくれる。２章の３でも少しふれたように、ブルッヘ15世紀末にいたりかつての世界市場の地位から滑り落ちたとき、市の経済再興の道を新たな工業、とりわけ毛織物工業に求めた。それまで市内には存在しなかった新たな工業をフランドルの各地から誘致することになった。ニーウケルケの新毛織物工業、トゥルネーのセイ織工業、イタリアや南ドイツのフステイン織工業というように、外国も含めて各地の有望と思われる工業を精力的に誘致した。その中には1503年と1514年の２度にわたるレイデンの新毛織物工業の誘致も入っている。当時のレイデンの毛織物工業のどこがブルッヘにとり新しいと映ったのかはっきりしないが、レイデンにとりブルッヘは遠い存在ではなかったように思われる。ブルッヘが世界市場として君臨していた時代はもとより、1493年からスペイン羊毛の指定市場になり、1558年には今度はイングランド産羊毛の指定市場になっていたことも、両者の関係を密なものにしたにちがいない。レイデンが1586年にフステイン織ネーリングを設立するにいたったのも、ブルッヘからやってきた人の尽力に負っていた。こうした点を考えると、フランドル人のものの考え方や価値観がブルッヘから、あるいはブルッヘ経由で入ってくることは十分考えられることである。２章の３.ですでに述べたので繰り返さないが、ブルッヘ市当局は新たな毛織物工業の導入に際して、既存のギルド、とりわけ４大ギルドが関わりをもったり、影響力を行使することがないようにして、新たな毛織物工業の育成を図っていた。これは、当時ギルドがいかに弱体化していたとはいえ、為政者にとってはかなりの英断ではなかったのか。こうしたブルッヘ市の新しい方針がフランドル人難民や移民とともにレイデンに伝えられ、ネーリ

ング制として実現された可能性は排除できないように思われる。

　16世紀後半のレイデンには、乾式仕上工が手工業者兄弟団（ambacht）を結成していたことを除けば、ギルドは存在していなかった。したがってフランドル人がもしギルドを警戒していたのであれば、それは杞憂であったはずである。おそらくその分だけフランドル人は安心してネーリング規約に自らの願望や考え方を反映させてもらうことができたのではないか。製品の品質管理を徹底し、ギルド的制約を排したネーリング制は、イギリスにまでその起源を求めなくても、フランドル人がブルッヘのやり方をモデルとしてレイデンに伝えたと考える方が自然のような気がする。

4. ネーリング制の伝播——フステイン織工業の事例——

　レイデンではネーリングは全部で9つ見られたが、ネーリング制はレイデンだけに見られたものではなく、ポステュムスによると、毛織物工業関係ではアムステルダムとハールレム、デルフトに3つずつ〔ラーケン織、サーイ織、フステイン織〕、ハウダに2つ〔サーイ織、フステイン織〕作られたほか、アムステルダムとハールレムでは絹織物工業にも作られた。さらにハールレムでは亜麻漂白業、アムステルダムでは石鹸製造業、アカネ精製業にも見られたという[130]。しかしその後の研究では、この他にアーメルスフォールトとフローニンゲンにもフステイン織ネーリングの規約が導入されており、ネーリング制が他にも広まっていることが分かる。また最近の研究はアルクマールにも似たような組織があったことを明らかにしている[131]。このうちもっとも成功を収めたのがアーメルスフォールトのボンバゼイン織〔フステイン織〕工業であった。各地に設立されたネーリングがレイデンのネーリングとどのような関係にあったのか、この点はまだ十分に解明されていないが、フステイン織工業に関しては、レイデンとの関係がかなり明らかになっているので、最後にこれを少し見ておきたい。

　レイデンにフステイン織ネーリングが設立されたのは1586年で、この年の5

月レイデン市はブルッヘ出身のパウル・パリダーンという織元とフステイン織工業を移植することで合意に達し、同時に彼の要請にもとづきフステイン織の工業規約を作ることになった。規約の制定が生産者の側から出ていることに留意しておきたい。この移植に関してイニシアチヴをとったのはどちらかはっきりしないが、この人物はすでに1569年にブルッヘでフステイン織会所（fusteinhalle）の役員を務めていたことが分かっており、この分野の専門家であったことが窺われる[132]。このときの合意では彼は2年間にわたりサーイフステイン織を1反作るごとに2スタイフェル、その他の織物には1スタイフェルを市から受け取ることを条件に、その製造技術を教えることになった。家賃の免除や夜警の免除などを認められ優遇されたことが分かる[133]。このとき彼が移植した技術はサーイフステイン織（saeyfusteyn）が中心のようで、これは経糸に亜麻糸、緯糸に羊毛を使った製品で、綿は使われていなかった。しかし設立されたフステイン織ネーリングでは綿を緯糸に使う本来のフステイン織〔綿フステイン織〕など10種類ほどの製品も生産の対象になっており、当時ブルッヘで知られていた技術はおおかた伝えられたものと思われる。このようにフステイン織に関してはネーリング制はブルッヘから直接レイデンに伝えられたことがはっきりしている。

　フステイン織ネーリングは全53条の規約でスタートし、その後1591年〔全52条〕、1602年〔全66条〕、1621年〔全76条〕と規約を改訂しているが、ネーリングを管理する総括理事や幹事に関する条文が規約に出てくるのは1621年が初めてで、ここにいたってこのネーリングはひとつの組織体として整ったことになる[134]。したがって1621年まではあまりネーリングという意識はなかったのかもしれない。しかし1590年代にすでにこのフステイン織ネーリングはいくつかの都市の関心を集めたようで、これを導入する都市が相次いで出てくる。一番乗りと思われるのはデルフト（Delft）で1596年、続いてハールレム（Haarlem）とフローニンゲン（Groningen）が1597年、アーメルスフォールト（Amersfoort）が1599年、アムステルダム（Amsterdam）が1617年であった[135]。ハウダ（Gouda）についてははっきりしない。導入時の規約を見てみる

と、アムステルダムを除く4都市の場合、レイデンの1591年の規約とほとんど同じで、条文数も条文の配列もほぼ同じになっている。もちろん固有名詞に必要な変更を加えている。レイデンにない条文はデルフトとハールレムにひとつずつしか見当らない。したがってほぼ引き写しと言っていい。アムステルダムの場合ネーリングの導入が他より少し遅れたせいか、わずか42条と簡略になっている。これもほぼレイデンの引き写しとみられ、独自の条文は見当らない。これらの都市がレイデンのネーリング制を導入したことは明白であるが、はたしてこれがレイデン市当局と合意の上でなされたことなのか、ひそかに借用ないしは盗用したものなのかはっきりしない。ハールレムの場合織布工らを数人レイデンから引き抜いて導入したとされているから[136]、後者の可能性が強い。レイデンのネーリング規約は最初から活字印刷されたものとして出ているから、それを持ち出すことはむずかしいことではなかったのであろう。

また導入した製品も10種類前後とほとんど同じである。亜麻の経糸に羊毛の緯糸を組み合わせたサーイフステイン織と、その緯糸を綿に変えた綿フステイン織（katoenfustein）が中心で、後者は染色を施した綾織のグループ（cottoenen vierschachten, platte, Piemontsche）と白地のまま織り方の工夫で模様を付けたグループ（negenoogen, rebben, doppen, gebendeerde）に分かれていた。アーメルスフォールトがなぜかピエモント織（Piemontsche）を導入しなかったことと、ハールレムとアムステルダムだけがgaren-fusteinという製品を載せているのが目立つ点と言えば目立つ点で、他はすべて共通している。このようにオランダのいくつかの都市はレイデンのフステイン織ネーリングになんらかの可能性を見出し、これを導入した。しかしそこにどういうメリットを見出したのか、その具体的な理由は述べられていない。フローニンゲンやアーメルスフォールトの場合、州を異にし、しかもレイデンからかなり離れているにもかかわらず、レイデンの動きにかなり敏感に反応している点が注目される。

こうしたなかでもっとも成功を収め、フステイン織業を一大工業に発展させたのはユトレヒト州のアーメルスフォールト市であった。レイデンを扱う本章からみれば、内容的に少し外れるが、ここでこのアーメルスフォールトのフス

テイン織工業に簡単にふれておきたい。ちなみにフステイン織は現在のジーンズ系の織物で、作業着に多く使われたという。

　アーメルスフォールトに近いデーフェンテル（Deventer）市の企業家がアーメルスフォールトにフステイン織などの製造業を伝えたのは1597年のことで、その技術はドイツのライン川沿いの小都市ヴェーゼル（Wesel）に由来するものであった。このヴェーゼルは16世紀半ば頃よりフランドルから移民や難民を多数受け入れて、1549年にブルッヘからフステイン織の技術を取り入れたとされており、それがうまく根付いた結果、1598年には年間約3万5千反を産出する大工業に成長していた[137]。ヴェーゼルではフステイン織をボンバゼイン織（bomazijnen）とかボンバゼイデ織（bombazijden）、ボーメゼイデ織（boomezijden）と呼んでいたようで、その製造業はヴェーゼルのボンバゼイン織工業として広く知られ、イギリスにまでその製品を輸出していた。レイデンの1591年の規約では"cottoen-vierschachten"〔綿の緯糸を4枚綜絖で織り込む綾織〕という製品は"ヴェーゼル風ボンバゼイン織（Weselsche bombazynen）"もしくは"ブッフェルケン織（Buffelkens）"と呼ぶとあり、レイデンでもボンバゼイン織という名称が知られていた[138]。したがって当時のオランダにはヴェーゼル・ルートで伝えられたボンバゼイン織工業とブルッヘから直接レイデンに伝えられたフステイン織工業の2つがあったことになる。その元はと言えば同じものであった。このヴェーゼルからデーフェンテル経由で伝えられたボンバゼイン織工業がアーメルスフォールトでうまく根付いたせいか、市当局はその翌々年の1599年にレイデンのネーリング制規約を導入して、積極的にその育成を図ったということになる。ヴェーゼルにはそうした規約がなかったのかどうかはっきりしないが、なぜレイデンの規約を取り入れなければならなかったのか、この点もはっきりしない。そこに何かメリットを見出していたことは確実であるが。

　アーメルスフォールトのボンバゼイン織工業は順調に発展したと考えられるが、産出量の手がかりとなる数字は17世紀の半ば前後のものしか残っていない。それでもかなりの産出量を誇っていたことは明らかで、レイデンを凌いでいた

と言っても過言ではない。比較のために両者の産出量を示すと次のようになる〔単位：反〕。

レイデン		アーメルスフォールト	
年次	産出量	年次	産出量
1590	(988)		
1595	2,070		
1600	11,311		
1605	13,722		
1610	14,522		
1620	22,302		
1625	30,632		
1630	32,213		
1635	22,362	1635-36	16,070
1640	17,471		
1645	13,077		
1650	11,434		
1655	9,111	1656-57	(37,000)
1660	6,866	1657-58	37,366
1665	4,192	1658-59	44,949
1670	2,065	1659-60	48,840
1675	1,466	1660-61	49,115
1680	861	1661-62	45,390
		1662-63	37,102
		1663-64	41,431
		1664-65	40,390
		1665-66	36,906

註：レイデンの（　）内は近接年次。アーメルスフォールトの期間は4月より翌年3月までの

1年間。（　）内は推定値。
典拠：Posthumus［1939］, III, pp. 930-1; Sneller［1926-27］, p. 102, noot 8 (p. 130). ただし引用の頁は［1968］の頁。

　レイデンのフステイン織生産は1624年に33,986反を記録して最盛期を迎えるまでは、順調に発展していったが、それ以後は足早に下降線をたどり、1674年にはフステイン織ネーリングはついにワルプ織ネーリングに吸収合併されてしまった。アーメルスフォールトのボンバゼイン織については17世紀前半の状況が1635～36年分しか分からないが、世紀半ば過ぎには5万反に迫る勢いで、レイデンの最盛期を凌駕している。1666年以降の数字が残っていないので、その後はどうなったか不明であるが、ボートは1804年の産出量が約38,000反に達していたとして、17世紀後半の数字が19世紀初頭まで大体維持されていたと見ている[139]。その間の数字が全く示されていないから、断定的なことは言えないが、もしボートの言う通りなら、レイデンの減少分を埋め合わせている可能性は十分ある。レイデンのフステイン織ネーリングにとってアーメルスフォールトは強力なライヴァルであったことはまずまちがいない。レイデンの他のネーリングは17世紀には国内に強力なライヴァルを持たなかったとみられるが、唯一例外はこのアーメルスフォールトのボンバゼイン織工業であった。カンペン（Kampen）ではロル織工業が発展したといわれるが、レイデンを脅かすほどにはならなかったようである。

　アーメルスフォールトがこの部門で優位に立つことができた理由は残念ながらよく分からない。ドイツの亜麻栽培地が近くにひかえていたので、原料の亜麻は比較的楽に入手できたのではないかと考えられる。またオランダ第2の大都市であったレイデンに比べれば、町の規模ははるかに小さく、市民の税負担もレイデンよりは軽かったと思われ、その分だけ労賃は安かったのではないかともみられる。ただ毛織物工業に即してレイデンと比較した場合、ひとつの大きな違いはアーメルスフォールトのボンバゼイン織工業にはギルドが存在していたことである。つまりレイデンから導入したネーリング規約を持ちながら、同時にギルドもあり、ネーリングとギルドが両立ないしは並存していたという

ことである。少なくとも両者が対立して、互いに他を排除し合った様子は窺えない。

ボンバゼイン織の織布工がギルドを結成したのは1612年のことで、染色工は少し遅れて1631年であった。1612年のギルド規約は残っていないが、1646年に改訂したものは伝わっており、その内容を知ることができる[140]。それによるとギルドの結成は市当局の要請によるものであることが分かる。規約は全部で50条からなるが、ギルドであることを示す特徴的な条文が並んでいる。役員の権限、任務、その選出方法、ギルド総会、親方、職人、徒弟それぞれの義務、加入金、親方作品の提出、親子間の優先的世襲などの条文がそれで、この他に織糸の入手をめぐって親方間に不平等が生じないように配慮している条文もみられる。しかし産出量の制限はないし、職人の雇用数、織機の所有台数にも制限はない。所有する織機数が増えるほど徒弟の受け入れ数も増やしており、織元の経営拡大に枠をはめようとする意図はなかったと言っていい。この点では基本的なギルドの原則から外れていると言うべきか。またギルドなら普通ありそうな製品の検査や検印、鉛印の規定はない。

こうしたギルド規約を見ると、先に導入されていたネーリング規約に合せてギルドを作ったのではないかと思われる。両者が役割を分担していると見てもいい。ギルド規約に製品の規格、製法、検査、検印、鉛印などの技術的な規定が見当らないのは、ネーリング規約にすでにそれがあるからで、ギルド規約の方は組織や管理、運営面に焦点を合せていると言えるのではないか。そう思いつつ改めてレイデンのネーリング規約を見ると、すでに述べたように、レイデンのフステイン織ネーリングの規約は1621年にいたって初めてネーリングとしての組織を整え、それ以前は検査人の選任が第1条で謳われているのみで、総括理事や幹事などの規定を欠いた、いうなれば不完全なネーリングであったことがひとつのポイントとして浮かび上がってくる。アーメルスフォールトが導入した規約はレイデンの1591年のものとみられるから、総括理事や幹事などの規定を欠いた規約であった。そのためアーメルスフォールト市当局はネーリング規約に、その執行機関としてギルドを上乗せ、ないしは接木したと言えるの

第3章 レイデン毛織物工業の展開と脱ギルド 171

ではないか。そうすることによりヨリ実効性に富むひとつの工業組織に仕立てたのではないか。ネーリングとギルドをうまく融合させたと言っていいかもしれない。18世紀後半にいたってもなおレイデンからアーメルスフォールトに事業を移そうとしていたラーケン織の織元がいたところを見ると[141]、企業家から見てこうしたアーメルスフォールトの体制は何か魅力的なものに映っていたのかもしれない。しかし多くの研究者はこれには否定的である。ギルドの存在が新たな工業の発展を阻み、18世紀に入るとエンスヘデー（Enschede）を中心とするトゥエンテ地方（Twente）に新たなボンバゼイン織工業の台頭を許してしまったと見ている[142]。19世紀にオランダの近代的綿工業の中心地にのし上がったのはこのトゥエンテ地方であり、アーメルスフォールトではなかったという事実がそれを裏付けている。

　ネーリング制は必ずしもギルドを排除しなければ立ち行かないというものでもない。レイデンとアーメルスフォールトの違いを見ていると、そう考えざるをえない。ただなぜかレイデンは基本的にはギルドを排除し続けた。基本的にはと言うのは、レイデンでもラーケン織の乾式仕上工、梳毛工、ラーケン織縮絨工の3業種にはギルドが認められていて、完全にギルドと手を切っていたわけではないからである[143]。もっとも早かったのは乾式仕上工で1583年から手工業ギルドを認められていた。梳毛工は1675年頃にギルドを認められたらしいが、はっきりした日時は分からない。最初の規約は1700年に作られた。ラーケン織縮絨工は1706年にギルドを認められた[144]。しかしその他の主要な工程には認められなかった。このようにレイデン市当局は、少なくとも市の主要な産業である毛織物工業については、意識的にギルドを排除してきたことはたしかで、この姿勢には一貫して変わりはなかった。市政担当者から見れば、乾式仕上工のギルドは1508年以来認められてきた同業者兄弟団の延長で[145]、ギルドという意識はなかったのかもしれない。たとえギルドであったとしても、その存在が毛織物工業全体のボトルネックにならないように、抜け道も巧みに用意されていた。梳毛工がギルドを認められた頃は梳毛は市外で行なわれることが多くなっていたようであるし、縮絨工の場合は縮絨風車の普及により、かつて

のように縮絨工の労力に頼る必要がなくなり、いずれもギルドを認めてもその影響は小さいと判断されたからであろう。このようにレイデンはギルドを巧みにコントロールして、一見磐石そうな体制を整えていた。だが、それでも18世紀には毛織物工業の後退を食い止めることはできなかった。逆にアーメルスフォールトの方は、もしボートの言うように17世紀の産出量を18世紀にも引き続き維持していたとするなら、別段ギルドはその障害にならなかったということにもなる。オランダの毛織物工業史は、ネーリングとギルドの関係を通じて、ひとつの興味深い一面ものぞかせている。

〈付論2〉 アムステルダムの貿易統計に見る17世紀の
　　　　　レイデン毛織物工業

1

　17世紀のオランダは経済史上よくオランダの黄金時代といわれる。それを象徴するものはいくつかあるが、やはり何と言っても世界市場アムステルダムの存在であろう。オランダの黄金時代はアムステルダムを中心に繰り広げられた世界的規模の中継貿易に負うものであって、オランダ国内の生産力的発展の結果ではなかったというのが、従来の通説的な理解であった。とりわけオランダのバルト海貿易が、数量的史料に恵まれていることもあって、「母なる貿易」として重視されてきた。レイデンもまた西ヨーロッパ最大の毛織物工業都市として、オランダの黄金時代の経済に少なからず貢献したものと考えられるが、それがどの程度のものであったかは、統計が不備な時代でもあり、なかなかよく分からない。そのため従来の研究ではレイデンの毛織物工業は中継貿易の影にかすみがちであった。これはわが国のみならず、欧米でも共通の認識であったと言ってもいい。ただ最近では異説もいくつか登場してきており、従来の共通認識一辺倒では済まないところも出てきている。
　レイデンはアムステルダムから直線にして25km余りのところにある。レイデン毛織物工業に必要な原材料も、レイデンで作られた毛織物製品も大部分はアムステルダム市場で取引され、レイデンとアムステルダムの関係は非常に密接であったことがすでに分かっている。レイデンが生産を担当し、アムステルダムがその流通を担う形であった。したがってアムステルダムの全般的な貿易統計があれば、レイデン毛織物工業のシェアも浮かび上がってくる可能性はあるが、長いスパンの通時的統計はない。ただ17世紀に関しては、ひとつだけ1660年代の1年間の貿易統計が残っているのが、唯一の頼みである。この史料は19世紀末にすでに公刊されているが、その処理にむずかしい部分があるせいか、これまではこれを真正面から取り上げて論じた研究はなかった。しかし最近

「通説の破壊者」の異名をとるフランスの歴史家モリノーがこれに挑戦し、ひとつの解釈を呈示した。彼はこの史料をどのように処理したのか、まるで企業秘密であるかのように、その具体的な手法はいっさい明らかにしていないので、再追跡は非常にむずかしいが、ともかく彼の成果を前提にすればレイデン毛織物工業のシェアがどの程度のものかは分かる。もしモリノーの成果が崩れれば、ここでの議論もご破算になることは言うまでもない。これはモリノー説の一部紹介も兼ねた、やや危なっかしさを抱えた付論であることを予めお断りしておきたい。

問題の史料は、1667年10月1日から1668年9月30日までの1年間に、アムステルダム海事支庁管内で徴収された輸出入関税の記録で、約410種類の商品がその数量もしくは価額で示されている[146]。多くはその重量をポンド（pond）で示しているが、紙や毛皮などのように枚数で示しているものもあれば、織物のように反数や長さのエルで表しているものもある。木材などは本数で示している。価額が明示されているものもあれば、ないものもある。すべての商品の価額を産出することはまったく不可能というわけではないが、きわめてむずかしい。ましてや共通の重量で表示するとなると、さらにむずかしくなる。しかしモリノーはこの2つを見事にやってのけ、その結果を呈示してくれた[147]。ここではそれをそのまま拝借することになる。なお1667〜68年という年は第2次イギリス戦争が終った直後の平時であり、一時的に貿易取引が活況を呈した可能性はあるが、とくに平常の貿易を攪乱する要因はなかった年とみられる。ちょうどこの年からオランダを狙い打ちにしたコルベールの保護関税政策がスタートするが、さしあたりはまだその効果は目に見える形では現われていなかったと考えられる。この頃のオランダは事実上の宰相ヨーハン・デ・ウィットに率いられ、国力の絶頂期にあったとみられ、その意味ではこの史料はオランダの黄金時代の、しかもその絶頂期におけるアムステルダムの貿易の姿を垣間見せてくれる好個の史料と言える。アムステルダム海事支庁（Amsterdamse Admiraliteit）は共和国時代の5海事支庁のひとつで、主としてアムステルダム港を管轄するが、アルネム、ズットフェンなどドイツ国境方面の関税徴収の

任にもあたっていた。したがって厳密にはこの史料はアムステルダム港だけの貿易の記録ではなく、一部河川や陸路の貿易も含んでいる。当時のオランダではほぼすべての貿易品に輸出税もしくは輸入税が課せられており、したがって脱税や密貿易の可能性はもちろんあるが、モリノーは20％ぐらいの誤差を見ておけば、貿易の実態はこの史料から大きく逸脱していないのではないかと言う。

2

モリノーはこの史料からすべての貿易品の重量を船舶トン（tonneau）に換算し、その価額をフルデン（gulden）で表示したものと思われる。そして全品目を16のグループに分類し、そのパーセンテージを得ている。しかしここでは価額のみを検討してみたい。この１年間の輸出入は次のようになっている。

　　輸入　　53,601,436フルデン
　　輸出　　28,947,208フルデン

大幅な輸入超過で、輸入は輸出のほぼ２倍になっている。ただここには貿易外収支は含まれていないから、これがアムステルダム港管内の経常収支の実態と見ていいかどうかはっきりしない。

次に輸入、輸出の価額において上位を占めるグループを並べると次のようになる〔円内の数字は順位を示す〕[148]。

輸　　入		輸　　出	
①織物用原材料	23.8％	①織物	34.7％
		〔うち毛織物〕	21.5％
②ヨーロッパ産食糧品	22.5％	②香辛料	12.7％
〔うち半分は穀物〕		③ヨーロッパ産食糧品	6.9％
③その他の食糧品	12.0％	④織物用原材料	6.3％
④ワイン、酢など	11.1％	⑤金属	6.0％

輸出では各種の織物類が第1位で、しかも毛織物が単独でも輸出品の第1位を占めており、2位の香辛料に大きく水をあけている。3位のヨーロッパ産食糧品は大部分が穀物であるが、これはさらに少ない。こうした輸出に呼応するように輸入では織物用原材料が第1位で、バルト海方面からの穀物は約11％程度で意外に少ないことが分かる。輸出入とも織物関係が第1位になっていることははっきりしている。

そこで主要な毛織物の内訳をもう少し詳しく見てみたい。原史料から反数を示し、その価額を試算してみると次のようになる。1反の価格はポステュムスが挙げている各ネーリングの総価額の推計値より算出したものである〔いずれも単位はフルデン〕[149]。以下の毛織物は各ネーリングの代表的な製品で、ラーケン織はレイデンの主力製品であった“半反もののラーケン織（halve lakens）”、フレイン織は“カヤント〔カンジャント〕織（cajanten）”などである。これら以外の種々の銘柄をも算入すれば、全体の反数はもう少し増える。

	反数	価額	1反の価格
サーイ織	72,892	1,968,084	27
フレイン織	45,502	3,412,650	75
ラーケン織	16,249	2,616,089	161
フステイン織	6,059	66,649	11
バーイ織	2,575	119,480	46
計	143,277	8,182,952	

数量ではサーイ織がもっとも多いが、当時のレイデンの産出量は27,000反前後であったから、その2倍以上になっている。戦争によって生じていた滞貨が一気に吐き出されたためか、レイデン以外の都市の製品が流れ込んでいるのかよく分からない。フレイン織とラーケン織はほぼ当時のレイデンの産出量に見合っている。フステイン織は産出量のほぼ2倍になっている。フステイン織の一大生産地アーメルスフォールトがこのアムステルダム港管内に入っているの

で、これが加わっているのではないかとみられる。バーイ織は産出量の1/4程度にとどまっている。

　価額面ではモリノーの計算には疑問が残る。この５種類の毛織物については1665年頃の取引価格をポステュムスが示しており、モリノーもこれを元に価額を算出したものと思われる。彼の計算では毛織物の総額は6,223,649フルデンになり、私の算出した総額8,182,952フルデンよりも1,959,303フルデンも少ない。モリノーはポステュムスが挙げている数字よりもかなり低めの取引価格を設定したとしか考えられない。どうしてそうなるのかよく分からないが、もし私の計算でいいなら、毛織物全体のシェアはモリノーが示した数字よりも７ポイントほど上がるはずで、アムステルダム港管内の輸出では毛織物が約28.3％を占めることになり、２位の香辛料をさらに引き離す。取引価格の不明な、その他の毛織物も算入するとシェアはもうちょっと増えるとみられる。ともかく当時の世界市場アムステルダムの輸出において、レイデン産の毛織物が30％近くを占めトップに立っていたのはほぼ間違いないところである。もちろん他の都市のも少しは含まれているであろうが、ほとんど取るに足りないのではないか。かつて14世紀にブルッヘが世界市場にのし上がっていく際にフランドルの毛織物工業の発展がその背後にあったように、それと同じ関係が世界市場アムステルダムとレイデン毛織物工業との間にもあったのではないか。

　最後に同じ史料から、毛織物工業を支えた原料の羊毛の取引状況を見ておきたい。幸いなことに輸入羊毛についてはその輸入量と価額の両方が最初から史料に記載されているので、これをそのまま示すことにする〔重量はポンド、価額はフルデン〕。

	重量	価額
スペイン〔アンダルシア〕羊毛	2,408,400	1,291,050（62％）
ビスケー湾、ポルトガル、バレンシア羊毛	315,400	186,150（ 9％）
バルト海地方、ヘッセン、ポメルン羊毛	1,036,620	572,127（27％）
イングランド、スコットランド羊毛	11,700	36,530（ 2％）
計	3,772,120	2,085,857（100％）

典拠：Brugmans, Statistiek, p. 181.

見られるように、ビスケー湾などの羊毛もスペイン羊毛とみなせば、価額で70％を越え、スペイン羊毛の重要性が分かる。またバルト海方面、ポメルンなどの羊毛もかなり入ってきている。逆にかつてあれほど執着していたイングランド産羊毛は輸入額のわずか２％と激減している。レイデンの新毛織物工業はイングランド産羊毛への過度の依存から脱却した工業であったことが分かる。ウィルソンはこれこそがレイデンに対するフランドル人の功績であったと言う[150]。これらの数字から羊毛価格を単純に計算してみると、羊毛100ポントあたりイングランド、スコットランド産羊毛がもっとも高く、約312フルデン、続いてビスケー湾などの羊毛が59フルデン、バルト海地方産が55フルデン、もっとも安いのはスペイン羊毛で53.6フルデンとなる。レイデンの毛織物工業は、イギリスとは異なり、原料羊毛のほとんどを輸入に頼っていたようで、しかも南欧、東欧などかなりの遠隔地から大量に取り寄せていた。国産の羊毛はほとんど取るに足りなかった。この他に羊毛の織糸が100万ポント〔重量〕余り輸入され、トルコ糸、綿糸、絹糸も合わせて17万６千ポント〔重量〕近く輸入されている。その輸入先もバルト海方面、北ドイツ、ワロン・フランドル、北フランスなど広範囲にわたっている[151]。レイデンの毛織物工業は原材料のほとんど大部分を外国に依存している工業であった。

　以上、モリノーの分析を紹介し若干の補足を試みたが、彼は自分の分析をふまえて、当時のオランダ経済は従来考えられてきた以上に、レイデンの毛織物工業に負うところが大きかったのではないか、という結論めいた感想を討論の中で漏らしている[152]。このことも最後に付け加えておきたい。

註

1) Posthumus [1908], pp. 5, 15, 38; Munro [2003b], p. 249; Stabel [1997a], p. 150; De Boer [1991], p. 34. 逆にファン・ウェルフェーケは、オランダには1300年以前には毛織物工業はまったくなかった、と言う。Van Werveke [1951a], p. 358.
2) Posthumus [1908], p. 41; Nicholas [1971], p. 50; Brand [1993], p. 123.
3) Posthumus [1908], p. 91; *L. T. N.*, II, no. 12, §181, 1; Kaptein [1995], pp. 16, 25.
4) Brand [1992], p. 19; Munro [1990], p. 43; Craeybeckx [1976], p. 22.

5) De Sagher et al., III, 586 (pp. 532-82), 589 (pp. 587-91).
6) *L. T. N.*, I, no. 12, §128, 16, §130, III, 10, §147, 13, §174, §182, 1-3. クローゼルとカロンヌによれば、レイデンに伝えられたのはレイエ川沿いの新毛織物工業の羊毛加工・処理技術だけであったという。Clauzel/Calonne [1990], p. 557.
7) *L. T. N.*, II, no. 1012, no. 1033, no. 1214, III, §2 (p. 665), §8 (p. 666).
8) Posthumus [1908], p. 22; *L. T. N.*, II, no. 941 (p. 346).
9) Posthumus [1908], pp. 71-2.
10) Posthumus [1908], pp. 74-7, 124; Munro [2003b], p. 249; Stabel [1997b], p. 50. ただしカプテインは、マーチ産などの極上品羊毛は使っていなかったと言う。Kaptein [1998], p. 62.
11) Posthumus [1908], p. 75; Kaptein [1998], p. 62; Brand [1993], pp. 54, 122-3; *L. T. N.*, II, no. 785, §1.
12) Posthumus [1908], p. 95; Blok [1910-18], dl. I, p. 193; Moes/De Vries (red.) [1991], p. 13.
13) Posthumus [1908], p. 81.
14) Coleman [1969], p. 426. レイデンの1497年の史料でセイ織（saye）に言及したものがひとつあるが、それがレイデンで作られていた、とは読めない。*L. T. N.*, II, no. 747, §5. 1490年代にセイ織を試しに作ったと言う人もいるが、その根拠は示していない。Stone-Ferrier [1985], p. 238, note 58.
15) Posthumus [1908], pp. 368-9. マンロは、この数字は半反もの（halflaken）の数字だと言っているが、ポステュムスはどちらとも言っていない。Munro [2003b], p. 291.
16) Posthumus [1908], p. 254; Brand [1993], p. 130.
17) Posthumus [1908], p. 71; Brand [1993], p. 124.
18) Posthumus [1908], pp. 129, 171-2.
19) Posthumus [1908], pp. 77-8, 215-6; Brand [1993], 139.
20) Munro [2003b], p. 291; *L. T. N.*, II, xii.
21) Brand [1993], p. 139.
22) *L. T. N.*, II, no. 1034, I, §47 (p. 452). ただしマンロは1536年にスペイン羊毛をやめてイングランド産羊毛のみを使うことになった、と言う。Munro [2003b], p. 291. この年レイデンはカレーのステープル商人と協定を結んでいるが、スペイン羊毛を排除しようとしたものかどうかはっきりしない。*L. T. N.*, II, no. 999; Posthumus [1908], p. 209.

23) *L. T. N.*, II, no. 1178, no. 1179.
24) Posthumus [1908], p. 87; Kloek [1987], p. 392.
25) Posthumus [1908], p. 138; Brünner [1918], Bijlage, §1, §2, §8, §12, §18.
26) *L. T. N.*, II, no. 1179; Kloek [1987], p. 392.
27) Boone/Brand [1993], p. 183; Overvoorde [1914], p. 335.
28) Lourens/Lucassen [1996], p. 49.
29) Van Kan [1988], pp. 77-8, 80; Howell [1986], pp. 55, 60, 62; Prak [1985], p. 19; Brand [1991], p. 55: Moes [1991], p. 12; DuPlessis/Howell [1982], p. 57.
30) Overvoorde [1914], pp. 337, noot (2), 338; Dekker [1988], p. 2.
31) Overvoorde [1914], p. 338; Brand [1992], p. 25; Boone/Brand [1993], p. 183.
32) Overvoorde [1914], pp. 341-6; Van Kan [1988], p. 143.
33) Overvoorde [1914], p. 344; *L. T. N.*, I, no. 263, V, §35; *L. T. N.*, II, no. 1034, §36.
34) Posthumus [1908], p. 365; Kloek [1987], p. 390; Kloek [1991], p. 72. クルックは兄弟姉妹団という名称にもかかわらず、女性の入会は禁止されていたという。そのことから彼はこれをギルドと捉えているようだ。
35) *L. T. N.*, II, no. 1179, §2; no. 1215, §1.
36) *L. T. N.*, II, no. 1182, §1.
37) *L. T. N.*, I, no. 12.
38) *L. T. N.*, I, no. 58, no. 74, no. 132, no. 166, no. 263, no. 440, no. 1034.
39) *L. T. N.*, II, no. 1214.
40) *L. T. N.*, I, no. 166, III, §24; no. 263, II, §40; no. 440, III, §45, §46; *L. T. N.*, II, no. 1034, §35.
41) *L. T. N.*, I, no. 74, VII, §118, 1); no. 132, VI, §11, 1); no. 166, VI, §10; no. 263, VI, §18; *L. T. N.*, II, no. 1034, V, §13; no. 1214, V, §8; Posthumus [1908], p. 122.
42) *L. T. N.*, II, no. 74, §21.
43) *L. T. N.*, I, no. 132, III, §23, §26; no. 440, III, §40; *L. T. N.*, II, no. 1034, V, §37; no. 1214, III, §26.
44) Posthumus [1908], pp. 90-1.
45) *L. T. N.*, II, no. 1034, III, §25.
46) Howell [1986], p. 56.
47) Overvoorde [1914], p. 337.
48) Posthumus [1908], p. 123; Prak [1985], p. 20; Brand [1992], p. 28.
49) Brand [1993], p. 124.

第3章　レイデン毛織物工業の展開と脱ギルド　181

50) 　*L. T. N.*, I, no. 12, III, §1; no. 58, §24; no. 74, §39, §107; no. 132, III, §16, V, §14, VII, §12, 1); no. 166, V, §11, VI, §15; no. 263, II, §9; no. 440, I, §38, III, §8, §31, V, §8; *L. T. N.*, II, no. 1034, II, §8, IV, §7; no. 1214, III, §12, §15, §41, V, §28.
51) 　*L. T. N.*, I, no. 263, II, §35; no. 440, III, §40; *L. T. N.*, II, no. 1034, II, §32; no. 1214, III, §41.
52) 　*L. T. N.*, I, no. 12, IV, 131, §9; no. 58, §26; no. 74, §41; no. 166, V, §13; no. 263, III, §19; *L. T. N.*, II, no. 1934, IV, §12; no. 1214, IV, §17.
53) 　*L. T. N.*, I, no. 12, 128, §121; Posthumus [1908], p. 57.
54) 　Posthumus [1908], pp. 104, 108.
55) 　*L. T. N.*, VI, no. 261, §11; no. 340; Boeren [1942], p. 57. ポステュムスは4〜5人という。Posthumus [1939], III, p. 608.
56) 　Posthumus [1908], pp. 105, 293.
57) 　Posthumus [1908], pp. 139, 145-7; Posthumus [1939], III, p. 624.
58) 　*L. T. N.*, I, no. 6; Posthumus [1908], pp. 39, 132; Jansma [1976], p. 51. なお1メイル (mijl) は約6.5km。Van Oerle [1975], p. 226.
59) 　Brünner [1912], p. 194.
60) 　Brünner [1912], p. 159; Jansma [1966], p. 51.
61) 　Brünner [1912], Bijlage VI, §12; *L. T. N.*, VI, no. 440, §10.
62) 　Posthumus [1939], II, p. 12; do. [1937], p. 334; Daelemans [1975], p. 140.
63) 　Posthumus [1939], II, pp. 44-5; Prak [1985], p. 20.
64) 　*L. T. N.*, III, no. 290, no. 324, no. 336.
65) 　*L. T. N.*, III, no. 290, no. 324, no. 336.
66) 　*L. T. N.*, III, no. 100, no. 165, no. 181, no. 214; *L. T. N.*, IV, no. 63.
67) 　*L. T. N.*, III, no. 100, no. 165, no. 181, no. 214; *L. T. N.*, IV, no. 63.
68) 　*L. T. N.*, III, no. 292.
69) 　*L. T. N.*, III, no. 292.
70) 　*L. T. N.*, III, no. 305.
71) 　*L. T. N.*, III, no. 238, no. 246, no. 260; *L. T. N.*, IV, no. 204.
72) 　*L. T. N.*, III, no. 238, no. 246, no. 260; *L. T. N.*, IV, no. 204, no. 222.
73) 　*L. T. N.*, III, no. 225.
74) 　*L. T. N.*, III, no. 228, §2; Posthumus [1939], II, p. 271.
75) 　*L. T. N.*, III, no. 235, §8, no. 232.

76) *L. T. N.*, III, no. 229, no. 234, no. 235.
77) *L. T. N.*, IV, no. 180.
78) *L. T. N.*, III, no. 269.
79) *L. T. N.*, III, no. 268, no. 271.
80) *L. T. N.*, V, no. 238.
81) cangeant にはいろいろな綴りが出てくる。cangeanten, cacheanten, cancheanten, canjanten, cajanten, cajeanten, casjanten. ワロン語では draps changents であるが、イギリスのノーフォークで caungentry と呼ばれていたものもこれと同じものとみられる。レイデンでは weerschynen とも呼ばれたようである。*L. T. N.*, III, ix; *L. T. N.*, IV, no. 113; *L. T. N.*, VI, no. 128, no. 130.
82) *L. T. N.*, III, no. 268, no. 269, no. 271.
83) *L. T. N.*, III, no. 272.
84) *L. T. N.*, IV, no. 288.
85) De Baan [z. j.], p. 80.
86) *L. T. N.*, III, no. 290.
87) *L. T. N.*, IV, no. 288; *L. T. N.*, V, no. 427; *L. T. N.*, VI, no. 216.
88) *L. T. N.*, V, no. 290, no. 301, no. 302, no. 307, no. 309, no. 322.
89) De Baan [z. j.], pp. 80-1, 94-5.
90) *L. T. N.*, V, no. 290, no. 309.
91) *L. T. N.*, V, no. 177, no. 257, § 3, no. 273; *L. T. N.*, VI, no. 128, § 18, iii).
92) Van Ysselstein [1957], pp. 36-8.
93) *L. T. N.*, V, no. 177, no. 273; *L. T. N.*, VI, no. 128.
94) Posthumus [1939], II, pp. 125-6, 300, III. p. 924.
95) Van Houtte [1979], p. 137; Van Dillen [1946], p. 26.
96) Chorley [1997], p. 18.
97) Chorley [1997], pp. 24, 33. この点に関連して、服部春彦 [1992]、298頁も参照されたい。
98) Chorley [1997], pp. 24-5; Markovitch [1976], p. 158.
99) De Lacy Mann [1971], pp. 11-4.
100) Wilson [1960], pp. 213-21.
101) Wilson [1960], p. 216.
102) 石坂昭雄 [1974]、15-6頁。
103) Israel [1989], pp. 194, 200, 260, 262; do. [1980], pp. 194, 208.

第3章　レイデン毛織物工業の展開と脱ギルド　183

104) Israel [1989], pp. 307-8, 318.
105) Posthumus [1939], II, p. 322, III, pp. 825-6, 928; L. T. N., V, no. 149, §3, §5.
106) Lucassen/De Vries [1996], pp. 152-3; Posthumus [1939], III, pp. 926-7, 959.
107) Posthumus [1939], II, p. 315.
108) Posthumus [1939], II, p. 338; Posthumus [1937], p. 27.
109) L. T. N., I, no. 74, §52; Posthumus [1908], p. 165, noot 8).
110) L. T. N., III, no. 238, §4. フステイン織ネーリングでは13スタイフェルとなっている。
111) Posthumus [1939], p. 522; L. T. N., IV, no. 239, §1.
112) Noordam [1996], pp. 21-3.
113) Posthumus [1939], II, p. 344.
114) Posthumus [1939], II, p. 342; L. T. N., III, no. 272.
115) Posthumus [1939], III, p. 617.
116) Posthumus [1939], III, pp. 698, 701.
117) Posthumus [1939], II, p. 342.
118) Posthumus [1939], II, p. 17.
119) L. T. N., IV, no. 315, §10.
120) L. T. N., VI, no. 302, B, §3.
121) ただしネーリングはギルドだという声がまったくないわけではない。1655年にロル織やデーケン織を作っていたある織元は、自分の関係するバーイ織ネーリングの規制をギルドの規制（ordonnantie van't voorsz. gilde）と呼んでいる。L. T. N., V, no. 340.
122) Van der Wee [2003], p. 466.
123) 大塚久雄 [1960]、343頁。『大塚久雄著作集』第6巻、226頁。
124) Espinas & Pirenne, I, 140, §27, §32; De Sagher et al., III, 586, §36.
125) Posthumus [1939], II, p. 348.
126) Posthumus [1939], II, pp. 343, 344, 346. またこの他に nering-organisatie とか het systeem der neringen とも表現する。Posthumus [1939], II, pp. 348, 351.
127) Posthumus [1939], II, pp. 351-2; Davids [1996], p. 96.
128) Posthumus [1937] に付録として所収。pp. 38-83.
129) Posthumus [1939], II, pp. 41-2.
130) Posthumus [1937], p.29. ただしファン・ディレンはアムステルダムの石鹸製造業についてはネーリングではないと言う。Van Dillen [1964], p. 179.

131) Boot [1970], p. 49; Sneller [1926-27], p. 101. 引用頁は [1968] より。Noordegraaf [1981], p. 128. なおボートによると、レイデンのネーリング規約と関係があるかどうか不明ながら、フステイン織工業の規約を作った都市はオランダ全体で20余りに及んでいる、という。中には18世紀になってそうした規約を作っているところもある。Boot [1970], p. 49.
132) Gilliodts-van Severen, *Estaple*, vol. III, 1879 (p. 204); Vermaut [1967], p. 30.
133) *L. T. N.*, III, no. 282.
134) *L. T. N.*, III, no. 260.
135) G. A. D., Archief, Iste Afdeel 1246-1795. 9-1. Verzameling van Keuren der Stad Delft; G. A. H., Verzameling Handschriften. nr. 100, Keurboek B; R. A. G., Verzameling van Stukken, deel 9, Register Feith 1597, nr. 61; G. A. A., 737 (5219a); Van Dillen, *Gildewezen*, II, nr. 351.
136) Boot [1970], p. 47.
137) Boot [1970], p. 51; Sneller [1926-27], pp. 90, 101-2. 引用頁は [1968] より。石坂昭雄 [1996]、5頁。Van Schelven [1978], p. 11.
138) *L. T. N.*, III, no. 238. ハールレムで1596年にフステイン織ネーリングを設立するために作った草案では、フステイン織を別名サーイ・ボンバゼイン織（saey-bombasijnen）とも呼ぶと述べている。ここでは緯糸は梳毛糸ではなく上質の紡毛糸であった。*L. T. N.*, VI, no. 452.
139) Boot [1970], p. 51.
140) G. A. A., 726a; G. A. A., Resolutieboeken 1645-47. Politie den 6en Aprilis 1646; Halbertsma [1974], p. 64; Reeskamp [1963], p. 77.
141) Höweler [1966], pp. 36-40.
142) *L. T. N.*, III, no. 284, no. 320; *L. T. N.*, IV, no. 346; *L. T. N.*, V, no. 406, no. 453, no. 511; Posthumus [1939], III, pp. 699-701.
143) 本章1.2）参照。Moes [1991], p. 16.
144) Höweler [1966], pp. 67-8.
145) Posthumus [1939], III, pp. 863-4, 867; *L. T. N.*, VI, no. 196, 197; *L. T. N.*, V, no. 581, 582.
146) （公刊史料）Brugmans, Statistiek.
147) Morineau [1982], pp. 285-304.
148) Morineau [1982], pp. 295-9.
149) Posthumus [1939], III, tabel 110 (p. 931), tabel 114 (p. 941).

150) Wilson [1960], p. 214.
151) Posthumus [1939], III, p. 520.
152) Aymard [1982], p. 312.

第4章
フランドルの遺産を継ぐベルギー、オランダの近代毛織物工業

　レイデンの毛織物工業は18世紀に入る頃から次第に下降線をたどっていく。決定的な転機が何であったかはっきりしないが、往時の勢いを失っていったことは間違いない。その原因としては、基本的には周辺諸国の毛織物工業により次第に外国市場を侵食されたことが大きかったと思われる。レイデンに限らず、オランダの都市工業は固有の税体系により最初から大きなハンディキャップを負わされていたが、17世紀半頃までは数々の新技術によってそうした悪条件を克服し、優位を維持してきた。しかし17世紀後半以降はそうした優位を失い、まともに国際競争の坩堝に投げ込まれた。もちろん手を拱いていたわけではなく、国際競争力を維持するためにさまざまな可能性を模索する。

　そのひとつが農村工業を下請に利用して生産コストを下げることであった。それに利用されたのがオランダ南部の占領州と呼ばれた地方と、さらに南の、国境を越えたリエージュ大司教領やリンブルフ地方の農村であった。下請として利用することはレイデンの優れた技術や製法、さらにはものづくりの精神を移転することでもあった。やがて下請側がその技術をマスターし、原料を自ら確保するようになれば、下請関係を脱して自立していくのは時間の問題であった。それは身内から手の内を知ったライヴァルが輩出することにほかならず、諸外国のライヴァル以上に手強い存在をもつことになる。19世紀にオランダの近代毛織物工業の中心地になったティルブルフは、それまでこのようにレイデンの下請の地位にあった農村であり、同じく19世紀に新生ベルギー王国の代表的毛織物工業地帯にのし上がったヴェルヴィエ＝オイペン地域もかつてはレイデンの下請を経験した地域であった。いずれも系譜的にはレイデンの技術を引き継いでいると言うことができる。レイデンの技術も元はと言えば、フランド

ルの技術であり、その意味では中世フランドルの毛織物工業の遺産がめぐりめぐって近代国家ベルギーの産業革命の一端を担ったと言うこともできる。この章では17〜18世紀にかけてレイデンの下請を経験した、これら2つの農村工業を概観してみたい。

1. ティルブルフ毛織物工業──下請から自立へ──

いま"占領州"という耳慣れぬ語を使ったが、まず最初にこの語について予め説明しておいた方が分かりやすい。共和国時代のオランダには占領州もしくは属領、連邦議会直轄領とでも訳すべき地域 (Generaliteitslanden) が、現在のベルギー国境沿いに3つあった〔正確に言えば他にもまだあった〕。いずれもスペインとの戦争の過程で占領した領土で、1648年に正式にオランダ領として認められた。しかしスペイン領と接していたため、この地域はオランダの主権は及ぶものの、共和国のひとつの州とは認められず、半ば外国として扱われた。緩衝地帯とされたことにより、自治を認められなかったばかりか、税制面などでさまざまな差別を受けたといわれている。虐げられた国内植民地と言ってもいい。そのうちのひとつが占領州ブラーバント (Staats-Brabant) で、現在のノールト・ブラーバント州がほぼこれに当たる。首都は古都デン・ボス〔セルトーヘンボス〕(Den Bosch, 's-Hertogenbosch) で、当時デン・ボス代官区 (Meierij van Den Bosch) と呼ばれた地方がその東半分を占めていた。いま電機メーカー、フィリップスの本社があるエイントーフェン (Eindhoven) はこの中にあり、オランダ近代毛織物工業の中心地となったティルブルフ (Tilburg) もまたこの中に入っていた。

話を今一度レイデンに戻すと、レイデンの新毛織物工業は16世紀末にオランダの都市特有のハンディキャップを背負ってスタートしていた。というのもレイデンの位置するホラント州は消費税に大きく依存する税体系をとっていたからで、それに各都市固有の消費税も加わり、住民は消費税の重圧に苦しんでいた[1]。1週間のうち1日ないし1日半は消費税のために働いているようなもの

第4章　フランドルの遺産を継ぐベルギー、オランダの近代毛織物工業　189

だ、という怨嗟の声が聞かれたほどで、それは当然労働者の賃金にもはね返えらざるをえない[2]。それにまたレイデンのように短期間に急速に毛織物工業が成長し、多くの人が流れ込んできた都市では住宅難が深刻化し、家賃が高騰した。これも賃金にはね返っていく。都市人口は1582年の12,144から1620年頃には44,700に、1665年頃には72,000ほどに膨れ上がり、市当局はこの間に3度にわたって、市域を拡張して住宅用地を確保せざるをえない状況であった[3]。こうしたレイデン特有の事情もあって、レイデンの賃金水準は相対的にかなり高いものであったといわれている。そうした証言は史料を見れば枚挙にいとまがない。いうまでもなくこれは企業家、経営者にとっては由々しい問題で、賃金コストの引き下げが彼らには至上命題として突きつけられた。さもなければ内外の市場で潜在的ライヴァルの台頭を許すことは目に見えていたからである。

　賃金引下げの手っ取り早い方法は安価な児童労働力を導入することと、低賃金の農村住民を下請として利用することであった。1650年頃まではリエージュ大司教領やドイツの近隣から何千人という児童が主に紡糸技術を習得するという名目で連れてこられた。それに関わる特定の輸送業者もいたという[4]。しかし農村の労働力の利用はレイデンのあるホラント州内ではきわめてむずかしかった。それというのも、すでに3章の1.でふれたように、ホラント州には1531年に制定された"農村工業禁止令"があったからで、この禁令は制定当時はあまり効果がなかったが、共和国時代になって都市が大きな権力を握るようになると、意外に大きな力を発揮したという[5]。したがってレイデンの企業家はホラント州以外の農村を探さざるをえなかった。そして白羽の矢が立ったのが占領州ブラーバントのデン・ボス代官区内のティルブルフ、オーステルウェイク（Oisterwijk）、ヘルドロプ（Geldrop）などの農村であった。その中でもとりわけティルブルフが注目されたようである。

　もちろんティルブルフが選ばれたからには、それ相応の理由があった。ティルブルフは南隣のホールレ（Goirle）とともにひとつの荘園を構成していた農村で、比較的牧羊が盛んで、16世紀には毛織物工業もある程度みられた[6]。粗質品ながら梳毛糸と紡毛糸を組み合わせた毛織物製品を16世紀にはアントウェ

ルペン市場に出すまでになっていたというから、毛織物製造に必要な基本的なノウハウは用意されていたとみられる。また住民の生活費は安く、必然的に労賃も低かったので、レイデンから原料をわざわざ輸送しても十分採算がとれることが期待された。

　1629年にデン・ボス市がオランダ軍により占領され、スペイン軍からの軍事的脅威が弱まると、レイデン側は下請の可能性を探ったようで、ポステュムスによると1637年頃から契約関係がみられるという[7]。原料の羊毛をティルブルフに送って、紡糸、織布まで〔場合によっては縮絨工程まで〕下請けさせて半製品を回収し、縮絨、染色、仕上げをレイデンで行ない、レイデンの製品として検査を受け、検印をつけて売りに出すという仕組みであった。こういう形であれば、たとえティルブルフ側に品質管理の体制が整っていなくても、最終的にはレイデンの企業家がネーリング規約に従って責任をもって品質をチェックすることが可能になる。少なくとも粗悪品が野放しに出回る危険性は小さい。最初どのネーリングの業者がこうした方法をとったのか、はっきりしないが、ネーリング規約はこの際障害になっていないことは明らかである。ともかく賃金コストを下げることはこのように早い段階から待ったなしの状況にあったことが窺える。もちろんこうしたやり方はレイデンの毛織物工業の空洞化を招くとして反対し、羊毛をティルブルフに持ち出す際には高額の関税を課すよう主張した人もいたようであるが、羊毛を供給する立場にあるアムステルダム商人がこれを拒否したという[8]。

　1648年に長い戦争が終って、この地方が最終的にオランダの領土になることが決まると、こうした動きは加速し、連邦議会は1651年に早くも原料の羊毛などをホラント州からティルブルフに送り込んだり、それで作ったティルブルフ産の半製品のラーケン織をホラント州に持ち込む際には、占領州を外国とみなして掛けられていた関税を免除することになった。ただし当面はホラント州の3つの都市に持ってくる場合に限られ、その半製品にはティルブルフの製品であることを示す鉛印を付けることが義務づけられた[9]。この措置は当初は3年間の期限付きのもので何度か更新されたのち、1687年11月から制度化され、

1692年5月からはエイントーフェンなどいくつかの小都市や農村にも広げられた[10]。

　1650年以降ティルブルフに送られた羊毛の大部分は上質のスペイン羊毛で、ティルブルフで作られたのはほとんどがラーケン織であった。その長さは32～33エルであるから[11]、これはレイデンの主力製品たる半反もののラーケン織（halve lakens）と長さが一致している。ティルブルフに一部工程を委ねられたのは高級品のラーケン織であり、粗質品ではなかった。ネーリングで言えばラーケン織ネーリングということになり、他のネーリングの業者はあまり関係なかったと思われる。ポステュムスはスペイン羊毛の加工には高度な技術が要求されたと言っており[12]、下請けを利用しようとすれば、当然その生産上のノウハウも伝えられたはずで、レイデンの主力製品である上質ラーケン織の技術移転は避けられなかったと思われる。しかしこれを受け入れるティルブルフ側ではどのようにして受け入れ態勢を整えたのかはっきりしない。ティルブルフにはギルドも、ギルド的規制も、ラーケンハル〔ラーケン織会所〕に相当するようなものもなかった[13]。レイデンに倣ってネーリング制を導入したようにも見えない。1660年にラーケン織の計測人（meter）が任命されただけのようである。検査人もいたらしいが、どういう仕組みになっていたのかはっきりしない。ティルブルフは一部の工程を下請けする立場にあり、染色、仕上げといった最終工程をレイデンが握っている以上、主体的に品質管理の体制を整える必要は当面なかったと言っていいのであろう。

　ティルブルフでは労賃が低かったことが最大のメリットであったといわれるが、実際はどの程度であったのだろうか。プリンスハイムが挙げている1647年の史料では、縮絨工程まででレイデンとは1エルにつき約20スタイフェル〔つまり約1フルデン〕の差が出ているという[14]。半反ものの長さは32～33エルであるから、32～33フルデンの差ということになる。1665年頃には半反ものの完成品の相場が160フルデン前後であったから、この開きはかなり大きいと言えるのではないか。また1740年頃の証言では、ティルブルフでは労働力が安く、生産コストはレイデンの半分で済むともいわれている[15]。さらにレイデ

ンの有力な一企業家が1784年頃述べているところによれば、レイデンとティルブルフでは労賃に約30％の開きがあったという[16]。このように一貫して労賃には大きな差があり、レイデンからの往復の輸送費を計算に入れても、それでもまだ開きはかなりのものである。レイデンの企業家がティルブルフを積極的に下請関係に組み込んでいこうとしたのは、それなりに合理的な判断と言うべきであろう。

　ポステュムスによれば、1673年の時点でティルブルフには600〜700台の織機がレイデンの下請けとして稼働していたという[17]。ただしこの根拠ははっきりしたものではなく、この半分くらいではないかと言う人もいる。1台の織機で半反もののラーケン織1反〔半反ものはそれ自体で完成品であり、1反と計算する〕を織るのに約1週間半かかったとされており〔したがって3週間で2反〕、1年間〔実動は約47週〕フル稼働して約32反織ることができたとみられる[18]。そうすると600〜700台では19,200〜22,400反ほどになる。当時のレイデンでラーケン織の年間産出量は10,000〜15,000反前後であるから、これではかなり多すぎ、ティルブルフの織機はもっと少なかったとも思われる。ただしレイデンの産出量は1680年代に入ると2万反を越し始めるから、そうなると計算上は合うが。いずれにしても17世紀後半以降、レイデンのラーケン織ネーリングはその産出量の大部分をティルブルフに負っていたということになる。もちろん染色、仕上げはレイデンが押さえていたから、100％ティルブルフ産ではないが。

　こうした下請関係の発展はもちろん両義的で、企業者にとっては競争力の強化につながりプラスであったが、紡糸、織布といった工程はレイデンから姿を消して、それに関係していた労働者は失業の危機にさらされるというマイナス面も避けられなかった。空洞化と言ってもいい。染色、仕上部門は市内にとどまっているから、全面的な空洞化ではないが、その危険性はないわけではない。やがてレイデンからティルブルフに移っていく人も出てくる。1691年から1724年の間に13人がレイデンからティルブルフに移ってきたことが分かっている[19]。すべてが企業家であったかどうか確認できないが、その可能性は大きい。関係

のない市民やただの労働者が移って行ったとは考えにくい。企業家の中には、往復の輸送費を節約するために、あるいは下請に対する監視を強化して、生産の効率を上げるために、活動の拠点をティルブルフに移そうという人が現われても不思議ではないし、あるいはまたいっそ染色工程、仕上工程といったレイデンに残っていた工程をも生活費の安いティルブルフに移してしまおうという人が現われてきても、これも不思議ではない。こうした動きがだんだん進んだせいか、次第にティルブルフにも染色工や仕上工が増えていったようで、そうなるとティルブルフだけで完結した工業になる。いままでのようにレイデンに依存する必要がなくなるから、レイデンの方ではいっそう空洞化が進む。レイデンに頼る必要がなくなると、今度はアムステルダムの商人が直接原料の羊毛をティルブルフに送って、生産を依頼するということも起きてきたようで、ラーケン織の生産はますますレイデンを素通りしてしまうことになる[20]。またティルブルフにも同じようにアムステルダムから原料を取り寄せて、レイデンの企業家とは関係なしに生産を始める人も出てくる[21]。1741年頃になると、「ティルブルフは今や技術面でわれわれと同じになった」という認識がレイデン側から漏れてくる。レイデンのラーケン織工業の没落は1740年頃には明白になったと言う人もいる[22]。実際レイデンのラーケン織の産出量は1736年以降は1万反を切り、そのまま回復することがない。ポステュムスは、18世紀前半にはもう全工程をティルブルフや占領州の他の地に移す企業家も現われ、18世紀末までにこの過程は完了したと言う[23]。実際ピーテル・フレーデ（Pieter Vreede）というレイデンの有力な、メノー派の企業家〔のちには政治家としても活躍〕が1790年にレイデンに見切りをつけ、ティルブルフに移ったことは、ティルブルフの毛織物工業がレイデンから独立したことを示す象徴的な出来事になった[24]。

　ティルブルフの農村毛織物工業は18世紀の後半には独り立ちしたとみられる。逆にレイデンの方は、ティルブルフの発展に反比例するように、主力製品であったラーケン織の生産を奪われていき、苦境に陥る。そのため占領州のティルブルフに羊毛を送ってラーケン織を作らせることは控えようという動きも一時

出てきたが、企業家には無視され、1770年頃には「企業家はほとんどすべてを農村で作らせることをやめていない。都市で10作るとすれば、農村では少なくとも20作らせている」といった有り様であった[25]。アムステルダムの商人が牛耳っていたアムステルダム海事支庁理事会は1663年にすでに、毛織物工業がレイデンから占領州に移ったとしても、ホラント州全体で見れば、それはただ工業がその立地を変えただけにすぎない、と醒めた見方をしていたが[26]、現実はたしかにそのようなものであった。こうした発言は毛織物工業都市レイデンの利害を逆なでするようなものであったが、経済の論理から言えば、理に適った現実的なもので、別に商業の利害が工業のそれを一方的に犠牲にしてしまったということでもない。元はと言えば種はレイデンがまいたものであった。

　17世紀後半以降レイデンと占領州農村との間に下請け関係が着実に広がっていたことはたしかで、これはさしあたり両者の経済的利害が一致した結果であった。レイデン側から見れば、ティルブルフが占領州という無権利状態の農村である以上、下請・分業関係を進めてそこから経済的利益を引き出すことには抵抗はなかった。ましてやティルブルフがやがて危険なライヴァルにのし上がっていくなどとは予想もしていなかったであろう。他方占領州側も西ヨーロッパ最大の毛織物工業都市と下請関係をもつことは、無権利状態の中にあってひとつの救いであった。その意味では両者の思惑は一致していた。別にこう言ったからといって無権利状態を歓迎しているわけではない。それが歴史的現実であったからである。ティルブルフ側は労働コストが安いがゆえに搾取の対象にされたと被害者意識を募らせる場面がないわけではないが、しかしそれによって最新の技術に触れ、次第にそれを自分のものにし、自立化の足掛かりにしたというのも事実である。両者が対抗関係に終始したまま、一方が他方を踏み台にしたという歴史ではなかったと言っていいのではないか。農村工業が独力で都市工業に競り勝ったという歴史ではなかった。

　19世紀になると両者の立場は逆転し、ティルブルフの毛織物工業は明らかにレイデンを凌ぐようになった。1808年にユトレヒトで開かれた第1回国民博覧会にはティルブルフからは11社が出品したのに対して、レイデンからは5社と

第4章　フランドルの遺産を継ぐベルギー、オランダの近代毛織物工業　195

半分以下にとどまり、勢いの差がはっきりと出ていた[27]。1809年4月ティルブルフを視察に訪れた国王ルイ・ナポレオンはティルブルフの勢いを目の当たりにして、都市に昇格させた[28]。産出量ではティルブルフは1830年頃にはレイデンの3倍、1855年頃で約10倍になったといわれているから[29]、レイデンも急速に衰えたわけではないが、彼我の差は今や歴然としていた。オランダの毛織物工業の中心は今やレイデンからティルブルフに移った。

　レイデンから自立したあとのティルブルフは主にラーケン織やカシミア織に加えて、バーイ織、デーケン織〔毛布用〕なども作っていたが、レイデンのネーリング制においてみられた製品の品質管理をどのように行なっていたのか、ほとんど分かっていない。まったく個々人の自由に任されていたとも考えにくい。なんらかの形でレイデンのネーリング制のものづくりの精神は伝えられていたと考えるべきであろう。オランダでは1798年にギルド、ネーリング、兄弟団などがすべて廃止されたので、それまでのような品質管理の方法は姿を消した[30]。しかしまったく自由になったとも考えられない。レイデンではラーケン織会所は1823年1月まで廃止されていなかったから、その間ネーリングは廃止されたものの自主的に製品の検査を行なうことによって、品質の管理がなされていたとも考えられる[31]。逆にティルブルフの方では1820年7月にラーケン織会所を新たに設立している[32]。その目的は2つあって、ひとつは製造過程で3回の検査をして、責任の所在を明確にした証印を交付することと、もうひとつは政府や軍、オランダ商事会社に納入する製品に輸入品が紛れ込まないように監視することであった。ただこうした検査はすべての製品が対象となっていなかったようで、その意味では従来例えばレイデンのネーリングで見られた検査とは少し趣旨が変わっていたようにみえる[33]。このラーケン織会所はティルブルフでは1867年まで機能していた[34]。機械化が進んで、より均一な製品が大量に作られるようになり、品質管理は個々の企業の自己責任に委ねられる時代に入ったと言えるのであろう。

2. ヴェルヴィエ＝オイペン毛織物工業
——国境を跨いだ工業化——

　パリ北駅発ケルン行きの国際特急列車ターリスに乗ると、ブリュッセルの次の停車駅がベルギーの大工業都市リエージュである。まもなく国境を越えると、次がドイツの古都アーヘンで、途中ヴェルヴィエの中央駅を通過する。その沿線には今では廃墟となった古い工場がいくつも目につく。またヴェルヴィエ中央駅からローカル線に乗り換えて30分ほどでベルギーのドイツ語圏の町オイペンに着く。またアーヘン中央駅から同じくローカル線に乗り、やはり30分ほどでオランダ南部の都市マーストリヒトに着く。このように現在のベルギーの東北部はオランダやドイツと国境を接し、ワロン語圏、オランダ語圏、ドイツ語圏が入り乱れている。大きな戦争の度に軍の通り道となり、国境線はしばしば動いてきた。それにもかかわらず近代の工業化の波はこの複雑な地域をも洗い、ここがベルギー産業革命の発祥の地となった。アーヘンも含めて、アーヘン＝ヴェルヴィエ＝オイペンの三角地帯と一括して、その工業化の歴史を論ずることもある。ベルギー側ではリエージュの鉄工業や金属工業と並んでヴェルヴィエとオイペンの毛織物工業がベルギー産業革命の牽引役となった。そのヴェルヴィエ＝オイペン毛織物工業も、前節1.で見たオランダの占領州と同じように、レイデンとの下請関係を契機に大きく発展することになった。

　歴史的に見ると、リエージュ（Liège）市とその周辺は帝国直属のリエージュ大司教領で、1488年以来一貫して中立政策を採り、低地諸邦の中では独自の道を歩んでいた。その南東側にはこのリエージュ大司教領の飛び地としてフランシモン城代管区があり、ヴェルヴィエ（Verviers）はこの中にある。この飛び地の北側を包み込んでいるのがリンブルフ侯領で、ここは16世紀には低地諸邦17州の1構成員であった。オイペン（Eupen）はこのリンブルフ侯領の中にある。またヴェルヴィエの位置している飛び地の南側は帝国直属のスタヴロー修道院領で、これも半ば独立している。さらに17世紀になると周辺にはオランダの占領州リンブルフの一部も飛び地として存在しており、支配関係が錯綜し

ていた。この地域は農業にはあまり適さず、昔から鉄工業や金属加工業、牧畜業が主たる生業であった。

1）レイデンとの交流の始まり

16世紀後半フランドル地方で宗教弾圧が強まり、やがてスペインの支配に対する内乱に発展していくと、亡命者や難民はリエージュ大司教領、とりわけリエージュ市やヴェルヴィエ〔当時はまだ農村〕にも流れ込んだ。大司教のお膝元にもかかわらず、新教徒に対しては表立った迫害はなかったといわれており、彼らはここでセイ織などの生産を始めた[35]。そして1590～1620年頃にはリエージュ市は重要なセイ織の産地となっていた[36]。またドイツの帝国都市アーヘン（Aachen）も多くの難民や亡命者をフランドルやブラーバントから受け入れていたが、この都市も古くから毛織物工業を擁していて15世紀には年間産出量が7,000反近くに達し、東欧、バルト海、ロシアなどに輸出していたという[37]。こうした毛織物工業都市としての名声が多くの難民や亡命者を引き寄せたものと考えられる。しかしアーヘンは1614年スピノラ将軍率いるスペイン軍に占領されると、市内の新教徒は周辺に四散した[38]。ドイツ内陸の、カルヴァン派のプファルツ選帝侯国内に逃げた人が多かったようである。この時オイペンに避難した新教徒の中には富裕な商人や企業家もいて、彼らがオイペンの毛織物工業を盛り上げたという[39]。とりわけオイペンは清流を利用した染色業が有名になっていった。

このスペイン軍のアーヘン占領で危険を感じたリエージュ市の新教徒の中にはレイデンに移る者も出た[40]。そしてそれがきっかけとなったのか、17世紀にはレイデンとリエージュ市および大司教領内との間には人の行き来が盛んになり、1605～29年の25年間に68人がレイデンに移り、1638年にはリエージュとリンブルフ合わせて45人が移ってきた。また1641～50年にレイデンに入ってきた移民の中でもっとも多かったのは、リエージュ、ヴェルヴィエ、オイペンからの人で、全体の35.4％にあたる420人に達していた。レイデンの高い賃金に引かれてやってきた労働者も混じっていたが、ほとんどが織元であった[41]。こう

した人の流れに付随して、これらの地方から多数の児童、子供が徒弟としてレイデンに送り込まれた。その数は1640～71年には8,203人にもなった[42]。いうまでもなくこうした外国人の安価な児童労働力を利用できたことは、さしあたりレイデンの毛織物工業の競争力を強化するのに役立った。ただ長い目で見れば必ずしもプラスばかりではなかったが。

当時レイデンではサーイ織工業がもっとも活況を呈していた。これは、とりわけリエージュ市でセイ織業に従事していた新教徒には誘引として働いたようで、移住した織元の中にはセイ織業者が多かったと考えられる。これを裏付けるように、レイデンではやがて"リエージュ風サーイ織（Luikse saaien, Luycsche zayen）"と呼ばれる、それまでのレイデンにはなかった新しいサーイ織が作られるようになった。これは当時のセイ織の常識を破った、紡毛糸を使うセイ織であったようで、最初はリエージュから原料になる紡毛糸が送られてきていた。レイデンの業者の中にもやがてこれを作ろうとした人が出てきて、その許可を願い出ている。レイデン市当局はさしあたり3カ月の期限付きで認めた[43]。その後の動きは不明であるが、レイデンのサーイ織工業はリエージュからの移民を受け入れたことにより、新しいサーイ織をひとつその製品に加え、幅を広げたと言っていい。したがってレイデンのサーイ織工業はホントスホーテから伝えられたものと、リエージュ・ルートで伝えられたものの2つがあったと考えられる。

他方リエージュ市のセイ織工業はその後も順調に発展したようで、1663年頃にはレイデンにとりかなり手強いライヴァルになっていた。リエージュの製品はレイデンの製品よりだいぶ安かったようで、例えばヘーレンサーイ（heerensaai）の1エルで3～4スタイフェルの違いがあったといわれており、1反ともなれば数フルデンの開きになっていたものと考えられる[44]。その頃のレイデンの関係者は、リエージュ産のサーイ織が100エル売られるとすれば、レイデン産はたった1エルしか売れないとか、リエージュは毎年数千反のサーイ織をわが国へ売り込んで、羊毛をわが国から持ち去ると嘆いており、サーイ織ネーリングの不振の原因はリエージュ市のセイ織にあると見ていた[45]。リエー

第4章　フランドルの遺産を継ぐベルギー、オランダの近代毛織物工業　199

ジュ市は都市とはいえ、オランダの都市よりはだいぶ生活費が安く労賃も低かったとみられる。リエージュ市にはギルドがあったといわれているが、新教徒のセイ織業はどうギルドと関わっていたかはよく分からない。

　こうした活発な人の動きを背景にこの頃にはすでにレイデンの企業家の中にはリエージュ領内やリンブルフ領内の人々を下請に利用し始めた人もいたようである。オランダから羊毛を送って、紡糸・織布を下請させ、半製品をレイデンにもってきて、縮絨・染色・仕上げを施してからレイデン産の製品として売るやりかたで、レイデンの企業家が占領州のティルブルフでやっていたのと同じ方法である。サーイ織についても一部こうした下請関係がみられたが、この動きが加速されたのは1635年頃からとみられている。そのきっかけは、すでに3章の2.でも少しふれたように、この頃からオランダでは上質のスペイン羊毛が急に入手しやすくなったことで、今度はそのスペイン羊毛をリエージュ領内やリンブルフ領内に送って、高級なラーケン織を下請で作らせるようになった[46]。スペイン羊毛はサーイ織には向いていなかったといわれているから、この方向転換は必然的であったと思われる。したがってその下請先もリエージュ市ではなく、ヴェルヴィエやオイペンといった別の農村であった。

2）ヴェルヴィエ＝オイペン毛織物工業の発展

　ヴェルヴィエやオイペンはそれ以前にまったく毛織物生産を知らなかったのではなく、ヴェルヴィエではヴェードル川（Vesdre）の急流を利用した縮絨水車が16世紀までにすでに十数基稼働していて、地元産の羊毛で毛織物が作られ、その一部はフランクフルト、ライプツィヒなどの年市にも送られるほどであった[47]。オイペンではすでにふれたように、17世紀はじめアーヘンから逃れてきた新教徒が毛織物生産に携わっていた。その意味では両者とも下請先としての条件は整っていた。

　レイデンとヴェルヴィエ＝オイペンとの間で人の流れが変わったのは1638年であったという。この年を境にしてレイデンからリエージュ領内やリンブルフ領内に帰っていく人が出はじめた[48]。ちなみにレイデンでラーケン織ネーリン

グが設立されたのが1638年5月で、これと何か関係があったのかよく分からない。ただスペイン羊毛が将来にわたって安定的に供給される目処がついたことが関係していたらしく、ヴェルヴィエ＝オイペンをはじめ、アーヘン、ユーリヒなどでもこの頃から一斉にスペイン羊毛を使った上質のラーケン織の生産が始まる[49]。したがって人の流れの変化はおそらくこれと関係していたのであろう。ポステュムスによれば、リエージュやリンブルフからレイデンにやってきた企業家は新しいタイプの上質のラーケン織に接して、その技術を学んだという[50]。フェロンによれば、とりわけスペイン羊毛やポルトガル羊毛に関わる加工技術が注目されたというから、織り方や染色、仕上げの技術ではなくて、おそらく羊毛の刷毛処理の技術と、細くて丈夫な紡毛糸を作る技術に新たな可能性を見出したのではないか[51]。そしてかの地でもスペイン羊毛が確実に入手できる見通しが立った以上、この新しい技術を身につけてレイデンにとどまるよりは、彼らの故郷に戻って営業した方が経営的にははるかに有利と判断したのではないか。それでも最初のうちはレイデンの下請としてレイデンのラーケン織を真似て作っていたようで、染色、仕上げはレイデンに委ねることが多かった。もちろんこうした製品はレイデンの鉛印をつけてレイデン産の製品として売りに出される[52]。しかしほどなくしてアムステルダムの商人から直接スペイン羊毛を買い入れて、自らの計算でラーケン織を作り始める企業家も現われた。ポステュムスが、ヴェルヴィエ＝オイペンのラーケン織は1637～47年を画期にレイデンには脅威になり始めたというのは、やや早すぎるようにも思えるが、17世紀後半にはそれは確実にレイデンの製品と競合するようになっていった[53]。

　ヴェルヴィエ＝オイペンのラーケン織はレイデンのそれよりかなり安かった。1647年にすでにレイデンの側から1エルあたり10～25スタイフェルにもおよぶ価格の開きが出ているという懸念が表明されており、1反が32～33エルとすると16フルデンから41フルデンも違いが出てくる[54]。1728年の証言では、レイデンよりも20％は安く作られているというし、1741年にレイデンの企業家が残したメモには「……アーヘン、オイペンなどはラーケン織をティルブルフや占領州よりも1/3安く作ることができ、当市〔レイデン〕よりも2/3安く作ることが

第4章　フランドルの遺産を継ぐベルギー、オランダの近代毛織物工業　201

できる」と記されていた。つまりレイデン、ティルブルフ、ヴェルヴィエ＝オイペンの3者間の生産コストは3：1.5：1の比になっていたことになる。多少の誇張はあるにせよ、差は歴然としている。ただポステュムスは最終価格では7：5.5：5ぐらいの差であったのではないかと言う[55]。レイデンの企業家は占領州のティルブルフに下請させてコストの削減を図ったにしても、それでもなお競争力を維持することはむずかしかったようである。

そして1741年にレイデンの1企業家は「アーヘン、ヴェルヴィエ＝オイペンの人たちは彼らのラーケン織の仕上げ、染色など必要なことを、われわれの手を煩わすことなく完全にすることができる」と、技術的には彼らがレイデンから自立したことを認めた[56]。その結果「ラーケン織業はここ40年来大幅に縮小し、今やほとんど残っていない状況にある。まだ残っているわずかのものも、確実になくなりそうである」と、悲鳴にも似た声が出始め、レイデンのラーケン織工業が追い詰められていたことが分かる[57]。しかもスペイン羊毛が18世紀になると、オーステンデ港経由で、あるいはドイツやフランス経由で入手できるようになったことも、ヴェルヴィエ＝オイペンには強みとなった[58]。ただレヴァント向けの輸出ルートに乗せるためにレイデンに製品を送り、染色などの手を加えてもらうことはあったようであるが、今や主導権は完全にヴェルヴィエ＝オイペンの企業家に移っていた[59]。

ヴェルヴィエ＝オイペンの毛織物工業の産出量については情報が乏しく、研究者によって見方が分かれている。一番新しいチョーリーの研究は1780年頃の産出量として約5万反、その内訳はヴェルヴィエが3万反、オイペンが2万反という数字を挙げている。これにさらにアーヘンの3万反、モンシャウ（Monschau）の1万反を加えると、この地域全体で約9万反になる。彼は1反の長さを32〜34m、エルに換算すると48〜51エルとして計算している[60]。他方ガットマンは、1750年には10万反を突破したとして、かなり多めに見積もっている[61]。ここではアーヘン、モンシャウは含まれていないようである。ただし彼は1反の長さを明示していない。また石坂昭雄氏はこの地域全体で約8〜10万反と見積もり、そのうちヴェルヴィエ＝オディモンが3〜4.5万反、オイ

ペンが２万反、モンシャウが１〜1.2万反という数字を挙げている[62]。石坂氏も１反の長さには言及していない。さらにフェロンによれば、18世紀には年間の羊毛使用量が約100万リーブル〔500トン〕であるから、７〜８万反程度になるという[63]。ちなみにチョーリーは1780年頃のこの地域の羊毛消費量を675万ポンド〔約3,061トン〕と推定しており、フェロンの数字とは大きくかけ離れている[64]。逆にキッシュは、アーヘンも含めてヴェルヴィエ＝オイペン地域の1780年代の産出量は約45,000反と見積もっている報告書があるとして、かなり低めに見ている。このうちオイペン＝ディゾン地区だけで約10,000反生産していたともいう[65]。ヴェルヴィエだけについて見ると、次のようになっている。1665〜67年の落ち込みはどんな理由によるのか不明である[66]。

1612年	6,000反	1781年	32,001反
1665〜67年	2,335反	1789年	28,994反

　バルクハウゼンによれば、オイペンでは上質毛織物は1764年には21,780反生産されたという[67]。この前後については残念ながら分からない。このように産出量については研究者間でまだ隔たりがあるが、チョーリーはアーヘン＝ヴェルヴィエ＝オイペンの三角地帯の上質毛織物工業は当時としてはヨーロッパ最大であった、と言う[68]。18世紀半ば頃にはスペイン羊毛の供給が頭打ちになり、戦争などによって羊毛不足に悩まされることもあったが、18世紀末にドイツ東部に生産が広がったメリノ羊毛にいち早く切り換え、原料不足を乗り切った。そして19世紀に入ると同時に機械の導入が始まり、産業革命の口火を切った。
　製品としては、高級品毛織物（draps fins）、セラーユ織（draps de sérail）〔中近東のハーレム向けの華やかな緋色のラーケン織〕、マウー織（mahouts, mahoux）〔レヴァント向けの最高級品〕といった高級品が中心で、チョーリーはヴェルヴィエ＝オイペンの毛織物工業はレヴァント向け製品に特化していたと言う[69]。レヴァント向けの高級品毛織物の生産では、カルカッソンヌをはじめとする南仏ラングドックが18世紀には有名になっていたが、1770年代以降

第4章　フランドルの遺産を継ぐベルギー、オランダの近代毛織物工業　203

ヴェルヴィエ゠オイペンがこれを脅かす存在になっていた。このほかに、何種類かの中級品、粗質品も作られていた。大部分は紡毛織物であったが、18世紀後半にはセルジュ織（serges）やカシミア織（casimirs）といった梳毛糸を使う製品も作られるようになっていた。いずれも安価な粗質品であったようである[70]。18世紀にはリンブルフ領内では落糸織（queues et pennes）という、織残しの屑糸を再利用した独特の織物も作られるようになり、1767年には15,000反余りの産出量を記録するまでになっていた[71]。

　最後に製品の品質管理の問題を見ておきたい。ヴェルヴィエ゠オイペンの毛織物工業はレイデンの技術を取り入れ、しかもレイデンとの下請関係を経験しているから、ネーリング制の品質管理のあり方も同時に伝わったのではないかと考えられるが、この点については分からないところが多い。ヴェルヴィエは1651年に人口4,500あまりで都市に昇格したが、ギルドはなかったという。ところが1662年11月に市は条例で、市民に年間30反以上の毛織物を作ることを禁止した。しかしこれでは厳しすぎたのか、翌年12月にはこの制限を35反に緩和した[72]。こうしたいかにもギルド的な生産制限がなぜ出てきたのか、残念ながらよく分からない。ギルドは存在しなかったが、市当局はギルド的平等の原則を追求したということであろうか。ただひとつ考えられるのは、数量を制限することによって、粗製濫造を防ごうとしたのではないかということである。もしヴェルヴィエ゠オイペンの主力製品がレイデンの主力製品である半反もののラーケン織（halve lakens）とほぼ同じサイズ〔長さは30〜33エル゠オーヌ〕のものであれば、織機1台がフル稼働して年に30〜32反程度生産可能であったから、これに見合った数字とも言えそうである[73]。もしこう考えていいなら、フェロンのように、こうした規制は時代の流れに逆行し、新しい毛織物工業を中世経済の枠内に押し込めるものだとして嘆く必要はない。ただこうした規制がきちんと守られていたのか、その辺はよく分からない。というのも、ヴェルヴィエでは6人の大織元〔商人製造業者〕が全生産高の2分の1から3分の1を押さえていたうえに、市政の実権を握っていたからである[74]。常識的にはこうした生産制限は大企業家にとっては桎梏になった可能性が強い。それともこ

うした制限枠を設けておいた方が品質管理には都合がよかったということであろうか。

ヴェルヴィエ市当局はこの2年後の1665年11月に今度は毛織物会所（halle aux draps）を市庁舎内に設置した。ここでは製品の検査、計測がなされ、合格品には鉛印が交付された[75]。ポステュムスはヴェルヴィエでは会所制度（hallensysteem）による煩瑣な規制はなかったと言うが、どうも違うようである[76]。おそらくこの頃がヴェルヴィエ＝オイペンの毛織物工業がレイデンから独り立ちした時期と見ていいのであろう。品質管理体制の整備はその指標とみられる。ただ問題はこれがどの程度実効を伴っていたかである。というのもヴェルヴィエの生産者は18世紀半ば頃でもまだ自分の製品にレイデンの鉛印を偽装してつけ、レイデン産の製品として輸出していたからである[77]。ヴェルヴィエはこの頃はまだ確たる信用を築いていなかったともいえる。他方オイペンについてはどうなっていたかまったく不明である。農村工業であったがゆえに自由で野放しであったとはまず考えにくいが。

バルクハウゼンは、取引の自由〔自由競争〕さえ確保されていれば、製品の品質は自ずから保証されていくのではないか、という趣旨のことを述べ[78]、17・18世紀のヴェルヴィエ＝オイペン毛織物工業をまさにそうした自由な工業と見ているようである。ヴェルヴィエ＝オイペン地域の毛織物工業がヨーロッパ大陸で最初の産業革命を経験したのは、そうした自由で、近代的な工業活動が保障されていたからだ、という主張にもつながっているようにもみえる。ヴェルヴィエで見られたような品質管理体制ははたして形骸化して意味がなかったのか、そうした体制はいつ正式に廃止されたのか、オイペンはどうであったのか、もしオイペンでそうした品質管理体制がとられていなかったとするならば、それはなぜであったのか、これらは将来の課題として残っている。

註

1) 石坂昭雄［1972］、Ⅲ. オランダ連邦共和国の租税構造＝政策——その経済的意義——、第1～2章。

第4章　フランドルの遺産を継ぐベルギー、オランダの近代毛織物工業　205

2) *L. T. N.*, V, no. 30, §41.
3) Noordam [1992], p. 47; Van Maanen [1978], p. 11; Noordegraaf [1980], p. 68.
4) Howell [1986], p. 68; Noordegraaf [1980], p. 71; Posthumus [1939], III, pp. 626, 631; Van Dillen [1946], p. 34.
5) Brünner [1918], p. 196.
6) Dijksterhuis [1899], pp. 118, 126.
7) Posthumus [1939], III, p. 956.
8) Dijksterhuis [1899], pp. 122-3.
9) Dijksterhuis [1899], pp. 130-2.
10) Dijksterhuis [1899], pp. 133; Pirenne [1955], p. 342.
11) Dijksterhuis [1899], p. 125; Boeren [1942], p. 23; De Bruijn [1990], p. 167.
12) Posthumus [1939], III, p. 955.
13) Dijksterhuis [1899], p. 128.
14) Pringsheim [1890], Anhang II.
15) *L. T. N.*, VI, no. 22.
16) Höweler [1966], p. 38; G. A. A., Resolutieboek 1784.
17) Posthumus [1939], III, p. 955.
18) *L. T. N.*, V, no. 29, §8; *L. T. N.*, VI, no. 271; Posthumus [1939], III, p. 1093, noot 4.
19) Dijksterhuis [1899], p. 135.
20) Pirenne [1955], p. 348.
21) Posthumus [1939], III, p. 956.
22) *L. T. N.*, VI, no. 321, 322; Boeren [1942], p. 43.
23) Posthumus [1939], III, p. 1121.
24) Sneller [1928], *Herdrukken*, p. 123; Van Velthoven [1935], dl. I, p. 184.
25) *L. T. N.*, VI, no. 340.
26) Posthumus, Adviezen, no. 12.
27) Schurink/Van Mosselveld (red.) [1955], pp. 179, 181.
28) Schurink/Van Mosselveld (red.) [1955], p. 181; Dijksterhuis [1899], p. 2.
29) Moes [1991], p. 21.
30) Posthumus [1937], p. 37.
31) Moes [1991], p. 21.
32) Boeren [1942], p. 58.
33) Dijksterhuis [1908], pp. 20-21; Van den Eerenbeemt/Schurink (red.) [1959], p.

22.

34) Boeren [1942], p. 58.
35) Laurent [1927], p. 217; Posthumus [1926], p. 111.
36) Posthumus [1926], p. 109.
37) Kisch [1964], pp. 517-8.
38) (anoniem) [1916], pp. 27-8.
39) Dechesne [1926], p. 33; Barkhausen [1960], p. 365.
40) (anoniem) [1916], p. 29; Barkhausen [1960], p. 365.
41) Posthumus [1926], p. 111; Lucassen/De Vries [1996], p. 150.
42) Van Dillen [1946], p. 34.
43) L. T. N., IV, no. 82; L. T. N., VI, no. 3; Posthumus [1939], III, p. 961; Posthumus [1926], p. 109.
44) Posthumus [1939], III, pp. 960-1.
45) L. T. N., V, no. 114, A, §9; L.T.N., V, no. 30.
46) Pringsheim [1890], Anhang II, A; Lucassen/De Vries [1996], pp. 156-7.
47) Fairon [1922], pp. 14-5; Dechesne [1926], pp. 22-4; Gutman [1988], p. 64.
48) Gutman [1988], pp. 87-8.
49) Posthumus [1926], p. 113; Laurent [1927], p. 218.
50) Posthumus [1939], III, p. 961.
51) Fairon [1922], p. 19.
52) L. T. N., V, no. 30, §40; Posthumus [1926], p. 113; Fairon [1922], p. 19; Dechesne [1926], p. 84.
53) Posthumus [1939], III, p. 840; Gutman [1988], pp. 123-4; Lucassen/De Vries [1996], p. 157.
54) L. T. N., IV, no. 355, §1.
55) L. T. N., VI, no. 246; L. T. N., VI, no. 290; Posthumus [1939], III, p. 1121.
56) L. T. N., VI, no. 286.
57) L. T. N., VI, no. 323.
58) Dechesne [1926], p. 59; Posthumus [1926], p. 115; Gutman [1988], pp. 74, 123.
59) L. T. N., VI, no. 290.
60) Chorley [1990], p. 97.
61) Gutman [1988], p. 89.
62) 石坂昭雄 [1975]、90頁。

63) Fairon [1922], p. 26.
64) Chorley [1990], p. 97.
65) Kisch [1964], 531.
66) Dechesne [1926], p. 224.
67) Barkhausen [1958], p. 225.
68) Chorley [1990], p. 96.
69) Chorley [1990], p. 97; Dechesne [1926], p. 39; Lebrun [1948], pp. 156, 159; Kisch [1964], p. 526; 服部春彦 [1992]、296、305-6頁。
70) Dechesne [1926], p. 39; Lebrun [1948], pp. 156, 159.
71) Fairon [1922], p. 27.
72) Fairon [1922], p. 21; Dechesne [1926], p. 200.
73) フェロンは羊毛35リーヴル（ポンド）から30オーヌ（エル）の毛織物1反が作られるとしており、1反は30オーヌ前後とみられる。本章の1.も参照されたい。
74) 石坂昭雄 [1975]、91-2頁。
75) Fairon [1922], p. 21; Dechesne [1926], p. 200.
76) Posthumus [1926], p. 110.
77) Fairon [1922], p. 19.
78) Barkhausen [1964], p. 227.

あとがき

　馴染みのないテーマにもかかわらず、ここまで読み通していただいた方にはここでお礼を申し上げたい。以下の"あとがき"は言い訳の頁である。
　このテーマに関わってからもう30年以上も経つ。その頃は今と違って西ヨーロッパの毛織物工業史はわが国の西洋経済史研究においてもまだ重要なテーマであったが、いつのまにかすっかり忘れ去られてしまった感がある。もちろん西ヨーロッパの国々では、当然のことながら、それぞれの毛織物工業史に関する研究はほとんど途切れ目なく現われており、その一部をなんとか追いかけるだけで今日に至ってしまった、という思いも強い。10年1日のごとく同じテーマにこだわってきたわが身を振り返ると、なんとも不器用で、気の利かぬことと情けなくなる。定年退職とともにやっとこのしがらみから解放されると喜んでいたところ、退職の半年ほど前になってケンブリッジ大学出版会から『ケンブリッジ版西洋織物史』（2003年）という豪華な2巻本が刊行されることを知った。しかも長年研究書や雑誌で親しんできたトロント大学のマンロ教授〔一度だけご尊顔を拝する機会があったが〕が150頁近い大論文を寄稿していることを知り、現職最後の記念として、なけなしの小遣いをはたいて、ともかくこの本を買ってみることにした。たしか5万円以上の出費であったと思う。
　早速目を通してみると、マンロの寄稿はこれまでの研究の集大成とでも言えそうな、文字通りの大論文で圧倒された。とくに一覧表としてまとめられた各種毛織物の基礎的データは、おそらくマンロならではの金字塔と言えるもので、彼の力量を見せつけられた思いがした。ただ彼のそれまでの議論にみられた〔と私が勝手に思っている〕ある種の混同はそこでもやはり解消されていなかった。碩学マンロに対して私のつまらぬ考えを対峙させるなどということは恐れ多く、もちろんできないが、それでもなんらかの形で指摘しておくだけなら許されるのではないかと思った。これが、正直言って、わが浅学非才をも省み

ず本書を書いてみようと思い至ったひとつの動機である。

　もうひとつは、もう15年以上前になるが、急逝されたボローニャ大学教授星野秀利氏の名著『中世後期フィレンツェ毛織物工業史』を、斎藤寛海氏の翻訳で読んだ時のことである。各地に残る史料を博捜した貴重なご研究で、これもまた研究のひとつのあり方として感銘を受けた。そこにはフランドル産の毛織物にも何箇所か言及があり、それ自体きわめて興味深いものであった。しかしこの貴重な成果を当のフランドル毛織物工業史にリンクさせようとすると、もちろん邦語文献に限ってのことであるが、まとまった基本的なデータがほとんどないことに気付き、非常に寂しい思いをした。幸いその後九州大学の藤井美男教授が1998年に『中世後期南ネーデルラント毛織物工業史の研究』という先駆的な一書を著わされて、大いに元気づけられた。ただ藤井氏の場合、現在のベルギーにほぼ相当する地域だけに限られており、オランダも含めた低地地方の毛織物工業史の全体像となるといぜんとしてまだ空白の部分があり、及ばずながらこれをなんとかしたいという気持ちが強かった。もちろんイタリア毛織物工業史との接点のみならず、イギリス、フランス、ドイツなどの毛織物工業史ともうまく接点をもてるものであれば、さらに望ましいことは言うまでもない。このような思いも、大それたものであることは分かっていたが、本書執筆の動機であった。

　というわけで身の程をわきまえず、暇にまかせて少しずつ書き進めていった。パソコンの操作に悪戦苦闘の毎日であった。当初は以前発表した旧稿を、もし使えるなら使って済まそうと気楽に考えていたが、改めて読み直してみるとほとんど再録に耐えないことが分かり、すべて新規に書き直さなければならなかった。したがって本書はすべて書き下ろしになった。一応出来上がった草稿を読み直してみると、「低地諸邦毛織物工業史」と銘打っていながら、欠落部分が多いことに自分ながら失望した。例えばフランドルと並んで重要な毛織物工業を擁していたブラーバント侯領にはほとんど言及していないし、セイ織工業で知られたトゥルネーを擁するエノー伯領もほんの少しかすめるだけで素通りしてしまった。いずれも用意が十分なかったからで、これはまったく言い訳に

もなんにもならないことは言うまでもない。幸いメヘレンを中心とするブラバント毛織物工業史は藤井氏が先ほどの著書の中で取り上げておられるし、同じくブリュッセルについては氏の近業『ブルゴーニュ国家とブリュッセル』が2章にわたって論じておられるので、これをご覧いただきたいと願うばかりである。またかつての経済史であれば、経営形態や資本の系譜などには必ず言及したはずなのに、本書ではまったくこれらにはふれていない。自分の不勉強ゆえにこうした欠落部分が出てしまったことについてはただ恥じ入るのみである。

　なるべく平易な叙述を心掛けたつもりであるが、馴染みのないテーマだけに分かりにくいところがあるかもしれない。また私の思わぬ誤解や思い違いもあるのではないかと恐れている。あるいは史料の読み方に問題があるかもしれない。巨細にかかわらずお気付きの点があれば、ぜひ御教示を賜りたいと思う。また忌憚のない批判も併せてお寄せいただければ、ありがたいと思う。

　おぼつかない足取りながらともかくここまでやってこれたのは、言うまでもなく多くの先生方や諸先輩から御指導いただいたお蔭である。とりわけ右も左も分からぬ大学院生時代、一橋大学の渡辺金一、山田欣吾両先生からゼミの指導教官として受けた御恩にはただただ感謝申し上げるしかない。またオランダ経済史については東京女子大学の栗原福也先生、北海道大学の石坂昭雄先生には巨細にわたって御教示を賜ることができ、両先生にも感謝の気持ちで一杯である。毎年8月北大キャンパスで石坂先生にお会いして、先生の該博な学識の一端に触れることは夏休の最大の楽しみであった。さらにまたイギリス経済史はもとより西洋経済史学のさまざまな問題については法政大学の船山榮一先生から実に多くのことを学ばせていただいた。実は私がこのテーマに関わるようになったのは、船山先生の名著『イギリスにおける経済構成の転換』にめぐりあったからであると言って過言ではない。博士課程に進んでから、公刊された史料が整っていたレイデン毛織物工業史を自分なりに整理してみたいと思っていたが、その切り口が見つけられず右往左往していたとき、めぐりあったのがこの船山先生のお仕事であった。6月のある夜たまたまページをめくっていて、

吸い込まれるように読んだ時のことを今も鮮明に覚えている。気がついたら6月の早い朝はもう白みかけていた。その時は自分の闇の中にもほのかな光明を見た気がした。その後拙い文章を書く度に先生から貴重な御教示をいただいたばかりか、若気の至りで批判的言辞を弄したときも、先生はいつもにこやかに受け流してくれた。長年にわたって先生から受けた学恩に報いるにしては、本書は余りにも乏しい内容で恥ずかしいが、この場を借りて船山先生には改めて心からのお礼を申し上げたい。またいちいち名前は挙げないが、これまでお世話になった友人、知人にもお礼を申し上げたい。今回執筆中に喜多方市の柏平繊維工業株式会社と名古屋市の御幸毛織株式会社からご多忙中にもかかわらず工場見学の機会を賜わり、種々御教示をいただくことができた。両社にも改めて御礼を申し上げたい。末筆ながら、刊行を快くお引き受けいただいた日本経済評論社の栗原哲也社長、編集を担当していただいた谷口京延氏をはじめ社員の皆さんに心より御礼を申し上げたい。

2007年3月11日

佐藤 弘幸

参考文献目録

＊この目録は網羅的なものではなく、著者が参照しえたものだけに限られている。

〈略号一覧〉

AESC. → *Annales. Economies, Sociétés, Civilisation.*
AGN. → *Algemene Geschiedenis der Nederlanden (1949-1955).*
　　　Algemene Geschiedenis der Nederlanden (1977-1982).
AHN. → *Acta Historiae Neerlandicae. Studies on the history of the Netherlands. vol. I-X.*
　　　Acta Historiae Neerlandicae. The Low Countries History Yearbook. vol. XI-XV.
ASEB. →*Annales de la Société d'Émulation de Bruges./Handelingen van het Genootschap voor Geschiedenis, gesticht onder benaming 《Société d'Émulation》 te Brugge.*
BCRH. → *Bulletin de la Commission Royales d'Histoire.*
BIHR. → *Bulletin of the Institute of Historical Research.*
BSVAH. → *Bulletin de la Société verviétoise d'Archéologie et d'Histoire.*
HGG. 《*Société de Émulation*》 → *ASEB.*
HMGOG. → *Handelingen der Maatschappij voor Geschiedenis en Oudheidkunde te Gent.*
HKKM. → *Handelingen van de Koninklijke Kring voor Oudheidkunde, Letteren en Kunst van Mechelen.*
MKVA. → *Mededelingen voor de Koninklijke Vlaamsch Academie voor Wetenschappen, Letteren en Schone Kunsten van België. Klasse der Letteren.*
MSAM. → *Mémoires de la Société des Antiquaires de la Morinie.*
RBPH. → *Revue belge de Philologie et d'Histoire.*
VSWG. → *Vierteljahrschrift für Sozial- und Wirtschaftsgeschichte.*

〈公刊史料〉

Brugmans, H., Statistiek van den In- en Uitvoer van Amsterdam, 1 October 1667-30 September 1668, in: *Historisch Genootschap. Bijdragen en Mededelingen*, dl. 19 (1898). Statistiek と略記。

De Sagher, H./De Sagher, J.-H./Van Werveke, H./Wyffels, C. (éds.), *Recueil de documents relatifs à l'histoire de l'industrie drapière en Flandre. IIe partie: le sud-ouest de la Flandre depuis l'époque bourguignonne.* 3 tomes. 1951-1966. De Sagher et al., I, II, III と略記。

Delpierre, O./M. F. Willems (éds.) [1842], *Collections des keures ou statuts de tout les méstiers de Bruges, publié par le Comité-Directeur de la Société d'Émulation de Bruges, avec des Notes Philologiques de M. J. F. Willems.*

Espinas, G./Pirenne, H. (éds.), *Recueil de documents relatifs à l'histoire de l'industrie drapière en Flandre.* 4 vols. 1906-1924. Espinas & Pirenne, I, II, III, IV と略記。

——/—— (éds.), Recueil Additional au Recueil de documents relatifs à l'histoire de l'industrie drapière en Flandre, in: *BCRH.*, t. 93 (1929).

Gilliodts-van Severen, L. (éd.), *Cartulaire de l'ancienne ESTAPLE de Bruges. Recueil de documents concernant le commerce interieur et maritime, le relations internationales et d'histoire économique de cette ville.* 4 vols., 1904-1906. Estaple と略記。

Gilliodts-van Severen, L. (éd.), *Inventaire diplomatique des archives de l'ancienne école Bogarde à Bruges* (1242-1806). 3 vols., 1899-1900. Bogarde と略記。

Posthumus, N. W. (red.), *Bronnen tot de geschiedenis van de Leidsche textielnijverheid.* 6 dln., 1910-1922. (R. G. P., 8, 14, 18, 22, 39, 49). *L. T. N.*, I, II, III…… と略記。

Posthumus, N. W. (red.) Adviezen uit het jaar 1663 betreffende den toestand en de bevordering der textielnijverheid in Holland, in: *Historisch Genootschap. Bijdragen en Mededelingen*, dl. 37 (1916). Adviezen と略記。

Strieder, J., *Aus Antwerpener Notarists-archiven. Deutsche Handelsakten des Mittelalters und der Neuzeit, hrgs. durch die Hist. Komm. bei der Bayerischen Akademie der Wissenschaften.* Bd. 4. 1930. Antwerpener と略記。

Van Dillen, J. G. (red.), *Bronnen tot de geschiedenis van het bedrijfsleven en het gildewezen van Amsterdam.* 3 dln., 1929-1974. Gildewezen, I, II, III と略記。

〈未公刊史料〉

Stadsarchief Brugge. 1. Oud Archief. 120. *Hallegeboden.* 1490-1499, 1503-1513, 1513-1530, 1530-1542, 1542-1553, 1553-1564, 1564-1574, 1574-1583, 1584-1596. S. A. B., *Hallegeboden* と略記。

Gemeente Archief Amersfoort. 737 (5219a), Resolutieboeken 1594-1599, 1641-1649, 1648-1650, Requesten 1666-1705, 1675-1692, 1784. G. A. A. と略記。

Gemeente Archief Haarlem. Verzameling Handschriften, nr. 100 Keurboek B.　G. A. H. と略記。

Gemeente Archief Delft. Archief, 1ste Afdeel 1246-1795. Verzameling van Keuren der Stad Delft.　G. A. D. と略記。

Rijksarchief Groningen. Verzameling van Stukken, dl.9, Register Feith, 1597, nr. 61. R. A. G. と略記。

Museum Flehite (Amersfoort). O.12, O12a, O13, O14b, O14c, O14d

〈欧文文献〉

Abraham-Thisse, S. [1993] Le commerce des draps de Flandre en Europe du Nord: faut-il encore parler du déclin de la draperie flamande au bas moyen-age?, in: Boone, M./W. Prevenier (éds.) [1993].

Adriaenssen, L. [2001] De plaats van Oisterwijk in het Kempense lakenlandschap, in: *Textielhistorische Bijdragen*, 41 (2001).

Aerts, E./W. Dupon/H. van der Wee (red.) [1985] *De economische ontwikkeling van Europa. Documenten, I. Middeleeuwen 950-1450.* 1985.

Aerts, E./E. van Cauwenberghe [1984] Die Grafschaft Flandern und die sogenannte spätmittelalterliche Depression, in: Seibt, F./W. Eberhard (edd.), *Europa 1400. Die Krise des Spätmittelalters.* 1984.

Aerts, E./J. Munro (eds.) [1990] *Textiles of the Low Countries in European Economic History. 10th Economic History Congress,* Session B-15. 1990.

Aerts, E./B. Henau/P. Janssens/R. van Uytven (eds.) [1993], *Studia Historica Oeconomica. Liber amicorum Herman van der Wee.* 1993.

Akkerman, J. B. [1968] Schets van de rechthistorische betekenis van het gildewezen, in: *Tijdschrift voor Rechtgeschiedenis,* jg. 36 (1968).

Ammann, H. [1954] Deutschland und die Tuchindustrie Nordwesteuropas im Mittelalter, in: *Hansische Geschichteblätter,* Jg. 72 (1954).

―― [1957] Die Anfänge des Aktivhandels und der Tucheinfuhr aus Nordwesteuropa nach dem Mittelmeergebiet, in: *Studi in onore di A. Sapori,* t. 1. 1957.

Arnould, M.-A. [1976] Remarques sur l'histoire de la draperie, in: Spallanzani, M. (éd.) [1976].

―― [1991] L'Industrie drapière dans le comté de Hainaut au Moyen Âge, in: Duvosquel, J.-H./A. Dierkens (éds.), *Villes et Campagnes au Moyen Âge. Mélanges Georges Despy.* 1991.

Ashtor, E. [1982] L'exportation de textiles occidentaux dans le Proche Orient musulman au bas moyen âge (1370-1517), in: De Rosa, L. et al. (éds.), *Studi in memoria di Federigo Melis,* II. 1978.

—— [1984] Die Verbreitung des englischen Wolltuches in den Mittelmeerländen im Spätmittelalter, in: *VSWG*, Bd. 71 (1984).

—— [1988] Catalan Cloth on the Late Medeieval Mediterranean Market, in: *Journal of European Economic History*, vol. 17 (1988).

Aymard, M. [1971] Production, commerce et consomation des draps de laine du XIIe au XVIIe siècle, in: *Revue Historique*, t. 246 (1971).

Backer, A. J. [1952] *Leidse wevers onder gaslicht. Schering en inslag van Zaalberg Dekens onder gaslicht (1850-1915)*. 1952.

Baelde, M. [1984] Un conflit économique entre Lille et Roubaix (1553), in: *Revue du Nord*, t. 66 (1984).

Bardoel, A. A. [1994] The Urban Uprising at Bruges, 1280-1281. Some new Findings about the Rebels and the Partisan, in: *RBPH.*, 72 (1194).

Barkhausen, M. [1958] Staatliche Wirtschaftslenkung und freies Unternehmertum im Westdeutschen und im nord- und südniederländischen Raum bei der Entstehung der neuzeitlichen Industrie im 18. Jahrhundert, in: *VSWG.*, Bd. 45 (1958).

—— [1960] Verviers. Die Entstehung einer neuzeitlichen Industriestadt im 17. und 18. Jahrhundert, in: *VSWG.*, Bd. 47 (1960).

Bautier, R.-H. [1966] La place de la draperie brabançonne et plus particulièrement bruxelloise dans l'industrie textile du moyen âge, in: *Annales de la Société Royale d'Archéologie de Bruxelles*, t. 51 (1966).

Beerman, V. A. M. [1940] *Stad en Meierij van 's-Hertogenbosch van 1629 tot 1648. Een episode uit het laatste stadium van den tachtigjarigen oorlog*. 1940.

—— [1946] *Stad en Meierij van 's-Hertogenbosch van 1648 tot 1672. De eerste vijf en twintig jaren van het Staatsche regime*. 1946.

Berben, H. [1937] Une guerre économique aux moyen âge. L'embargo sur l'exportation des laines Anglaise (1270-1274). in: Ganshof, F. L. (éd.) [1937].

—— [1944] Het verdrag van Montreuil, 1274. De Engelsch-Vlaamsche Handelspolitiek, 1266-1287, in: *RBPH.*, 23 (1944).

Billen, Cl. [1986] . L'économie dans les anciens Pays-Bas du XIIe au XVIe siècles. Conceptions Pirenniennes et voies de recherches actuelles, in: Despy, G. (éd.), *La fortune historiographique des thèses d'Henri Pirenne*. 1986.

Blockmans, Fr. [1937] Peilingen nopens de bezittende klasse te Gent omstreeks 1300, in: *RBPH.*, 14 (1937).

―― [1938a] *Het Gentsche Stadspatriciaat tot omstreeks 1302*. 1938.

―― [1938b] La patriciat urbain de Gand jusqu'en 1302, in: *Revue du Nord*, t. 24 (1938).

―― [1939] Eenige nieuwe gegevens over de Gentsche draperie: 1120-1313, in: *BCRH.*, t. 104 (1939).

―― [1941] Trois patriciens douaisiens de la seconde moitié du XIIIe siècle, in: *RBPH.*, 20 (1941).

Blockmans, W. P. [1984] Die Niederlande vor und nach 1400: ein Gesellschaft in der Kreise? , in: Seibt, F./W. Eberhard (edd.), *Europa 1400. Die Kreise des Spätmittelalter*. 1984.

―― [1996] De tweekoppige draak. Het Gentse stadsbestuur tussen vorst en onderdanen, 14de-16de eeuw, in: De Zutter, J./L. Charles/A. Capiteyn (red.) [1996].

――/W. Prevenier [1975] Poverty in Flanders and Brabant from the Fourteenth to the Mid-Sixteenth Century: Sources and Problems, in: *AHN.*, vol. 10 (1975).

――/―― [1975] Armoede in de Nederlanden van de 14de tot het midden van de 16de eeuw: bronnen en problemen, in: *Tijdschrift voor Geschiedenis*, 88 jg. (1975).

――/G. Pieters/W. Prevenier/R. W. M. van Schaik [1980] Tussen crisis en welvaart: sociale veranderingen 1300-1500, in: *AGN* (1977-1982)., dl. 4 (1980).

Blok, P. J. [1910-1918] *Geschiedenis eener Hollandsche stad*. 4 dln. 1910-1918.

Blom, H. W./I. W. Wildenberg (red.) [1986] *Pieter de la Court in zijn tijd. Aspecten van een veelzijdig publicist (1618-1685)*. 1986.

Boeren, P. C. [1942] *Het Hart van Brabant. Schets eener economische geschiedenis van Tilburg*. 1942.

―― [1955] De Tilburgse wolnijverheid tot het begin der 17e eeuw, in: Schurink, J. A. M./J. H. van Mosselveld (red.) [1955].

Boone, M. [1988] Nieuwe teksten over de Gentse draperie: wolaanvoer, productiewijze en controlepraktijken (ca. 1456-1468), in: *BCRH.*, t. 154 (1988).

―― [1993] L'industrie textile à Gand au bas moyen âge ou les résurrections successives d'une activité réputée moribonde, in: Boone, M./W. Prevenier (eds.) [1993].

―― [1994] Les Métiers dans les villes flamandes au bas Moyen Âge (XIVe-XVIe siècle): images normatives, réalités socio-politiques et économique, in: Lambrechts, S./J. P. Sosson (éds.) [1994].

Boone, M./H. Brand [1993] Vollersoproeren en collectieve actie in Gent en Leiden in de 14de-15de eeuw, in: *Tijdschrift voor Sociale Geschiedenis*, 19e jg (1993).

Boone, M./H. Brand/W. Prevenier [1993] Revendications salariales et conjoncture économique: les salaires de Foulons à Gand et à Leyde au XVe siècle, in: Aerts, E./B. Henau/P. Janssens/R. van Uytven (eds.) [1993].

Boone, M./W. Prevenier (eds.) [1993] *La draperie ancienne des Pays-Bas: débouché et stratégies de survie (14e-16e siècles)/Drapery Production in the late medieval Low Countries: Markets and Strategies for Survival (14th-16th Centuries).* 1993.

Boot, J. A. [1970] Bombazijn en Bombazijnzegels in Nederland, in: *Textielhistorische Bijdragen,* 11 (1970).

Brand, A. J. [1991] Crisis, beleid en differentiatie in de laat-middeleeuse Leidse lakenindustrie, in: Moes, J. K. S./B. M. A. de Vries (red.) [1991].

Brand, H. [1992] Urban policy or personal government: the involvement of the urban élite in the economy of Leiden at the end of the Middle Ages, in: Diederiks, H. P./P. Hohenberg/M. Wagenaar (eds.), *Economic Policy in Europe since the Late Middle Ages. The visible Hand and the Fortune of Cities.* 1992.

―― [1993] A Medieval Industry in Decline. The Leiden Drapery in the First Half of the 16th Century, in: Boone, M./W. Prevenier (eds.) [1993].

――/P. Stabel [1995] De ontwikkeling van vollerslonen in enkele laat-middeleeuwse textielcentra in de Nederlanden. Een poging tot reconstructie, in: Duvosquel, J.-M./E. Thoens (eds.) [1995].

Brassart, F. [1883] Émeute des tisserands. 1280 (vers les moins d'octobre), in: *Souvenirs de la Flandre Wallonne. Recherches historiques et choix de documents relatifs à Douai et aux anciennes provinces du Nord de la Flandre.* 2e série, t. 3 (1883).

Braure, M. [1928] Études Économiques sur les Châtellenies de Lille, Douai et Orchies d'après des enquêtes fiscales des XVe et XVIe siècles, in: *Revue du Nord,* t. 14 (1928).

Briels, J. [1976] De emigratie uit de Zuidelijke Nederlanden omstreeks 1540-1621/30, in: *Opstand en Pacificatie in de Lage Landen. Bijdragen tot de studie van de Pacificatie van Gent.* 1976.

―― [1978] *Zuid-Nederlanders in de Republiek 1572-1630.* 1978.

―― [1985] *Zuid-Nederlanders in de Republiek 1572-1630. Een demografische en cultuurhistorische studie.* 1985.

―― [1987] De Zuidnederlandse immigratie 1572-1630, in: *Tijdschrift voor Geschiedenis,* 100 jg. (1987).

Broeckx, J. L. et al. (red.) [1957-60] *Flandria Nostra. Ons land en ons volk, zijn standen en beroepen door de tijden heen.* 5 dln. 1957-1960.

Brünner, E. C. G. [1918] *De order op de buitennering van 1531.* 1918.

Brugmans, H. [1919] De Republiek der Verenigde Nederlanden in 1648, in: *Geschiedkundige Atlas van Nederland*, dl. 11. 1919.

Bruins, L. H. [1978] De herkomst van de termen gilde en ambacht, in: *Ondernemende Geschiedenis. 22 opstellen geschreven bij het afscheid van Mr. H. van Riel als voorzitter van de Vereniging Het Nederlandse Economisch- Historisch Archief.* 1978.

Brulez, W. [1952] De opstand van het industriegebied in 1566, in: *Standen en Landen*, dl. 4. 1952.

—— [1958] La navigation flamande vers la Méditerranée à la fin du XVe siècle, in: *RBPH.*, 36 (1958).

—— [1959] L'Exportation des Pays-Bas vers l'Italie par voie de terre au milieu du XVIe siècle, in: *AESC.*, t. 14 (1959).

—— [1968] Le commerce international des Pays-Bas au XVIe siècle: essai d'appreciation quantitative, in: *RBPH.*, 46 (1968).

—— [1971] Englese laken in Vlaanderen in de 14e en 15e eeuw, in: *ASEB.*, t. 98 (1971).

Carus-Wilson, E. M. [1953] La guède Française en Angleterre, un grand commerce du moyen âge, in: *Revue du Nord*, t. 35 (1953).

—— [1981] Technical innovations and the emergence of the grand industry of Northern Europe, in: Mariotti, S. (ed.) [1981].

—— [1987] The Woollen Industry, in: *The Cambridge Economic History of Europe.*, vol. II. Trade and Industry in the Middle Ages. 2nd edition. 1987.

Chorley, P. [1986] The English Assize of Cloth: A Note, in: *BIHR.*, vol. 59 (1986).

—— [1987] The cloth exports of Flanders and northern France during the thirteenth century, a luxury trade? in: *Economic History Review*, (2) vol. 40 (1987).

—— [1988] English Cloth Exports during the Thirteenth and early Fourteenth Centuries: the Continental Evidence, in: *BIHR.*, vol. 61 (1988).

—— [1990] The shift from Spanish to Central-European merino wools in the Verviers-Aachen cloth industry (1760-1815), in: Aerts, E./J. Munro (eds.) [1990].

—— [1993] The "Draperies légères" of Lille, Arras, Tournai, Valenciennes: New Materials for New Market, in: Boone, M./W. Prevenier (eds.) [1993].

—— [1997] The Evolution of the Woollen, 1300-1700, in: Harte, N. B. (ed.) [1997].

Clauzel, D./S. Calonne [1990] Artinasat rural et marché urbain: la draperie à Lille et dans ses campagnes à la fin du Moyen Âge, in: *Revue du Nord*, t. 72 (1990).

Coleman, D. C. [1969] An innovation and its Diffusion: the "New Drapery", in: *Economic History Review*, (2) vol. 22 (1969).

Coornaert, E. [1914] La draperie de Leyde, du XIVe au XVIe siècle, in: *VSWG*, Bd. 12 (1914).

—— [1930a] *Un centre industriel d'autrefois: la draperie-sayetterie d'Hondschoote (XIVe-XVIIe siècle)*. 1930.

—— [1930b] *Une industrie urbaine du XIVe aux XVII siècle: L'industrie de la laine à Bergues-Saint-Winox*. 1930.

—— [1946] Une capitale de laine: Leyde, in: *AESC*, première année (1946).

—— [1947] Le commerce de Lille par Anvers au XVIe siècle, in: *Revue du Nord*, t. 29 (1947).

—— [1950] Draperies rurales, draperies urbaines: l'evolution de l'industrie flamande au Moyen Âge et au XVIe siècle, in: *RBPH*, 28 (1950).

——(ed.) [1951] Histoire économique de l'occident médiéval, in: Pirenne, H. [1951].

—— [1961] Les Français et le commerce international à Anvers. Fin du XVe-XVIe siècle. 2 vols. 1961.

—— [1962] Notes pour l'histoire du commerce des Pays-Bas avec l'Italie du Sud et les au-delà à la fin du XVe et au XVIe siècle, in: *Studi in onore di A. Fanfani*, vol. 4. 1962.

Craeybeckx, J. [1957] Handelaars en Neringdoende. II De 16de eeuw, in: Broeckx, J. L. et al. (red.) [1957-1960]. dl. I.

—— [1962] Les industries d'exportation dans les villes flamandes aux XVIIe siècle, particulièrement à Gand et à Bruges, in: *Studi in onore di A. Fanfani*, vol. IV. 1962.

—— [1963] De agrarische wortels van de industriële omwenteling, in: *RBPH*, 41 (1963).

—— [1976] L'industrie de la laine dans les anciens Pays-Bas meridionaux de la fin du 16e au début de 18e siècle, in: Spallanzani, M. (ed.) [1976].

Daelemans, F. [1975] Leiden 1581, een socio-demografisch onderzoek, in: *Afdeling Agrarische Geschiedenis Bijdragen*, dl. 19 (1975).

Dalle, D. [1959] Pogingen tot heropbeuring van de wolnijverheid te Veurne, 15e-17e eeuw, in: *HMGOG*, n. s. 13 (1959).

Dambruyne, J. [1996] De hiërarchie van de Vlaamse textielcentra (1500-1750): continuïteit? , in: De Zutter, J./L. Charles/A. Capitein (red.) [1996].

Dancoisne, M. [1885] Les Plombs des Draps d'Arras, in: *Bulletin de la Commission de*

Antiquités Départementales du Pas de Calais. t. 6 (1885).

Davids, C. A. [1996] Neringen, hallen en gilden. Kapitalisme, kleine ondernemers en de stedelijke overheid in de tijd van de Republiek, in: Davids, C. A./W. Fritschy/L. A. van der Valk (red.), *Kapitaal, ondernemerschap, en beleid. Studies over economie en politiek in Nederland, Europa en Azië van 1500 tot heden.* 1996.

De Baan, E. [z. j.] *Goed Garen. Termen en begrippen van de textielnijverheid uit heden en verheden.* z. j.

De Boer, D. E. H. [1982a] *Leidse Facetten. Tien studies over Leidse geschiedenis.* 1982.

―― [1982b] 'Te Vongelinc geleit'. Sociale en economische problemen in Leiden aan het einde van de middeleeuwen, in: De Boer., D. E. H. [1982a].

―― [1985] Die politische Elite Leidens am Ende des Mittelalters. Eine Zwischenbilanz, in: Schilling, H./H. Diederiks (edd.), *Bürgerliche Eliten in den Niederlande und in Nordwestdeutschland.* 1985.

―― [1991] Leiden in de Middeleeuwen, in: Moes, J. K. S./B. M. A. de Vries (red.) [1991].

De Bruijn, M. W. J. [1990] De opkomst en de oriëntatie van de Tilburgse lakennijverheid in de 16de en 17de eeuw, in: *Bijdragen tot Geschiedenis,* 73 jg (1990).

――/H. Th. M. Ruiter/H. T. L. C. Stroucken [1992] *Drapiers en buitenwevers. Een onderzoek naar de huisnijverheid in de Tilburgse wollenstoffenindustrie.* 1992.

De Graaff, J. H. [1996] Veranderend kleurstofgebruik in de Leidse textielververij in de zestiende en zeventiende eeuw, in: *Textielhistorische Bijdragen,* 36 (1996).

De Laat, M. [1972] De Vlaamse aktieve handel op Engeland in de eerste helft van de 14^e eeuw, aan de hand van de Customs Accounts, in: *De economische geschiedenis van België. Behandelingen van de bronnen en problematiek.* 1972.

De Lacy Mann, J. [1971] *The Cloth Industry in the West of England from 1640 to 1880.* 1971.

De Nie, W. L. J. [1937] *De ontwikkeling der Noordnederlandsche Textielververij van de veertiende tot de achttiende eeuw.* 1937.

De Pas, C. J. [1912-13] Textes inédits extraits des Registres Échevinaux sur la Décadence de l'Industrie Drapière à Saint-Omer au XVe siècle et les efforts de Échevinage pour y remédier, in: *MSAM.,* t. 31 (1912-13).

De Pauw, N. [1899] *Ypre jeghen Poperinghe angaende der verbonden: gedingstukken der 14e eeuw nopens het laken.* 1899.

De Poerck, G. [1942] Ascot, Escot, Anascote, Anacoste. A propos de l'étymologie anacoste «sorte de serge» <Hondschoote, in: *RBPH.*, 21 (1942).

—— [1951] *La draperie médiévale en Flandre et en Artois: Technique et terminologie.* 3 vols. 1951.

De Roover, R. [1959] La Balance commerciale entre les Pays-Bas et l'Italie au quinzième siècle, in: *RBPH.*, 37 (1959).

De Sagher, H. [1910] Une étude récente sur l'industrie drapière à Bruges pendant le Moyen Âge, in: *Revue de l'Instruction Publique en Belgique*, 53 (1910).

—— [1926] L'immigration des tisserands flamands et brabançons en Angleterre sous Edouard III, in: Van der Linden, H./F. L. Ganshoff (éds.), *Mélanges d'Histoire offerte à H. Pirenne.* 2 t. 1926.

—— [1937] Une enquête sur la situation de l'ndustrie drapière en Flandre à la fin du XVIe siècle, in: Ganshof, F. L. (éd.) [1937].

De Saint-Léger, A. [1906] La Rivalité industrielle entre la ville de Lille et le plat-pays et l'arrêt du Conseil de 1762 relatif au droit de fabriquer dans les campagnes, in: *Annales de L'Est et du Nord*, t. 2 (1906).

De Vrankrijker, A. C. J. [1978] *De Historie van de Vesting Naarden.* 1978.

De Vries, B. M. A. [1977] *58 miljoen Nederlanders en de textielnijverheid.* 1977.

—— [1991] De Leidse textielnijverheid in de zeventiende en achttiende eeuw, in: Moes, J. K. S./B. M. A. de Vries (red.) [1991].

——/E. Nijhof/L. H. van Voss/M. Prak/W. van den Broeke (red.) [1992] *De Kracht der Zwakken. Studies over arbeid en arbeidersbeweging in het verleden. Opstellen aangeboden aan Theo van Tijn bij zijn afscheid als hoogleraar Economische en Sociale Geschiedenis aan de Rijksuniversiteit Utrecht.* 1992.

De Vries, H. [1991] Enkele opmerkingen over de stand van het textiel-historisch onderzoek, in: Moes, J. K. S./B. M. A. de Vries (red.) [1991].

De Vries, J. [1968] *De Economische Achteruitgang der Republiek in de achttiende eeuw.* 2de druk. 1968.

De Wijs, L. G. [1935] De Geschiedenis der Tilburgsche lakennijverheid, in: *De Textielindustrie*, 16 jg., nr. 4-8, 12 (1935).

De Zutter, J./L. Charles/A. Capiteyn (red.) [1996] *Qui Valet Ingenio. Liber amicorum aangeboden aan dr. Johan Decavele ter gelegenheid van zijn 25-jarig ambtsjubileum als stadsarchivaris van Gent.* 1996.

Dechamps de Pas, L. [1862-1866] Décadence de la manufacture de draps à Saint-Omer au commencement du XVIe siècle, in: *MSAM.*, t. 3 (1862-1866).

Dechesne, L. [1926] *Industrie drapière de la Vesdre avant 1800.* 1926.

Defrancq, R. [1960] *Bijdragen tot de Geschiedenis van Wervik.* 1960.

Dekker, R. M. [1988a] 'Getrouwe broederscahp': Organisatie en acties van arbeiders in preindustrieel Holland, in: *Bijdragen en Mededelingen betreffende Geschiedenis der Nederlanden.* dl. 103 (1988).

—— [1988b] Labour Conflicts in the Textile Industry in Leyden in the Eighteenth Century, in: Van Voss, L. H./H. Diedeiks (eds.), *Industrial Conflicts. Papers presented to the Fourth British-Conference of Labour History.* 1988.

Delatte, I. [1953] Le commerce et l'industrie de Verviers au XVIe siècle, in: *BSVAH.*, 40e vol. (1953).

Delsalle, P. [1990] De Tourcoing à Roubaix (13e-16e siècle): note sur le décalage de l'essor industriel textile, in: *Revue du Nord*, t. 72 (1990).

Demey, J. [1949] De Vlaamse ondernemer in de middeleeuwse nijverheid: de Ieperse drapiers en "upsetters" op het einde van de 13de en 14de eeuw, in: *Bijdragen voor Geschiedenis der Nederlanden*, dl. 4 (1949).

—— [1950a] Proeve tot raming van de bevolking en de weefgetouwen te Ieper van de XIIIe tot XVIIe eeuw, in: *RBPH.*, 28 (1950).

—— [1950b] De "mislukte" aanpassing van de nieuwe draperie, de saainijverheid en de lichte draperie te Ieper (van de XVIe eeuw tot de Franse Revolutie), in: *Tijdschrift voor Geschiedenis*, 63 jg. (1950).

Deroisy, A. [1939] Les routes terrestres des laines anglaises vers la Lombardie, in: *Revue du Nord*, t. 25 (1939).

Derville, A. [1972] Les draperies flamandes et artésiennes vers 1250-1350. Quelques considerations critiques et problematiques, in: *Revue du Nord*, t. 64 (1972).

—— [1987] L'héritages des draperies médiévales, in: *Revue du Nord*, t. 69 (1987).

—— [1994] Les Métiers de Saint-Omer, in: Lambrechts, P./J.-P. Sosson (éds.) [1994].

Deschuytter, M. J. [1969] L'industrie drapière à Saint-Omer au XIVme siècle. Contribution à l'étude de la vie économique dans le pays d'Artois au moyen-âge, in: *Bulletin Historique trimestriel de la Société Académique des antiquaires de la Morinie.* t. 21 (1969).

Deyon, P. [1962] Le mouvement de la production textiles à Amiens au XVIIIe siècle, in: *Revue du Nord*, t. 44 (1962).

—— [1963] Variations de la production textile aux XVIe et XVIIe siècles: Sources et premiers résultats, in: *AESC.*, t. 18 (1963).

——/A. Lottin [1967] Évolution de la production textile à Lille aux XVIe et XVIIe siècles, in: *Revue du Nord*, t. 49 (1967).

Dhérent, G. [1983] L'assise sur le commerce des draps à Douai en 1304, in: *Revue du Nord*, t. 65 (1983).

D'Hermansart Pagart, F. [1879-1881] Les anciennes communautés d'arts et métiers à Saint-Omer, in: *MSAM.*, t. 16 (1879-1881).

Diederiks, H. A./C. A. Davids/D. J. Noordam/H.D. Tjalsma [1978] *Een stad in achteruitgang. Sociaal-historische studies over Leiden in de achttiende eeuw*. 1978.

Diederiks, H. A./P. Hohenberg/M. Wagenaar (eds.) [1992] *Economic Policy in Europe since the Late Middle Ages. The visible Hand and the Fortune of Cities*. 1992.

Diegerick, I. [1855a] Neuve-Église. Notes sur sa draperie et ses Chambres de rhétorique, in: *Annales de la Société d'Émulation pour l'Étude de l'histoire et des Antiquités de la Flandre*, 2e série, t. 10 (1855-1856).

—— [1855b] Les drapiers yprois et la conspiration manquée. Episode de l'histoire d'Ypres (1428-1429), in: *Annales de la Société d'Émulation pour l'Étude de l'histoire et des Antiquités de la Flandre*, 2e série, t. 10.

Dijksterhuis, B. [1899] *Bijdragen tot de Geschiedenis der Heerlijkheid Tilburg en Goirle*. 1899.

—— [1908] *Een Industrieel Geslacht 1808-1908*. 1908.

Doehard, R./Ch. Kerremans (éds.) [1952] *Les Relations Commerciales entre Gênes, La Belgique et l'outremont d'après les archives notariales Génoises 1400-1440*. 1952.

Doudelez, G. [1938-1939] La révolution communale de 1280 à Ypres, in: *Revue des Questions Historiques*, 66-2-4 (1938), 67-1 (1939). /Mus, O./J. A. van Houtte (red.) [1974].

Driessen, F. [1911] (De la Court, Pieter), *Het Welvaren van Leiden. Handschrift uit het jaar 1659*. 1911.

Dubois, M. [1950] Textes et fragments relatifs à la draperie de Tounai au moyen-âge, in: *Revue du Nord*, t. 32 (1950).

DuPlessis, R. S. [1990] The Light Woollens of Tournai in the Sixteenth and Seventeenth Centuries, in: Aerts, E./J. H. Munro [1990].

—— [1991] *Lille and the Dutch revolt: Urban Stability in an Era of Revolution,*

1500-1582. 1991.

―― [1997] One Theory, Two Draperies, Three Provinces, and a Multitude of Fabrics: The New Drapery of French Flanders, Hainaut, and the Tournaisis, c. 1500-c.1800, in: Harte, N. B. (ed.) [1997].

――/M. C. Howell [1982] Reconsidering the Early Modern Urban Economy: the Cases of Leiden and Lille, in: *Past and Present*, 94 (1982).

Duvosquel, J.-M./E. Thoen (eds.) [1995] *Peasants and Townsmen in Medieval Europe. Studia in Honorem Adriaan Verhulst*. 1995.

Dyer, C. [1989] The Consumer and the Market in the Later Middle Ages, in: *Economic History Review*, (2) vol. 42 (1989).

Edler, F. [1936] Le Commerce d'Exportation des sayes d'Hondschoote vers l'Italie d'après la correspondance d'une firme anversoise entre 1538 et 1544, in: *Revue du Nord*, t. 22 (1936).

―― [1938] The Van der Molen, a commission merchant of Antwerp: Trade with Italy, 1538-1544, in: Cate, J. L./E. N. Anderson (eds.), *Medieval and Historiographical Essays in honor of James Westfall Thompson*. 1938.

Emery, R. W. [1955] Flemish cloth and Flemish merchants in Perpignan in the thirteenth century, in: Mundy, J. H./R. W. Emery/B. W. Nelson (eds.), *Essays in medieval life and thought, presented in honor of Austin Patterson Evans*. 1955.

Endrei, W. [1971] Changements dans la productivité de l'industrie lainière au moyen âge, in: *AESC.*, t. 26 (1971).

Espinas, G. [1904] Jean Boine Broke, bougeois et drapier douaisien, in: *VSWG.*, Bd. 2 (1904).

―― [1909] Essai sur la technique de l'industrie textile à Douai aux 13e et 14e siècles, in: *Bulletin de la Société nationale des Antiquaires de France*. t. 68 (1909).

―― [1923a] Une Draperie rurale dans la Flandre Française au XVme siècle. La draperie rurale d'Estaire (Nord) (1428-1434), in: *Revue d'Histoire des doctrines économiques et sociales*, 11me annnée (1923).

―― [1923b] *La draperie dans la Flandre Française au Moyen-Âge*. 2 vols. 1923.

―― [1926] Une petite correspondance de marchands drapiers de Douai et de Paris en 1313, in: Van der Linden, H./F. L. Ganshoff (éds.), *Mélanges d'histoire offerts à Henri Pirenne*. 2 t. 1926.

―― [1932] L'organisation corporative des métiers de la draperie à Valenciennes dans la seconde moitié du XIVe siècle 1362-1403, in: *Annales de la Société Scientifique de Bruxelles*. 1932.

—— [1937] Un grand commerce médiéval: les draps des Pays-Bas, in: *Annales d'Histoire Économique et Sociale*, t. 9 (1937).

Everaert, J. [1976] L'exportation textile des Pays-Bas méridionaux vers le monde Hispano-colonial (ca. 1650-1700), in: Spallanzani, M. (ed.) [1976].

Fairon, E. [1922] *Les Industries du Pays de Verviers*. 1922.

Falkenburg, Ph. [1909] De Leidsche Lakennijverheid in de Middeleeuwen, in: *De Economist*, dl. 59 (1909).

Favresse, F. [1947] Note et documents sur l'apparition de la «nouvelle draperie», à Bruxelles, 1441-1443, in: *BCRH.*, t. 112 (1947).

—— [1950] Les debuts de la nouvelle draperie bruxelloise appelée aussi draperie légère, fin du XIVe siècle-1443, in: *RBPH.*, 28 (1950) /Favresse, F. [1961].

—— [1951] La petite-draperie bruxelloise (1416-1466), in: *RBPH.*, 29 (1951) /Favresse, F. [1961].

—— [1952] Sargie, sargieambacht en petite-draperie à Bruxelles à la fin du XIVe siècle, in: *Mélanges Georges Smets*. 1952. /Favresse, F. [1961].

—— [1955a] Les draperies bruxelloise en 1282, in: *RBPH.*, 33 (1955) /Favresse, F. [1961].

—— [1955b] Sur un passage du privilège ducal du 12 juin 1306, concernant la gilde bruxelloise de la draperie, in: *RBPH.*, 33 (1955) /Favresse, F. [1961].

—— [1961] *Études sur les métiers bruxellois au moyen âge*. 1961.

Fecheyr, S. [1974] Het Stadspatriciaat te Ieper in de 13e eeuw, in: Mus, O./J. H. van Houtte (red.) [1974].

Ferrant-Dalle, P. [1967] L'industrie drapière de Wervik au moyen-âge, in: *Paul Ferrant-Dalle 1885-1966*. 1967.

Frenken, A. M. [1928-29] *Helmond in het verleden*. 1928-1929.

Fryde, E. B. [1976] The English Cloth Industry and the Mediterranean c.1370-c.1480, in: Spallanzani, M. [1976].

Fryde von Stromer, N. [1990] Stamford Cloth and its imitations in the Low Countries and Northern France during the thirteenth century, in: Aerts, E./J. H. Munro (eds.) [1990].

Fujii, Y. [1990] Draperie urbaine et draperie rurale dans les Pays-Bas méridionaux au bas moyen âge. — une mise au point des recherches après H. Pirenne — , in: *Journal of Medieval History*, vol. 16 (1990).

Ganshof, F. L. (éd.) [1937] *Étude d'histoire dédiées à la mémoire de Henri Pirenne*. 1937.

Gutman, M. P. [1988] *Toward the Modern Economy. Early Industry in Europe, 1500-1800*. 1988.

Halbertsma, H. [1974] *Zeven eeuwen Amersfoort*. 1974.

Harkx, W. A. J. M. [1967] *De Helmondse Textielnijverheid in de loop der eeuwen. De grondslag van de huidige textielindustrie 1794-1870*. 1967.

Harte, N. B. (ed.) [1997] *The New Draperies in the Low Countries and England, 1300-1800*. 1997.

——/K. G. Ponting (eds.) [1983] *Cloth and Clothing in Medieval Europe. Essays in honour of Carus-Wilson*. 1983.

Hasquin, H. [1979] Nijverheid in de Zuidelijke Nederlanden 1650-1795, in: *AGN* (1977-1982), dl. 8 (1979).

Heers, J. [1971] La mode et les marchés des draps de laine. Gênes et la Montagne à la fin du moyen âge, in: *AESC*., t. 26 (1971).

Heins, M. [1894] Gand contre Termonde. Épisode de l'histoire industrielle des Flandres au XIVe siècle, in: *Gedenkschriften van Oudheidkundige Kring der stad en des voormalige lands van Dendermonde*. 2ᵉ reeks, dl. 6 (1894).

Höweler, H. A. [1966] De lakenfabrikeur Frans van Lelyveld, in: *Gedenkboek bij het 200-jarig bestaan van de Maatschappij der Nederlandse Letterkunde te Leiden*. 1966.

Hofenk de Graaff, J. H. [1983] The Chemistry of Red Dyestuffs in Medieval and Early Modern Europe, in: Harte, N. B./K. G. Ponting (eds.) [1983].

—— [1992] *Geschiedenis van de textieltechniek*. 1992.

—— [1996] Veranderend kleurstofgebruik in de Leidse textielververij in de zestiende en zeventiend eeuw, in: *Textielhistorische Bijdragen*, 36 (1996).

Holbach, R. [1993] Some Remarks on the Role of "Putting-out" in Flemish and Northwest European Cloth Production, in: Boone, M./W. Prevenier (eds.) [1993].

Holderness, B. A. [1997] The Reception and Distribution of the New Draperies in England, in: Harte, N. B. [1997].

Hoshino, H. [1983] The Rise of the Florentine Woollen Industry in the Fourteenth Century, in: Harte, N. B./K. G. Ponting (eds.) [1983].

Howell, M. C. [1986] *Women, Production, and Patriarchy in late medieval cities*. 1986.

―― [1990] Sources for the study of society and economy in Douai after the demise of luxury cloth, in: Aerts, E./J. H. Munro (eds.) [1990].

―― [1993] Weathering Crisis, Managing Change: the Emergence of a New Socio-economic Order in Douai at the End of the Middle Ages, in: Boone, M./W. Prevenier (eds.) [1993].

―― [1994] Achieving the guild effect without guilds: crafts and craftmen in late medieval Douai, in: Lambrechts, P./J.-P. Sosson (éds.) [1994].

―― [1997] Woman's Work in the New and Light Draperies of the Low Countries, in: Harte, N. B. (ed.) [1997].

Israel, J. I. [1980] Spanish Wool Exports and the European Economy, 1610-1640, in: Economic History Review, (2) vol. 33 (1980).

―― [1989] *Dutch Primacy in World Trade 1585-1740*. 1989.

Jansen, H. P. H. [1982] Handel en Nijverheid 1000-1300, in: *AGN* (1978-1982), dl. 2 (1982).

Jansma, T. S. [1966] Het economisch overwicht van de laat-middeleeuwse stad t. a. v. haar agrarisch ommeland, in het bijzonder toegelicht met de verhouding tussen Leiden en Rijnland, in: *Leids Jaarboekje 1966*. /Jansma, T. S., *Tekst en Uitleg*. 1974.

―― [1976] L'industrie lainière des Pays-Bas du Nord et spécialement celle de Hollande (XIVe-XVIIe siècles): Production, organisation, exportation, in: Spallanzani, M. [1976].

Jappe Alberts, W./H. P. H. Jansen/J. F. Niermeyer [1977] *Welvaart in wording. Sociaal-economische geschiedenis der Nederlanden van de vroegste tijden tot het einde der Middeleeuwen*. 1977.

Jenkins, D. (ed.) [2003] *The Cambridge History of Western Textiles*. 2 vols., 2003.

Joosen, H. [1935] Recueil de Documents relatifs à l'Histoire de l'Industrie à Malines (des origines à 1384), in: *BCRH.*, t. 99 (1935).

Kaptein, H. [1995] De Haarlemse lakennijverheid tot ca. 1575, in: Rombouts, H. (red.) [1995].

―― [1998] *De Hollandse textielnijverheid 1350-1600. Conjunctuur & continuïteit*. 1998.

Kernkamp, G. W. [z. j.] De "droogscheerders-synode". Een bijdrage tot de geschiedenis van de lakenindustrie in Holland in de 17de en 18de eeuw, in: *Geschiedkundige opstellen, uitgegeven ter eere van Dr. H. C. Rogge*.

Keune, A. W. M. [1959] De industriële ontwikkeling gedurende de 19de eeuw, in: Van den

Eerenbeemt, H. F. J. M./H. J. M. Schurink (red.) [1959].

Kisch, H. [1964] Growth Deterrents of a Medieval Heritage: The Aachen-area Woolen Trades before 1790, in: *Journal of Economic History*, vol. 24 (1964).

Kloek, E. [1987] Vrouwenarbeid aan banden gelegd? De arbeidsdeling naar sekse volgens de keurboeken van de oude draperie van Leiden, ca. 1380–1580, in: *Tijdschrift voor Sociale Geschiedenis*, jg. 13 (1987).

―― [1991] De arbeidsdeling naar sekse in de oude draperie, in: Moes, J. K. S./B. M. A. de Vries (red.) [1991].

Krueger, H. C. [1987] The Genoese Exportation of Northern Cloths to Mediterranean Ports, Twefth Century, in: *RBPH.*, 65 (1987).

Lambrechts, P. [1994] L'Historiographie des métiers dans les principautés des anciens Pays-Bas: acquis et perspectives de recherches, in: Lambrechts, P./J.-P. Sosson (éds.) [1994].

――/J.-P. Sosson (éds.) [1994] *Les métiers au moyen âge. Aspects économiques et sociaux.* 1994.

Laurent, H. [1927] La concurrence entre les centres industriels des Provinces-Unies et de la Principauté de Liège au XVIIe et XVIIIe siècle et les origines de la grande industrie drapière verviétoise, in: *Revue d'Histoire Moderne*, t. 2 (1927).

―― [1935] *Un Grand Commerce d'Exportation au Moyen Âge: La draperie des Pays-Bas en France et dans les pays méditerranéens (XIIIe-XVe siècles).* 1935.

―― [1938] Esquisse d'une statistique de la production de la draperie d'Ypres au XIVe siècle: méthode et résultats, in: *Bulletin of the International Committee of Historical Sciences.* 10 (1938).

Lebrun, P. [1948] *L'industrie de laine à Verviers pendant le XVIIIe et le début du XIXe siècle.* 1948.

―― [1960] *Croissance et industrialisation. L'expérience de l'industrie drapière verviétoise 1750–1850. Première Conférence internationale d'Histoire économique.* Stockholm, 1960.

Lis, C./H. Soly [1990] Restructuring the urban textile industries in Brabant and Flanders during the second half of the eighteenth century, in: Aerts, E./J. H. Munro [1990].

――/―― (red.) [1997a] *Werelden van verschillen. Ambachtsgilden in de Lage Landen.* 1997.

――/―― [1997b] Ambachtsgilden in vergelijkende perspectief: de Noordelijke en de

Zuidelijke Nederlanden, 15de-18de eeuw, in: Lis, C./H. Soly (red.) [1997a].

Lis, C. L. A. [1982] Problematiek relatie pre-moderne industrialisering en maatschappij, in: *Economisch- en Sociaal-Historisch Jaarboek*, dl. 44 (1982).

Lottin, A. [1967] Textile: le conflit entre Lille et Roubaix-Tourcoing au début du XVIIe siècle, in: *Revue du Nord*, t. 69 (1967).

Lourens, P./J. Lucassen [1997] De oprichting en ontwikkeling van ambachtsgilden in Nederland (13de-19de eeuw), in: Lis, C./H. Soly (red.) [1997a].

Lucassen, J. [1992] Het Welvaren van Leiden (1659-1662): de wording van een economische theorie over gilden en ondernemerschap, in: De Vries, B. M. A./E. Nijhof/L. H. van Voss/M. Prak/W. van den Broeke (red.) [1992].

——/B. M. A. de Vries [1996] Leiden als middelpunt van een Westeuropees textielmigratiesysteem, 1586-1650, in: *Tijdschrift voor Sociale Geschiedenis*, jg. 22 (1996).

Malowist, M. [1972] Les changements dans la structure de la production et commerce du drap au cours du XIVe et du XVe siècles, in: M. Malowist, *Croissance et régression en Europe, XIVe-XVIIe siècle*. 1972.

Mariotti, S. (ed.) [1981] *Produttività e tecnologie nei secoli XII-XVII*. 1981.

Markovitch, T. J. [1976] *Histoire des Industries françaises. Les industries lainières de Colbert à la Révolution*. 1976.

Martin, L. [1997] The Rise of the New Draperies in Norwich, 1550-1622, in: Harte, N. B. (ed.) [1997].

Mathieux, A.-J. [1954] *L'Industrie drapière au pays de Verviers et au Duché de Limbourg*. 1954.

Maugis, E. [1907] La Saieterie à Amiens, 1480-1587, in: *VSWG.*, Bd. 5 (1907).

Melis, F. [1967] L'industrie drapière au moyen âge dans la vallée de la Lys, d'Armentière à Gand, et spécialement à Comines, Wervik, Menin et Courtrai, in: *Paul Ferrant-Dalle 1885-1966*. 1967.

Merlevede, J. [1982] *De Ieperse Stadsfinanciën (1280-1330). Bijdrage tot de studie van een Vlaamse stad*. 1982.

Mertens, J. [1969] De economische en sociale toestand van de opstandelingen uit het Brugse Vrije wier goederen na de slag bij Cassel — 1328, in: *RBPH*., 47 (1969).

—— [1973] Twee (Wevers) opstanden te Brugge (1387-1391), in: *ASEB*., t. 110 (1973).

—— [1981] De Brugse ambachtsbesturen (1363-1374, n. s.): een oligarchie? in: *Liber Amicorum Jan Buntinx. Recht en Instellingen in de Oude Nederlanden tijdens de*

Middeleeuwen en de Nieuwe Tijd. 1981.

—— [1987] Woelingen te Brugge tussen 1359 en 1361, in: *Album Carlos Wyffels. Aangeboden door zijn wetenschappelijke meedewerkers.* 1987.

Mertens, W. [1990] Changes in the production and export of Mechelen cloth (1330-1530), in: Aerts, E./J. H. Munro (eds.) [1990].

Miller, E. [1965] The Fortunes of the English Textile Industry during the 13th Century, in: *Economic History Review*, (2) vol. 18 (1965).

Moes, J. K. S. [1991] Stof uit het Leidse verleden. Sociale en economische facetten uit de geschiedenis van de Leidse textielnijverheid ±1275 〜 ±1975, in: Moes, J. K. S./B. M. A. de Vries (red.) [1991].

——/B. M. A. de Vries (red.) [1991] *Stof uit het Leidse Verleden. Zeven eeuwen textielnijverheid.* 1991.

Morineau, M. [1982] Hommage aux historiens hollandais et contribution à l'histoire économique des Provinces-Unies, in: Aymard, M. (ed.), *Dutch Capitalism & World Capitalism. Capitalisme Hollandais et Capitalisme Mondial.* 1982.

Mulder, F. [1995] De Haarlemse textielnijverheid in de periode 1575-1800, in: Rombouts, H. (red.) [1995].

Munro, J. H. [1966] Bruges and the Abortive Staple in English Cloth: An Incident in the Shift of Commerce from Bruges to Antwerp in the Late Fifteenth Century, in: *RBPH.*, 44 (1966) /Munro, J. H. [1994a].

—— [1971] The transformation of the Flemish woollen industries c.1250-1450: the response to changing factor costs and market demand. *Report 7103 of the Workshop on quantitative economic history, Katholiek Universiteit Leuven.* 1971.

—— [1972] *Wool, Cloth, and Gold. The Struggle for Bullion in Anglo-Burgundian Trade, 1340-1478.* 1972.

—— [1977] Industrial Protectionism in Medieval Flanders: Urban or National?, in: Miskimin, H. A./D. Herlihy/A. L. Udovitch (eds.), *The medieval city.* 1977. /Munro, J. H. [1994a].

—— [1978] Wool-price schedules and the qualities of English wools in the later middle ages, ca. 1270-1499, in: *Textile History*, vol. 9 (1978). /Munro, J. H. [1994a].

—— [1979a] The 1357 Wool-Price Schedule and the decline of Yorkshire Wool Values, in: *Textile History*, vol. 10 (1979). /Munro, J. H. [1994a].

—— [1979b] Monetary contraction and industrial change in the late-medieval Low

　　　　Countries, 1335-1500, in: Mayhew, N. L. (ed.), *Coinnage in the Low Countries (880-1500)*. 1979.
―― [1983a] The Medieval Scarlet and the Economics of Sartorial Splendor, in: Harte, N. B./K. G. Ponting (eds.) [1983]. /Munro, J. H. [1994a].
―― [1983b] Economic Depression and the Arts in the Fifteenth-Century Low Countries, in: *Renaissance and Reformation / Renaissance et reformé*. vol. 19 (1983). /Munro, J. H. [1994a].
―― [1988a] Textile Technology in the Middle Ages, in: Munro, J. H. [1994a].
―― [1988b] Textile Workers in the Middle Ages, in: Munro, J. H. [1994a].
―― [1990] Urban regulatioin and monopolistic competition in the textile industries of the late-medieval Low Countries, in: Aerts, E./J. H. Munro (eds.) [1990] /Munro, J. H. [1994a].
―― [1991] Industrial Transformation in the North-West European Textile Trades, c. 1290-ca. 1340 : Economic Progress or Economic Crisis? in: Cambell, B. M. S. (ed.), *Before the Black Death. Studies in the crisis of the early fourteenth century*. 1991. /Munro, J. H. [1994a].
―― [1994a] *Textiles, Towns and Trade. Essays in the economic history of late-medieval England and the Low Countries*. 1994.
―― [1994b] Industrial Entrepreneurship in the Late-Medieval Low Countries: Urban Draperies, Fullers, and the Art of Survival, in: Klep, P./E. van Cauwenberghe (eds.), *Entrepreneurship and the Transformation of the Economy ($10^{th}-20^{th}$ Centuries). Essays in Honour of Herman van der Wee*. 1994.
―― [1997] The Origin of the English 'New Draperies': the Resurrection of an Old Flemish Industry, 1270-1570, in: Harte, N. B. (ed.) [1997].
―― [2000] English "Backwardness" and financial Innovation in Commerce with the Low Countries, 14th to 16th Centuries, in: Stabel, P./B. Blondé/A. Greve (eds.) [2000].
―― [2003a] Medieval woollens: textiles, textile technology and industrial organization, c. 800-1500, in: Jenkins, D. (ed.) [2003].
―― [2003b] Medieval woollens: the Western European woollen industries and their struggles for international markets, c. 1000-1550, in: Jenkins, D. (ed.) [2003].
Murray, J. M. [1990] Cloth, banking, and finance in medieval Bruges, in: Aerts, E./J. H. Munro [1990].
―― [2000] Of Nodes and Networks: Bruges and the infrastructure of Trade in

Fourteenth-century Europe, in: Stabel, P./B. Blondé/A. Greve (eds.) [2000].

Mus, O. [1971] De verhouding van de waard tot de drapier in de Kortrijkse draperie op het einde van de 15e eeuw, in: *ASEB.*, jg. 108 (1971).

—— [1972] Het aandeel van de Ieperingen in de Engelse wolexport, 1280-1330, in: *Economische geschiedenis van België. Behandeling van de bronnen en problematiek./* Mus, O./J. A. van Houtte (red.) [1974].

—— [1974] Rijkdom en armoede. Zeven eeuwen leven en werken te Ieper, in: Mus, O./J. A. van Houtte (red.) [1974].

—— [1993] Pieter Lansaem, promotor van de nieuwe draperie te Ieper in de tweede helft van de 15de eeuw, in: *ASEB.*, jg. 130 (1993).

——/J. A. van Houtte (red.) [1974] *Prisma van de Geschiedenis van Ieper.* 1974.

Nagtegaal, P. [1989] Stadsfinanciën en stedelijke economie. Invloed van de conjunctuur op de Leidse stadsfinanciën 1620-1720, in: *Economisch- en Sociaal-Historisch Jaarboek*, dl. 52 (1989).

Nahlik, A. [1971] Les techniques de l'industrie textile en Europe Orientale du Xe au XVe siècle à travers les vestiges des tissus, in: *AESC.*, t. 26 (1971).

Nicholas, D. [1971a] *Town and countryside: social, economic and political tension in 14th-century Flanders.* 1971.

—— [1971b] *Stad en platteland in de middeleeuwen.* 1971.

—— [1976] Economic Reorientation and Social Change in Fourteenth-Century Flanders, in: *Past and Present*, vol. 70 (1976).

—— [1979] The English trade at Bruges in the last years of Edward III, in: *Journal of Medieval History*, vol. 5 (1979).

—— [1987] *The metamorphosis of a Medieval City. Ghent in the age of the Arteveldes, 1302-1390.* 1987.

—— [1992] *Medieval Flanders.* 1992.

Nix, E. C. [1937] *De Amersfoort Textielindustrie tot de tweede helft der 18e eeuw.* 〈scriptie〉 1937.

Noordam, D. J. [1994] *Geringde buffels en heren van stand. Het patriciaat van Leiden 1574-1700.* 1994.

—— [1996] Textielondernemers en het Leidse patriciaat, 1574-1795, in: *Textielhistorische Bijdragen*, 36 (1996).

Noordegraaf, L. [1979] Het sociaal-economische leven 1490-1580. Nijverheid in de

Noordelijke Nederlanden, in: *AGN* (1979-1982)., dl. 6 (1979).

—— [1980] Nijverheid in de Noordelijke Nederlanden 1580-1650, in: *AGN* (1979-1982), dl. 7 (1980).

—— [1982] Tussen ambachten en manufactuur, in: *Economisch- en Sociaal-Historisch Jaarboek*, dl. 44 (1982).

—— [1997] The New Draperies in the Northern Netherlands, 1500-1800, in: Harte, N. (ed.) [1997].

Overvoorde, J. C. [1914] De Leidsche ambachtsbroederschappen, in: *Rechtshistorische opstellen aangeboden aan Mr. S. J. Fockema Andreae*. 1914.

Pauw, C. [1950] De Spaanse Lakenfabriek te Guadalajara en de Leidse Lakenindustrie in het begin der achttiende eeuw, in: *Economisch-Historisch Jaarboek*, dl. 24 (1950).

Peeters, J.-P. [1978] Aspecten van de structuele mutatie der Mechelse lakennijverheid in het midden van de 15de eeuw (1430-1470), in: *HKKM.*, dl. 82 (1978).

—— [1983] De economische, sociale en politieke corporatieve structuren der wolwevers in de grote draperiecentra in Vlaanderen, Brabant en Artesië tijdens de 13de en 14de eeuw: Gegevens voor een comparatief onderzoek, in: Craeybeckx, J./F. Daelemans (red.), *Bijdragen tot de Geschiedenis van Vlaanderen en Brabant: Sociaal en Economisch*. I. 1983.

—— [1985a] Een bedrijf tussen traditie en vernieuwing: de Brusselse draperie in de 15de eeuw (1385-1497), in: *Tijdschrift voor Brusselse Geschiedenis*, jg. 2 (1985).

—— [1985b] Bouwstoffen voor de geschiedenis der laatmiddeleeuwse stadsdraperie in een klein Brabants produktiecentrum: Vilvoorde (1357-1578), in: *BCRH.*, t. 151 (1985).

—— [1985c] Het verval van de lakenninverheid te Mechelen in de 16de eeuw en het experiment met de volmolen (1520-1580), in: *HKKM.*, dl. 89 (1985).

—— [1986] Sterkte en zwakte van de Mechlese draperie in de overgang van de middeleeuwen naar nieuwe tijd (1470-1520), in: *HKKM.*, dl. 90 (1986).

—— [1988] De-industrialization in the small and medium-sized towns in Brabant at the end of the Middle Ages. A case study: the cloth industry of Tienen, in: Van der Wee, H. (ed.) [1988a].

—— [1989] De Mechelse ververs en lakenscheerders en het verval van de stedelijke draperie in de 16de eeuw (1520-1601), in: *HKKM.*, dl. 93 (1989).

—— [1992] Het register van de Brusselse lakengilde uit de jaren 1416-1417: een getuigenis van de praktijk der gereglementeerde draperie in de stad Brussel tijdens de late middeleeuwen, in: *BCRH.*, t. 158 (1992).

——— [1997] De algemene ordonnantie op de stedelijke draperie te Leuven van ca.1467 en haar aanvullingen uit de jaren 1467 en 1471, in: *BCRH.*, t. 163 (1997).

Perroy, E. [1974] Le commerce anglo-flamand au XIIIe siècle: la Hanse flamande de Londres, in: *Revue Historique*, t. 252 (1974).

Philips Jr, W. D. [2000] Merchants of the Fleece: Castilians in Bruges and the Wool Trade, in: Stabel, P./B. Blondé/A. Greve (éds.) [2000].

Phillips, C. R. [1982] The Spanish Wool Trade, 1500–1780, in: *Journal of Economic History*, vol. 42 (1982).

Pierrard, P. [1972] Lille. *Dix siècles d'histoire*. 1972.

Pirenne, H. [1903] Les dénombrements de la population d'Ypres au XVe siècle (1412–1506), in: VSWG., Bd. 1 (1903). /Mus, O./J. A. van Houtte (red.) [1974].

——— [1905] Une crise industrielle au seizième siècle. La draperie urbaine et la «noevelle draperie» en Flandre, in: *Bulletins de l'Académie royale de Belgique. Classe de Lettre*./Pirenne, H. [1951]. ピレンヌ、大塚久雄・中木康夫（訳）「十六世紀の産業危機」、ピレンヌ、大塚・中木（訳）『資本主義発展の諸段階』、1959年、所収。

——— [1909] Draps de Frise ou draps de Flandre? Un petit problème d'histoire économique à l'époque carolingienne, in: *VSWG.*, Bd. 7 (1909).

——— [1911] Le plus ancien règlement de la draperie brugeoise, in: *BCRH.*, t. 80 (1911).

——— [1929] The Place of the Netherlands in the Economic History of Medieval Europe, in: *Economic History Review*, vol. 2 (1929).

——— [1930] Draps d'Ypres à Novgorod au commencement du XIIe siècle, in: *RBPH.*, 9 (1930).

——— [1951] *Histoire Économique de l'Occident médiéval*. 1951.

Pirenne, L. P. L. [1955] De Generaliteitslanden van 1648 tot 1795, in: *AGN* (1949–1952), dl. 8 (1955).

Ponting, K. G. [1973] Clothmaking in sixteen scenes from about 1760, in: *Textile History*, vol. 4 (1973).

——— [1974] Sculptures and Paintings of Textile Processes at Leyden, in: *Textile History*, vol. 5 (1974).

Posthumus, N. W. [1908] *De geschiedenis van de Leidsche lakenindustrie. I. De middeleeuwen*. 1908.

—— [1926] De Industrieele Concurrentie tussen Noord- en Zuid-nederlandsche Nijverheidcentra in de XVIIe en XVIIIe eeuw, in: Van der Linden, H./F. L. Ganshoff (eds.), *Mélanges d'Histoire offerts à Henri Pirenne*. 1926. /*Economisch-Historische Herdrukken. Zeventien studiën van Nederlanders*. 1964.

—— [1937] *De Neringen in de Republiek*. 1937.

—— [1938] Textielindustrie van Hondschoote, in: *Tijdschrift voor Geschiedenis*, 53 jg. (1938).

—— [1939] *De geschiedenis van de Leidsche lakenindustrie*. II, III, 1938.

——/W. L. J. de Nie [1936] Een handschrift over de textielververij in de Republiek uit de eerste helft der zeventiende eeuw, in: *Economisch-Historisch Jaarboek*, dl. 20 (1936).

Prak, M. [1985] *Gezeten burgers. De elite in een Hollandse stad. Leiden 1700-1780*. 1985.

Prevenier, W. [1973] Les perturbation dans les relations commerciales anglo-flamandes entre 1379 et 1407. Causes de désaccord et raisons d'une réconciliation, in: *Économies et sociétés du Moyen Âges. Mélanges offerts à Edouard Perroy*. 1973. /*Studia Historica Gandensia 182* (1973).

—— [1975] Bevolkingscijfers en professionele structuren der bevolking van Gent en Brugge in de 14de eeuw, in: *Album à Charles Verlinden*. 1975.

—— [1978] La Bourgeoisie en Flandre au XIIIe siècle, in: *Revue de l'Université de Bruxelles 1978*. /*Studia Historica Gandensia 231* (1978).

Priestley, U. [1997] Norwich Stuffs, 1600-1700, in: Harte, N. B. (ed.) [1997].

Prims, F. [1927-1949] *Geschiedenis van Antwerpen*. 28 boekdelen (1927-1949).

Pringsheim, O. [1890] *Beiträge zur wirtschaftlichen Entwickelungsgeschichte der Vereinigten Niederlande im 17. und 18. Jahrhundert*. 1890.

Reeskamp, J. H. E. [1963] De Amersfoortse bombazijnindustrie als voorloper van Twente, in: *Jaarboek Twente*, Nr. 2 (1963).

Reimeringer, G. A. [1917] De ontwikkeling der Leidsche textielnijverheid in de negentiende eeuw, in: *Leidsche Jaarboekje*, 14 (1917).

Reyerson, K. L. [1982] Le rôle de Montpellier dans le commerce des draps de laine avant 1350, in: *Annales du Midi*, t. 94 (1982).

Reynolds, R. L. [1929] The Market for Northern Textiles in Genoa 1179-1200, in: *RBPH.*, 8 (1929).

—— [1930a] Merchants of Arras and the overland trade with Genoa. Twelfth century, in: *RBPH.*, 9 (1930).

―― [1930b] Genoese trade in the late twelfth century, particularly fairs of Champagne, in: *Journal of economic and business history*, vol. 3 (1930).

Richart, F. [1984] Les produits de la draperie de la Lys et en particulier ceux de Comines aux XIVe-XVIe siècles, in: *Mémoire de la société d'histoire de Comines-Warneton et de la région*, 14 (1984).

Rombouts, H. (red.) [1995] *Haarlem ging op wollen zolen. Opkomst, bloei en ondergang van de textielnijverheid aan het Spaarne*. 1995.

Roosenboom, H. Th. H. [1990] Economische herorientatie in Helmond na de opstand, in: *Bijdragen tot Geschiedenis*, 73 jg. (1990).

Scholliers, E. [1957] De Handarbeiders. De 16de eeuw, in: Broeckx, J. L. et al. (red.) [1957-1960].

Schurink, J. A. M./J. H. van Mosselveld (red.) [1955] *Van Heidedorp tot Industriestad. Verkenning in het verleden van Tilburg*. 1955.

Sevens, Th. [1926] Een werkstaking te Kortrijk in de eerste helft der XVe eeuw, in: *Handelingen van de Geschied- en Oudheidkundige Kring van Kortrijk*. nieuwe reeks, dl. 5 (1926).

Simon, F. W. [1947] *Boeren en Wevers. Een sociaal-geographische monographie van de ontwikkeling en organisatie van het productieproces in het gebied van Helmond*. 1947.

Smit, C. B. A. [1991] De asem van Beëlzebub. De modernisering van de Leidse textielindustrie 1800-1865, in: Moes, J. K. S./B. M. A. de Vries [1991].

Sneller, Z. W. [1925] *De ontwikkeling der Nederlandsche Export-industrie*. ⟨Rede⟩ 1925.

―― [1926-27] De opkomst der Nederlandsche katoenindustrie, in: *Bijdragen voor Vaderlandsche Geschiedenis en Oudheidkunde*, 6 reeks, dl. 4 (1926), dl. 5 (1927) /do., *Bijdragen tot de economische geschiedenis*. 1968.

―― [1928] De opkomst van de Plattelandsnijverheid in Nederland in de XVIIe en XVIIIe eeuw, in: *De Economist*, 77 (1928) /*Economisch-Historische Herdrukken. Zeventien studiën van Nederlanders*. 1964.

―― [1931] De opkomst van de Noord-Brabantsche Industrie, in: *Economisch-statistische Berichten*, 9 Sep. 1931.

Soly, H./A. K. L. Thijs [1979] (Het sociaal-economische leven 1490-1580). Nijverheid in de Zuidelijke Nederlanden, in: *AGN* (1979-1982)., dl. 6 (1979).

Sortor, M. [1993] Saint-Omer and Its Textile Trades in the Late Middle Ages: A Contribution to the Proto-industrialization Debate, in: *American Historical Review*, vol. 98 (1993).

Sosson, J.- P. [1979] Corporation en paupérisme aux XIVe et XVe siècles: le salariat du bâtiment en Flandre et en Brabant, et notamment à Bruges, in: Tijdschrift voor Geschiedenis, 92 jg. (1979).

—— [1990] Les métiers: norme et réalité. L'exemple des anciens Pays-Bas méridionaux aux XIVe et XVIe siècles, in: Hamesse, J. et al. (éds.) [1990] *Le travail au Moyen Âge. Une approche interdisciplinaire*. 1990.

—— [1994] Introduction, in: Lmbrechts, P./J.-P. Sosson (éds.) [1994].

Spallanzani, M. (ed.) [1976] *Produzione, commercio e consumo dei panni di lana (nei secoli XII-XVII)*. 1976.

Sprandel, R. [1967] Zur Tuchproduction in Gegend von Ypern, in: *VSWG.*, Bd. 54 (1967).

Stabel, P. [1993] Décadence ou survie? Economies urbaines et industries textiles dans les petites villes drapières de la Flandre orientale (XIVe-XVIe siècles), in: Boone, M./W. Prevenier (eds.) [1993].

—— [1994] L'encadrement corporatif et la conjoncture économique dans les petites villes de la Flandre orientale: contraintes ou possibilités? , in: Lambrechts, P./J.-P. Sosson (eds.) [1994].

—— [1995] De kleine stad in Vlaanderen. Bevolkingsdynamiek en economische functies van de kleine en secundaire stedelijke centra in het Gentse kwartier (14de-16de eeuw), in: *Verhandelingen van de Koninklijke Academie voor Wetenschappen, Klasse der Letteren*, 156 (1995).

—— [1996] Entre commerce international et économie locale. Le monde financier de Wouter Ameide (Bruges fin XVe-début XVIe siècle), in: Boone, M./W. Prevenier (éds.), *Finance publiques et finances privées au bas moyen âge. Public and private Finances in the late Middle Ages*. 1996.

—— [1997a] "Dmeeste, Oirboirlixste ende Proffitelixste Let ende Neringhe" Een kwantitatieve benadering van de lakenproductie in het laatmiddeleeuwse en vroegmoderne Vlaanderen, in: *HMGOG.*, n. r., dl. 51 (1997).

—— [1997b] Ambachten en textielondernemers in kleine Vlaamse steden tijdens de overgang van Middeleeuwen naar Nieuwe Tijd, in: Lis, C./H. Soly (red.) [1997a].

—— [1997c] *Dwarfs among Giants. The Flemish Urban Networks in the Late Middle Ages*. 1997.

—— [2000] Marketing Cloth in the Low Countries: Manufacturers, Brokers and

Merchants (14th-16th centuries), in: Stabel, P./B. Blondé/A. Greve (eds.) [2000].

──/B. Blondé/A. Greve (eds.) [2000] *International Trade in the Low Countries (14th-16th Centuries). Merchants, Organization, Infrastructure.* 2000.

Stone-Ferrier, L. A. [1985] *Images of Textiles. The Weave of Seventeenth-Century Dutch Art and Society.* 1985.

Strubbe, E. [1932] Keuren en voorgeboden uit de 15e eeuw te Kortrijk, in: *Handelingen van de Koninklijke Geschied- en Oudheidkundige Kring van Kortrijk.* 2de r., dl. 11 (1932).

Taverne, E. [1978] *In t'land van belofte: in de nieue stadt. Ideaal en wereklijkheid van de stadsuitleg in de Republiek 1580-1680.* 1978.

Thijs, A. K. L. [1971] Hondschootse Saaiwevers te Antwerpen, in: *Bijdragen tot Geschiedenis*, 54 jg. (1971).

── [1982a] Bij de geboorte van een mythe: de relatieve voorspoed van de Vlaamse plattelandsbevolking tijdens de periode van de proto-industrialisering, in: *Bijdragen tot Geschiedenis.*, 65 jg. (1982).

── [1982b] De Zuidnederlandse stedelijke nijverheid en de pre-moderne industrialisering op het platteland, in: *Economisch- en Sociaal-Historisch Jaarboek*, dl. 44 (1982).

── [1990] Les textiles au marche Anversois au XVIe siècle, in: Aerts, E./J. H. Munro (eds.) [1990].

Thisquen, J. 1908] Histoire de la ville de Limbourg. II, in: *BSVAH*, vol. 10 (1908).

Tjalsma, H. D. [1978] De fysieke structuur van Leiden in 1749, in: Diederiks, H. A./C. A. Davids/D. J. Noor- dam/H. D. Tjalsma [1978].

── [1991] Leidse textielarbeiders in de achttiende eeuw, in: Moes, J. K. S./B. M. A. de Vries (red.) [1991].

Trénard, L. [1969] Roubaix, ville drapante entre Lille et Tournai, in: *Revue du Nord*, t. 51 (1969).

── [1972] *Histoire des Pays-Bas Français. Flandre, Artois, Hainaut, Boulonnais, Cambrésis.* 1972. reimp. 1984.

── [1976] Mentalité populaires dans une ville lainière (XVIIe siècle), in: Spallanzani, M. [1976].

Trouvé, R. [1976] Belangrijke keerpunten voor wevers, weefnijverheid en economie te Mechelen in 1436 en 1458, in: Monballieu, A./G. Dogaer/R. de Smedt (red.), *Studia Mechliniensia. Bijdragen aangeboden aan Dr. Henry Joosen ter gelegenheid van zijn vijfenzestigste verjaardag.* 1976.

Turnau, I. [1988] The organization of the European textile industry from the thirteenth to the eighteenth century, in: *Journal of European Economic History*, vol. 17 (1988).

Unger, W. S. [1926] Adriaen May, Vlaamsch Drapenier, in Noord-Nederland, in: Van der Linden, H./F. L. Ganshoff (éds.), *Mélanges d'histoire offerts à Henri Pirenne*. 2 t. 1926.

V(an de Putte), F. [1850] Notes et analectes devant servir à une Histoire complète de Neuve-Église, in: *ASEB.*, 2e série, t. 8 (1859).

Van Caenegem, R. C./L. Millis [1981] Édition critique des versions françaises de la "Grande Keure" de Phillipe d'Alsace, comte de Flandre, pour la ville d'Ypres, in: *BCRH.*, 147 (1981).

Van Deijk, F. [1993] Een ooggetuige van belang? Isaac Claeszoon Swanenburg en zijn weergave van de Leidse saaiproduktie, in: *Textielhistorische Bijdragen*, 33 (1993).

Van den Eerenbeemt, H. F. J. M. [1955] Tilburgse industrie en de eerste nationale tentoonstelling in 1808, in: Schurink, H. J. M./J. H. van Mosselveld (red.) [1955].

——/H. J. M. Schurink (red.) [1959] *De opkomst van Tilburg als industriestad. Anderhalve eeuw economische en sociale ontwikkeling.* 1959.

Van der Essen, L. [1921] Contribution à l'histoire du port d'Anvers et du commerce d'exportation des Pays-Bas vers l'Espagne et le Portugal à l'époque de Charles-Quint (1553-1554), in: *Bulletin de l'Académie Royale d'Archéologie de Belgique.* 1921.

Van der Vlist, E. T. [1991] De Weversteeg te Leiden in de middeleeuwen, in: Moes, J. K. S./B. M. A. de Vries (red.) [1991].

Van der Wee, H. [1975] Structual Changes and Specialization in the Industry of the Southern Netherlands, 1100-1600, in: *Economic History Review*, (2) vol. 28 (1975)./Van der Wee, H. [1993].

—— [1978] Konjunctuur und Welthandel in den Südlichen Niederlanden (1538-44), in: *Wirtschaftsgeschichte und Wirtschaftswege. II: Wirtschaftskräfte in der europäischen Expansion. Festschrift für Hermann Kellenbenz.* 1978.

—— [1979] Handel in de Zuidelijke Nederlanden, 1493-1587, in: *AGN* (1977-1982), dl. 6 (1979).

—— (ed.) [1988a] *The Rise and Decline of Urban Industries in Italy and the Low Countries (Late Middle Ages-Early Modern Times).* 1988.

—— [1988b] Industrial Dynamics and the Process of Urbanization and De-Urbanization in the Low Countries from the Late Middle Ages to the Eighteenth Century. A

Synthesis, in: Van der Wee, H. (ed.) [1988a].
—— [1993a] *The Low Countries in the early modern world*. 1993.
—— [1993b] Trade in the Southern Netherlands. 1493-1587, in: Van der Wee, H. [1993a].
—— [1993c] Economic Activity and International Trade in the Southern Netherlands, 1538-1544, in: Van der Wee, H. [1993a].
—— [2003] The Western European woollen industries, 1500-1750, in: Jenkins, D. (ed.) [2003].
Van Dillen, J. G. [1946] Leiden als industriestad tijdens de Republiek, in: *Tijdschrift voor Geschiedenis*, 59 jg. (1946).
—— [1964] Gilden en Neringen, in: Van Dillen, J. G., *Mensen en Achtergronden*. 1964
—— [1970] *Van Rijkdom en Regenten. Handboek tot de economische en sociale geschiedenis van Nederland*. 1970.
Van Houtte, J. A. [1941] *De Historische Grondslagen van de Vlaamsche Textieleconomie*. 1941.
—— [1952] Nijverheid en Landbouw, in: *AGN* (1949-1955), dl. 4 (1952).
—— [1968] Stadt und Land in der Geschichte des flandrischen Gewerbes im Spätmittelalter und in der Neuzeit, in: *Festschrift zum 65. Geburtstag von F. Lütge*. 1965 /Van Houtte, J. A. [1977a].
—— [1969] *Brugge vroeger en nu*. 1969.
—— [1974] Ieper door de eeuwen heen, in: Mus, O./J. A. van Houtte (red.) [1974].
—— [1977a] *Essays on Medieval and Early Modern Economy and Society*. 1977.
—— [1977b] *An Economic History of the Low Countries 800-1800*. 1977.
—— [1977c] De Draperie van Leidse Lakens in Brugge, 1503-1516. Een vroege poging tot inplanting van nieuwe nijverheden, in: Van Houtte, J. A. [1977a].
—— [1979] *Economische Geschiedenis van de Lage Landen*. 1979.
—— [1982] *De geschiedenis van Brugge*. 1982.
—— [1984] Bruges as a trading centre in the early modern period, in: Coleman, D. C./P. Mathias (eds.), *Enterprize and history. Essays in honour of Charles Wilson*. 1984.
——/R. van Uytven [1980] (Het sociaal-economische leven 1300-1482) Nijverheid en handel, in: *AGN* (1977-1982)., dl. 4 (1980).
Van Kan, F. J. W. [1988] *Sleutels tot de macht. De ontwikkeling van het Leidse patriciaat tot 1420*. 1988.
Van Maanen, R. C. J. [1978] De vermogensopbouw van de Leidse bevolking in het laatste

kwart van de zestiende eeuw, in: *Bijdragen en Mededelingen betreffende Geschiedenis der Nederlanden*. jg. 93 (1978).

Van Oerle, H. A. [1975] Leiden binnen en buiten de stad. De geschiedenis van de stedebouwkundige ontwikkeling binnen het Leidse rechtsgebied tot aan het einde van de gouden eeuw. 2 dln., 1975.

Van Schelven, A. L. [1978] 15 Maart 1728: het verzoek der tien Enschedese reiders ingewilligd, in: *Textielhistorische Bijdragen*, 19 (1978).

—— [1991] Brabant en Twente vergeleken met Leiden, in: Moes, J. K. S./B. de Vries [1991].

Van Tijn, Th. [1956] Pieter de la Court. Zijn leven en zijn economische denkbeelden, in: *Tijdschrift voor Geschiedenis*, 69 jg. (1956).

Van Uytven, R. [1961] La Flandre et le Brabant, "terres de promission" sous les ducs de Bourgognes?, in: *Revue du Nord*, t. 43 (1961).

—— [1965] De omvang van de Mechelse lakenproductie vanaf de 14^e tot de 16^e eeuw, in: *Noordgouw: culturele tijdschrift van de provincie Antwerpen*. dl. 5 (1965).

—— [1970] "Hierlandse" wol en lakens in Brabantse documenten (13de-16de eeuw), in: *Bijdragen tot Geschiedenis*, 53 jg. (1970).

—— [1971] The Fulling Mill: Dynamic of the Revolution in Industrial Attitudes, in: *AHN*, vol. 5 (1971).

—— [1972] Sociaal-economische evoluties in de Nederlanden vóór Revoluties, in: *Bijdragen en Mededelingen betreffende Geschiedenis der Nederlanden*. 87 jg. (1972).

—— [1974] What is New Socially and Economically in the Sixteenth-Century Netherlands, in: *AHN*, vol. 7 (1974).

—— [1975a] Die ländliche Industrie währende des Spätmittelalters in den südlichen Niederlanden, in: Kellenbenz, H. (ed.), *Agrarisches Nebengewerbe und Formen der Reagrarisierung im Spätmittelalters und 19.-20. Jahrhundert*. 1975.

—— [1975b] Politiek en economie: de crisis der late XVe eeuw in de Nederlanden, in: *RBPH.*, 53 (1975).

—— [1976] La draperie brabançonne et malinoise de XIIe au XVIIe siècle: grandeur éphémère et décadence, in: Spallanzani, M. (ed.) [1976].

—— [1981] Technique, productivité et production au Moyen Âge: le cas de la draperie urbaine aux Pays-Bas, in: Mariotti, S. (ed.) [1981].

—— [1982] Stadsgeschiedenis in het Noorden en Zuiden, in: *AGN* (1979-1982)., dl. 2

(1982).

—— [1983] Cloth in Medieval Literature of Western Europe, in: Harte, N. B./K. G. Ponting [1983].

—— [1986] De korte rokken van de jaren dertig: mode en conjunctuur in de veertiende eeuw, in: Frijhoff, W./M. Hiemstra (red.), *Bewogen en bewegen. De historicus in het spanningsveld tussen economie en cultuur. Liber amicorum aangeboden aan Prof. dr. H. F. J. M. van den Eerenbeemt.* 1986.

—— [1985] Stages of Economic Decline: Late Medieval Bruges, in: Duvosquel, J.-M./E. Thoen (eds.) [1995].

——/W. Blockmans [1969] Constitutions and their application in the Netherlands during the Middle Ages, in: *RBPH.*, t. 47 (1969).

Van Velthoven, H. [1932] Beschouwingen over Noord-Brabant als industrieland, in: *Tijdschrift voor Economische Geografie*, 23 jg (1932).

—— [1935] *Stad en Meierij van's Hertogenbosch. Bijdrage tot de sociaal-geografische kennis van dit gebied.* dl. 1 (tot 1815). 1935.

Van Waesberghe, W. [1969a] De reglementering van de traditionele Brugse ambachten in de 15^e en 16^e eeuw, in: *Appeltjes van het Meetjesland. Jaarboek van het Heemkundig Genootschap van het Meetjesland*, 20 (1969).

—— [1969b] De invoering van de nieuwe textielnijverheden te Brugge en hun reglementering (einde 15^e-16^e eeuw), in: *Appeltjes van het Meetjesland. Jaarboek van het Heemkundig Genootschap van het Meetjesland*, 20 (1969).

—— [1972] De invoering van de Belse draperie te Brugge tijdens het Calvinistische bewind, en verdere evolutie, in: *ASEB.*, t. 109 (1972).

Van Werveke, H. [1944] *Bruges et Anvers. Huit siècles de commerce Flamand.* 1944.

—— [1946] De koopman-ondernemer en de ondernemer in de Vlaamsche lakennijverheid van de Middeleeuwen, in: *MKVA.*, Jg. 8 (1946).

—— [1947a] De omvang van de Ieperse lakenproductie in de veertiende eeuw, in: *MKVA.*, Jg. 9 (1947) /Mus, O./J. A. van Houtte (red.) [1974].

—— [1947b] *Gent. Schets van een Sociale Geschiedenis.* 1947.

—— [1949] Essor et déclin de la Flandre, in: *Studi in onore di Gino Luzatto*, 1949-50. / Van Werveke, H. [1968].

—— [1950] Avesnes en Dampierre, in: *AGN* (1949-1955)., dl. 2 (1950).

—— [1951a] Esquisse d'une histoire de la draperie. Introduction Historique, in: De

Poerck, G. [1951]. /Van Werveke, H. [1968].

—— [1951b] Landelijke en stedelijke nijverheid. Bijdrage tot de oudste geschiedenis van de Vlaamse steden, in: *Verslag van de algemene vergadering der leden van het Historisch Genootschap 1951.* /Van Werveke, H. [1968].

—— [1951c] Het ambachtwezen te Gent, in: *Fédération Archéologique et Historique de Belgique. Annales du 33ᵉ congrès,* II, (Tournai, 1949). /Van Werveke, H. [1968].

—— [1951d] Vlaanderen en Brabant 1305-1346. De Sociaal-Economische Achtergrond, in: *AGN* (1949-1955)., dl. 3 (1951).

—— [1954] Industrial growth in the Middle Ages. The cloth industry in Flanders, in: *Economic History Review,* (2) vol. 6 (1954) /Van Werveke, H. [1968].

—— [1963a] The Low Countries, in: *Cambridge Economic History of Europe,* vol. 3 (1963).

—— [1963b] Die Beziehungen Flanderns zu Osteuropa in der Hanzezeit, in: *Arbeitsgemeinschaft für Forschung des Landes Nordrhein-Westfalen, Wissenschaftliche Abhandlung,* Bd. 27 (1963) /Van Werveke, H. [1968].

—— [1965] Die Stellung des Hansischen Kaufmanns dem Flandrischen Tuchproduzenten gegenüber, in: *Beiträge zur Wirtschafts- und Stadtgeschichte. Festschrift für H. Ammann.* 1965.

—— [1968] *Miscellanea Mediaevalia.* 1968.

—— [1975] Het bevolkingscijfer van de stad Gent in de 14ᵈᵉ eeuw. Een laatste woord ?, in: *Album à Charles Verlinden.* 1975.

Van Ysselsteyn, G. [1957] Het Haarlemse smalweversgilde, in: *Stichting Textielgeschiedenis Jaarverslag.* 1957.

Vandenpeereboom, A. [1884] *Ypres et Warnêton. Conflit du jurisdiction au XVe siècle.* ⟨Varia Yprensia 1⟩. 1884.

Verhé-Verkein, H. [1944] De nieuwe nijverheid te Gent in de XVIIe en XVIIIe eeuw, in: *HMGOG.,* n. s., 1 (1944).

Verhulst, A. [1970] De inlandse wol in de textielnijverheid van de Nederlanden van de 12ᵉ tot de 17ᵉ eeuw: produktie, handel en verwerking, in: *Bijdragen en Mededelingen betreffende Geschiedenis der Nederlanden.* dl. 85 (1970).

—— [1972] La laine indigène dans les anciens Pays-Bas entre le XIIe et XVIIe siècle. Mise en œvre industrielle, production et commerce, in: *Revue Historique,* t. 247 (1972).

Verlinden, Ch. [1936] Contribution à l'étude de l'expansion commerciale de la draperie flamande dans Péninsule Ibérique au XIIIe siècle, in: *Revue du Nord*, t. 22 (1936).
—— [1937] Draps des Pays-Bas et du Nord de la France en Espagne au XIVe siècle, in: *Le Moyen Age*, t. 47 (1937).
—— [1943] Brabantsch en Vlaamsch lakens te Krakau op het einde der XIVe eeuw, in: *MKVA.*, Jg. 5 (1943).
—— [1963] Markets and Fairs, in: *Cambridge Economic History of Europe*, vol. 3 (1963).
—— [1966] Draps des Pays-Bas et du Nord-Ouest de l'Europe au Portugal au XVe siècle, in: *Anuario de Estudios medievales*. 3 (1966).
—— [1968] Deux pôle l'expansion de la draperie flamande et brabançonne au XIVe siècle: la Pologne et la Péninsule Ibérique, in: *Studia Historica Gandensia* 104 (1968).
—— [1972] Marchands ou tisserands? A propos des origines urbaines, in: *AESC.*, t. 27 (1972).
—— [1976] Aspects de la production, du commerce et de la consommation des draps flamands au Moyen Age, in: Spallanzani, M. (ed.) [1976].
Vermaut, J. [1967] Schets van de Brugse Textielnijverheid tot omstreeks 1800, in: *De Gidsenkring*, jg. 5 (1967).
—— [1974] Nieuwe gegevens over het industrieel verleden van Roeselare en omgeving (1350-1800), in: *Rollariensia. Jaarboek van het Geschiedkundige en Oudheidkundige Genootschap van Roeselare en Ommeland*, 6 (1974).
—— [1988] Structural Transformation in a Textile Centre: Bruges from the Sixteenth to the Nineteenth Century, in: Van der Wee, H. (ed.) [1988a].
Vermeersh, A. P. L. [1962] *De Taalschat van het Laat-Middel-Nederlandse "Kuerbouc van Werveke"*. 1962.
Verriest, L. [1943] La draperie d'Ath, des origines au 18e siècle, in: *Annales du Cercle Royal Archéologique d'Ath et de la Région*. t. 29 (1948).
Von Roon-Bassermann, E. [1963] Die Handelssperre Englands gegen Flandern 1270-1274 und die lizenzierte englische Wollausfuhr, in: *VSWG.*, Bd. 50 (1963).
Willemsen, G. [1920] La techinque et l'organisation de la draperie à Bruges, à Gand et à Malines au milieu du XVIe siècle, in: *Annales de l'Académie Royale d'Archéologie de Belgique*. 6e série, t. 8 (1920).
—— [1921] Le réglements sur la draperie brugeoise du 20 septembre 1544, in: *Annales de l'Académie Royale d'Archéologie de Belgique*. 6e série, t. 9 (1921).

Wildenberg, I. W. [1986] *Johan & Pieter de la Court (1622-1660 & 1618-1685). Bibliografie en receptiegeschiedenis.* 1986.

Wilson, Ch. [1960] Cloth Production and International Competition in the Seventeenth Century, in: *Economic History Review,* (2) vol. 13 (1960) /do., *Economic History and the Historian. Collected Essays.* 1969.

Wiskerke, C. [1938] *De Afschaffing der Gilden in Nederlanden.* 1938.

Wolff, Ph. [1949] English Cloth in Toulouse (1380-1450), in: *Economic History Review,* (2) vol. 2 (1949).

Wttewaall, B. W. [1845] *(Pieter de la Court) Het Welvaren van stad Leyden (1659).* 1845.

Wyffels, C. [1950] Les corporations flamandes et l'origine des communautés de métiers, in: *Revue du Nord,* t. 32 (1950) /Wyffels, C. [1987].

—— [1951] *De oorsprong der ambachten in Vlaanderen en Brabant.* Verhandelingen van de Koninklijke Vlaamse Academie voor Wetenschappen, Letteren en Schone Kunsten van België, klasse der letteren, Jg. 13. 1951.

—— [1953] "Hansa" in Vlaanderen en aaangrenzende gebieden, in: *ASEB.,* t. 90 (1953).

—— [1960] De Vlaamse Hanse van Londen op het einde van de XIIIe eeuw, in: *ASEB.,* t. 97 (1960) /Wyffels, C. [1987].

—— [1963] De Vlaamse handel op Engeland vóór het Engels-Vlaams konflikt van 1270-1274, in: *Bijdragen voor Geschiedenis der Nederlanden.* dl. 17 (1963).

—— [1966] Nieuwe gegevens betreffende een XIIIde eeuwse "democratische" stedelijke opstand: De Brugse "Moerlemaye" (1280-1281), in: *BCRH.,* t. 132 (1966).

—— [1987] *Miscellanea Archivistica et Historica.* 1987.

(anoniem) [1916] *La famille Del Court van Krimpen. Réfugiés de Verviers leur rôle dans l'ndustrie drapière en Hollande au 17e et au 18e siècle et leur place dans la magistrature avec une étude sur le tableau de Rembrandt dit "De Staalmeesters".* 1916.

〈邦語文献〉

石坂昭雄 [1972]『オランダ型貿易国家の経済構造』、1972.

石坂昭雄 [1974]「オランダ共和国の経済的興隆と17世紀のヨーロッパ経済――その再検討のために――」、『経済学研究（北海道大学）』第24巻4号（1974）.

石坂昭雄 [1975]「ヴェルヴィエ毛織物工業の展開――ヨーロッパ大陸産業革命の一基盤――」、『ドイツ資本主義の史的構造（松田智雄教授還暦記念Ⅰ）』、1975.

石坂昭雄 [1977]「16世紀におけるネーデルラント・プロテスタントのドイツ散住――

その経済史的概観──」、『経済学研究（北海道大学）』第27巻第1号（1977）．
石坂昭雄［1989-1993］「プファルツ選帝侯国（ライン・プファルツ）におけるネーデルラント系カルヴァン派亡命者コロニーの形成とその経済活動（1562-1622）──ドイツにおける改革派領邦国家とネーデルラント系来住者」(1)、(2)、(3)、『経済学研究（北海道大学）』第39巻1号（1989）、第42巻2号（1992）、第43巻1号（1993）．
石坂昭雄［1996］「ネーデルラント人プロテスタントのドイツ亡命とその経済史的意義」、梅津順一・諸田實（編著）『近代西欧の宗教と経済──歴史的研究──』、1996．
上野喬［1974］『オランダ初期資本主義研究』、1974．
大塚久雄［1960］「オランダ型貿易国家の生成──絶対王制の構造的停滞の一類型」、大塚・松田・高橋（編）『西洋経済史講座』第四巻、1960／『大塚久雄著作集』第六巻、1969．
川口博［1960］「近世初頭における産業の自由と規制──ホントスホーテのセイ工業を中心に──」、『西洋史学』46号（1960）．
栗原福也［1959］「近世前期オランダ毛織物業──ライデン毛織物業の場合──」、増田・小松・高村・矢口（編）『社会経済史大系Ⅳ　近世前期Ⅰ』、1960．
田北廣道［1977］『中世後期ライン地方のツンフト「地域類型」の可能性──経済システム・社会集団・制度──』、1977．
中澤勝三［1993］『アントウェルペン国際商業の世界』、1993．
服部春彦［1992］『フランス近代貿易の生成と展開』、1992．
藤井美男［1985］「中世後期南ネーデルラント毛織物工業における都市と農村──H．ピレンヌ以降の研究史の検討を中心として──」、『社会経済史学』50巻6号（1985）．
藤井美男［1998］「中世後期南ネーデルラント毛織物工業史の研究──工業構造の転換をめぐる理論と実証──』、1998．
藤井美男［2007］『ブルゴーニュ国家とブリュッセル──財政をめぐる形成期近代国家と中世都市──』、2007．
船山栄一［1965］「イギリス毛織物工業の展開と国際競争」、『土地制度史学』26号（1965）、同著『イギリスにおける経済構成の転換』所収、1967．
星野秀利［1995］（斎藤寛海・訳）『中世後期フィレンツェ毛織物工業史』、1995．
松田洋子［1995］「中世レイデンにおける毛織物政策と織元（drapenier）──最近の研究動向から──」、『日蘭学会雑誌』20巻1号（1995）．
森本芳樹［1978］『西欧中世経済形成過程の諸問題』、1978．
山瀬善一［1959］「フランドルにおける初期の都市ブルジョアジー──アラスを中心として──」、『社会経済史学』24巻5-6号（1959）．

米川伸一［1971］「十五—十七世紀のウステッド工業史」、『一橋論叢』65巻6号（1971）、66巻1号（1971）、同著『イギリス地域史研究序説』、1972.

レーリヒ［1969］（瀬原義生・訳）『中世の世界経済』、1969.

佐藤弘幸［1971］「アントワープ市場の崩壊とイギリス旧毛織物工業の停滞」、『史学雑誌』第80編、第12号（1971）.

佐藤弘幸［1975］「17世紀レイデン毛織物工業におけるマニュファクチャー」、『長崎大学経済学部創立70周年記念論文集』、1975.

佐藤弘幸［1977］「レイデン毛織物工業の衰退過程」（上）（下）、『経営と経済』56巻3号（1977）、57巻1号（1977）.

佐藤弘幸［1986］「共和国時代のオランダ織物工業の展開とその特質」、日蘭学会編、栗原福也・永積昭監修『オランダとインドネシア——歴史と社会——』、1986.

佐藤弘幸［1990］「穀物と毛織物——17世紀のオランダ経済——」、『東京外国語大学論集』40（1990）.

佐藤弘幸［1993-95］「イギリス毛織物工業の展開とネーデルラント」(1)～(4・完)、『東京外国語大学論集』47～50（1993-95）.

索　引

*綴りは史料のままのものと現代語の両方あり、とくに区別していない。

毛織物

A, a

adouchiés　22
Aerdenburgsche　115
afforchiés　8
anacosta　110
anacoste　110, 113
anascotes　48, 113
anascoti　110
anthonissen　41
arbynen　102
armyn saai　156
arras　20, 154
arraz(z)i　110
arreschen　110
arschot　110
ascot(e)　110, 113

B, b

baai (baeyen)　132, 133, 142
baetsaeye bombasynen　145, 148
baie (bayes)　142
barakaan (baracanen, barrakanen)　148
Barchend　101
barracans (bourracans)　17, 47
basterden　148
bay　154
bellaerd (bellaerts)　11, 26, 38
Bels laken (Belsche laeckenen)　143
biffes　8
biffes bastarde　9
blanches　116
boesel　147
bombazynen (bombazijden)　167
bons draps　4
boomezijden　167
borach　53
bo(u)ratten (bouras, bourettes)　17, 53, 144, 148
bourget(t)es　17
brugsche strypte lakene　25
Brugse leeuwen　103
bruneta (brynets)　24
Buffelkens　167
bulteeldoecken　145
burels (buriel)　8, 22

C, c

cacheanten　182
caffen　145
cajanten (cajeanten)　176, 182
calamincquen　148
camelins　22
camelots　17, 53, 154
camlet　154
cancheanten (canjanten)　182
cangeant　145, 182
carsaye　146
casimirs　203
casjanten　182
cattoene platte saeye　102
caungentry　182
changeants　17, 47, 145
chargen (chergen)　148
corduroys　17
cottoen vierschachten　144, 166, 167
cottoene bombasynen　144
cottoenfusteynen　144
couverture (coveratura)　6, 22, 23
crombelistes　41, 42

D, d

damasks　17
demi-drap　5
dicke derdelinghe lakene　23
dickedine (diquedunnes)　4, 24
dickedinne laken　11, 23, 36

dicke(n) sayen 26, 64, 115
dicke warpine saye 115
dinne sayen 64, 115
dobbellijsten 143
dobbelsaeyen 143
doek (doecken) 142
doppen 102, 144, 166
double armynen 143
doublures 6
doucken (doucques) 6, 142
draps d'aigneslius et de trainure 38
draps de grande lé 11
draps de muison 22
draps de Poperinghes 38
draps de sérail 202
draps de sorte 4, 23, 101
draps fins 202
draps rayés 25
droget (dragetten) 148
dukers 115

E, e
eenbluwe 6
ermijn-sayen 156
escallates 24
escarlate 4
escot (Escots) 110, 113
estamines 148
estanforts 4, 8, 21, 98
everleste 148

F, f
faudeits 8
fijne saeyen 143
fustein (fusteynen) 101
futaines 17

G, g
garene laken 8
gebendeerde 144, 166
gecaerde lakenen 43
gedrapponeert saey 116
gekaarde saeyen 143
gekeperde saeyen 145

ghebendeerde en gherebde fusteyne 102
ghecrompen laken 106
ghemeene zwart 11
Ghistelsaie (Ghistelle sayen) 24, 64, 115
grands draps 4, 20
grands draps d'Arraz 20
grande moyson 11
grein (greynen) 143, 148
grofgreinen 143
gros draps 4
grosgrains (grograins, grogram) 17, 53
groote bellen 41
grote lakens 4

H, h
halflaken (halve lakens) 5, 130, 191, 203
hansecotte 110
harlas(s) (harlat) 110
harras 20
heerensaai (heeren saeyen) 143, 156, 198
Hondskutt 110
hounscott (hanscott) says 110
huntschoss 110
hundskutt 110

I, i
Ingelsche lakenen 42

K, k
karsaai 146
katoenfustein 144, 166
kersaey 142, 146
kronensaai 156

L, l
laken 142, 146
lakens van so(o)rten 101, 129
lappen 133, 142
larges listes 41
legaturen (légatures) 47, 144
leidse bellen (Leidsche bellen) 142
Leidse cangeant (Leytsche cangeant) 145
leysche laken 11
Leytsche Turckxe 148

listes 116
Luikse saaien (Luycsche zayen) 198

M, m

machayes 148
mahouts (mahoux) 202
mediocedas (medeacedos) 148
mesolaan 147
mixed cloths 5
mockadoes 17
monk (moncken) 148
monnikensaai (munnickesaeyen) 156

N, n

naturelle saai 156
negen oogen 144,166
noires listes 41
nompareylles 148

O, o

Oltrafini 41
oostburchsche fusteynen 101
ossetten 101,145
ostades 17,47
oultrefins 41,42

P, p

perpetuanen 156
petits draps 6,7
petite moyson 11
picottes 148
pieches 42
Piemontsche 144,166
plates-listes 41
platte 144,166
platte fusteynen 102
polomyten 148
puik laken (puuc laken) 129

Q, q

queues et pennes 203

R, r

rayés 4,21,34
ras (rasch) 110,144
rasbombazijn 145
rasmollen 145
rasses 17
rebben 102,144,166
rebekins 102
renforchiés 8
roies 8
rolisten 11
rollen 142
roo cleene bellen 41
roo kepers 41
roo leeuwen 41
russels 17

S, s

saai (saeyen, sayes) 8,143
saaifustein (saeyfusteynen) 144,165
saey bombasijnen 184
saeyette greyenen 148
saies 8,110
saga (sagae, sage, sagia) 114
sagorum 114
salia (salie) 21,114
sargen 118,148
sargia 114
satins 17,47,53
say 154
saye drappée 116
saye endrappé 116
schaerlaken 4,11,24,36
schorte(cleet)laken 132,133
scotto (scottino) 110
serges (sarge, sargies) 118,203
serge façon d'Ascot 118
Sint-Omaers saie 115
Skoti (Skottini) 110
smalle saeyen 143
smallijste 11
sorte 4
sorte laken 4
sorte van ghecrompen laken 100
Spaanse deken (Spaensche deecken) 142
stamford (stanfoort) 20,98

stametten 142, 146
stanforts (stamforts) 8, 20
strijpt laken (stripte lakene) 4, 24
strijp(t)e half-laken 11, 24
stuff 154

T, t

termijn 144, 148
tierentein (thierenteyn) 17, 132, 133, 147
tierliteyn 133
tiretaines 17
trypen (trijpen) 101, 145, 148
Turkse grein (Turcxe greynen) 148
Turkse grofgrein (Torcsche grofgreyen) 145

V, v

vaendoecken 145
valenchijnssche 115
velvets 17
Vervi 36
verwesaai 156
vijfschaften 144
virides 24
voederlaken 130
voering laken 130
voerlaken (voerlaeckens) 130, 132, 147
voorlaken 133
voorwollen laken (voirwollen laken) 129, 130

W, w

warp 132, 133, 147
weerschijnen (weerschynen) 145, 182
Weselsche bombazijnen 167
weveline saye 115
white broadcloth 152
witte zayetten greynen 148
woollen 5, 6

worsted 5
wulle saeyen fusteynen 102

Y, y

Ypersche-Popersche 98

Z, z

zadblauwe 11
zware belsche lakenen 80

毛織物工業部門

bonne draperie 3
bourget(t)erie 17
cleene (cleyne) draperie 6, 130
drooge draperie 8
draperie fine ou grande 3
draperie grasse 7
draperie légère 8
draperie ointe 7
draperie sèches 8
gaernine draperie 8
gesmoutte draperie 7
grande draperie 3, 5
grote draperie 3
kleine draperie 130
légère draperie 8, 130
legiere draperie 8
lichte draperie 8, 130
New Draperies 15, 18, 154
new light draperies 16
nieuwe draperie 11, 128
noeve draperie 34
nouvelle draperie 11
ongesmoutte draperie 8
oude draperie 128
petite draperie 6, 130
sayetterie 9, 10

【著者略歴】

佐藤弘幸（さとう・ひろゆき）

1941年　小樽市生まれ
1965年　東京外国語大学卒
1971年　一橋大学大学院経済学研究科博士課程修了
現　在　東京外国語大学名誉教授

西欧低地諸邦毛織物工業史──技術革新と品質管理の経済史──

| 2007年7月17日　第1刷発行　　　定価（本体4500円＋税） |

著　者　佐　藤　弘　幸
発行者　栗　原　哲　也
発行所　㈱日本経済評論社
〒101-0051　東京都千代田区神田神保町3-2
電話　03-3230-1661　FAX　03-3265-2993
nikkeihy@js7.so-net.ne.jp
URL：http://www.nikkeihyo.co.jp/
印刷＊藤原印刷・製本＊山本製本
装幀＊渡辺美知子

乱丁落丁本はお取替えいたします．　　　Printed in Japan
Ⓒ SATOH Hiroyuki 2007　　　ISBN978-4-8188-1952-8

・本書の複製権・譲渡権・公衆送信権（送信可能権を含む）は㈱日本経済評論社が保有します．
・ JCLS ＜㈱日本著作出版権管理システム委託出版物＞
本書の無断複写は著作権法上での例外を除き禁じられています．複写される場合は，そのつど事前に，㈱日本著作出版権管理システム（電話 03-3817-5670，Fax 03-3815-8199，e-mail: info@jcls.co.jp）の許諾を得てください．

小島 健著
欧州建設とベルギー
―統合の社会経済史的研究―

A5判　五九〇〇円

一九二二年のベルギー・ルクセンブルク経済同盟以来、ヨーロッパ地域の統合に先導的役割を果たしてきた「小国」ベルギーを中心に、ヨーロッパ建設（統合）の歴史の解明を試みる。

永岑三千輝・廣田 功編著
ヨーロッパ統合の社会史
―背景・論理・展望―

A5判　五八〇〇円

グローバリゼーションが進む中、独自の対応を志向するヨーロッパ統合について、その基礎にある「普通の人々」の相互接近の歴史からなにを学べるか。

ロベール・フランク著／廣田 功訳
欧州統合史のダイナミズム
―フランスとパートナー国―

四六判　一八〇〇円

二〇世紀におけるヨーロッパのアイデンティティはいかに形成されてきたか。フランス、ドイツがそれぞれの立場を越えて強調する一方でイギリスはどう対応していくか。

廣田 功・森 建資編著
戦後再建期のヨーロッパ経済
―復興から統合へ―

A5判　六五〇〇円

第二次大戦から五〇年代後半にかけての各国の構想と政策はどのようであったか。戦後の経済発展の基礎はいかに築かれたのか。欧米の共存と対立の両面の構図も明らかにする。

H・ケルブレ著／雨宮昭彦・金子邦子・永岑三千輝・古内博行訳
ひとつのヨーロッパへの道
―その社会史的考察―

A5判　三八〇〇円

生活の質や就業構造、教育や福祉などの社会的側面の同質性が増してきたことがEU統合へと至る大きな要因になったと、平均的なヨーロッパ人の視点から考察した書。

（価格は税抜）

日本経済評論社